普通高等教育"十三五"规划教材

江苏高校品牌专业建设工程资助项目（TAPP）资助

仪器分析实验

唐仕荣　主编

化学工业出版社

·北京·

本书共 7 章内容,包括仪器分析实验基本知识、电化学分析法、分子光谱分析法、原子光谱分析法、色谱分析法、其他仪器分析方法(气相色谱-质谱联用分析法、热重分析法、示差扫描量热法)和计算机在仪器分析实验中的应用。每种仪器分析方法在简要介绍仪器组成与结构的基础上,重点介绍了相关实验技术以及常用仪器的操作规程与日常维护。精选了 55 个实验,涵盖仪器分析的基础实验和部分综合设计性实验,便于学有余力的学生开展研究性实验。

本书可作为化学、化工、食品、材料、环境等相关专业的仪器分析实验教材,亦可供从事分析、检验等工作的科研工作者、技术人员参考。

图书在版编目(CIP)数据

仪器分析实验/唐仕荣主编. —北京:化学工业出版社,2016.6 (2023.7 重印)
普通高等教育"十三五"规划教材
ISBN 978-7-122-26743-6

Ⅰ.①仪… Ⅱ.①唐… Ⅲ.①仪器分析-实验-高等学校-教材 Ⅳ.①O657-33

中国版本图书馆 CIP 数据核字(2016)第 072840 号

责任编辑:魏 巍 赵玉清 装帧设计:关 飞
责任校对:宋 玮

出版发行:化学工业出版社(北京市东城区青年湖南街 13 号 邮政编码 100011)
印 装:北京虎彩文化传播有限公司
787mm×1092mm 1/16 印张 13¼ 字数 326 千字 2023 年 7 月北京第 1 版第 6 次印刷

购书咨询:010-64518888 售后服务:010-64518899
网 址:http://www.cip.com.cn
凡购买本书,如有缺损质量问题,本社销售中心负责调换。

定 价:35.00 元

《仪器分析实验》编写人员名单

主　编：唐仕荣

副主编：刘　青　　苗敬芝　　刘　辉

参　编：陈尚龙　　巫永华　　田　林

　　　　李　昭　李　靖

前 言

　　现代分析测试手段是我们认识客观物质世界的眼睛，是从事化学、化工、材料、生物、医药、食品、环境等领域专业研究和生产实践中不可缺少的关键环节，是当代相关专业本科生和研究生必须具备的基本科研素质，越来越多的科研工作和生产实践离不开仪器分析。仪器分析及实验课程早已成为各高等院校化学类及相关专业必修的公共基础课。

　　目前已有多种仪器分析实验类教材出版，但是大多数侧重于分析方法和实验项目介绍，对于影响各分析方法准确性的实验因素及相关实验技术缺乏较系统的分析，也缺乏常用仪器设备的操作规程和维护保养等方面的知识介绍。因此，我们编写了这本《仪器分析实验》。

　　编写过程中，我们分析了教育部本科教学指导委员会对仪器分析实验课程的基本要求、应用型本科院校的仪器设备实际情况和多年仪器分析实验教学改革结果，同时参考了国内外的一些优秀的仪器分析实验教材、专著和文献。仪器分析方法涵盖电化学、分子光谱、原子光谱、色谱和其他新的技术等，具有完整的知识体系。在编写中我们力争做到精选内容、难度适宜，既符合工科仪器分析实验大纲的基本要求，具有一定的理论基础，又注重理论联系实际，具有较强的适用性。

　　本书有如下几个特点：（1）将方法原理与实验技术紧密结合，用原理指导实验，通过实验加深对原理的理解；（2）对每种仪器分析方法都详细介绍了常用仪器的操作规程与日常维护，旨在告诉学生，仪器不仅要会使用，平时的维护和保养也十分重要；（3）内容上突出"精"，强调实验操作，同时本书介绍的多为常用的分析仪器；（4）实验内容满足教学基本要求，教师有着较多的选择；（5）仪器设备方面精选国产仪器，同时兼顾适用面广泛的进口仪器，符合应用型本科院校中仪器设备的特点规律。

　　本书由唐仕荣任主编，刘青、苗敬芝、刘辉任副主编。第一章由苗敬芝编写；第二章由陈尚龙和李靖编写；第三章由陈尚龙、李昭和田林编写；第四章由刘青和刘辉编写；第五章由巫永华和唐仕荣编写；第六章由巫永华和刘青编写；第七章由唐仕荣编写。全书由唐仕荣和刘青统稿、定稿。

　　由于编者水平有限，编写时间仓促，书中疏漏在所难免，恳请专家和读者批评指正。

编者

2016 年 1 月

目录

1 仪器分析实验基本知识 / 1

2 电化学分析法 / 13

③ 分子光谱分析法 / 44

④ 原子光谱分析法 / 84

5　色谱分析法 / 112

⑥ 其他仪器分析方法 / 159

⑦ 计算机在仪器分析实验中的应用 / 180

1 仪器分析实验基本知识

1.1 仪器分析地位与作用

　　仪器分析是通过仪器测量物质的物理或物理化学性质来确定物质化学组成及含量的方法。仪器分析是以多种基础自然科学、技术科学与系统科学为基础发展起来的多学科交叉与融合的一门综合性学科，已成为研究各种化学理论和解决实际问题的重要手段，对基础化学、环境化学、生物化学、食品化学、生命科学及材料化学等学科发展起到了极大的促进作用。仪器分析是高等学校食品、生物、化学、化工、环境、材料等专业的重要基础课。熟悉和掌握各种现代仪器分析的原理和操作技术是相关专业学生必备的基本素质。

　　近年来，随着科学技术的发展，仪器分析方法也越来越完善，新的仪器分析技术也推动了各行业的发展和社会的进步。在能源领域中，石油、煤炭等资源的勘探、冶炼等需要仪器分析；在轻工行业中，造纸、纺织、印刷等需要仪器分析；在食品行业中，仪器分析在食品分析中占有非常重要的地位，尤其是近年来越来越严峻和迫切需要解决的食品安全问题，使人们对仪器分析在灵敏度、检测速度等方面提出了更高的要求；在农业上，农药、化肥等需要仪器分析进行检测，各种作物和果蔬产品的蛋白、糖分等营养成分和农药残留、重金属等有害成分的分析检测需要仪器分析；在医药行业中，医学检测实际上就是利用仪器分析检测各种疾病，药物分析是药物生产和使用过程中非常重要的一个环节，其主要手段也是仪器分析；在环境领域，环境监测是环境保护的重要组成部分，仪器分析则是环境监测的重要手段；在当前迅速发展的材料领域，各种新材料的研究、生产和使用都广泛用到了仪器分析。因此，仪器分析在国民经济众多行业中起着越来越重要的作用。

1.2 实验须知

1.2.1 仪器分析实验室操作守则

　　（1）仪器分析实验室的仪器一般都较精密贵重，要正确使用并定时做好各种仪器的养护工作，定时通电、除湿。

　　（2）各种仪器的使用都要征得实验室负责人同意后，方可使用。使用时要严格遵守仪器操作规程，违反操作规程造成仪器损坏的，按有关规定赔偿。

（3）各光学仪器配置的比色皿不得与其他仪器上的比色皿互换使用，使用完毕应洗净、晾干，保护透光面。单色器上的防潮硅胶要及时更换，保证具有吸湿性。

（4）精密分析仪器应放置在固定的实验台上，未经实验室负责人同意，不得随意搬动或移动仪器到其他实验室。未经相关责任部门允许，更不得将仪器设备随便外借。

（5）仪器出现问题时应向实验室管理人员汇报，由管理人员负责处理，不得擅自拆卸或者变更元件。

（6）分析仪器应建立完整的使用记录。仪器使用完毕要严格登记，填好相关使用记录。

（7）仪器使用完毕，使用者应按规定对仪器加以清洁维护，并将仪器恢复到最初状态。

（8）仪器分析实验室要求工作环境整洁，防尘防潮，不得放置强酸、强碱及其他腐蚀性气体等化学试剂，以防止仪器被腐蚀。

1.2.2 仪器分析实验室安全规则

（1）不得在实验室内吸烟、进食或喝饮料。

（2）浓酸和浓碱等具有腐蚀性，配制溶液时，应将浓酸浓碱注入水中，不得反向操作。

（3）从瓶中取用试剂后，应立即盖好试剂瓶盖。绝不可将取出的试剂或试液倒回原试剂瓶内。

（4）妥善处理实验中产生的有害固体或液体废弃物。应按照废弃物形态或污染性质分类回收，然后根据《危险废物贮存污染控制标准》（GB 18597—2001）、《危险废物焚烧污染控制标准》（GB 18484—2001）、《危险废物填埋污染控制标准》（GB 18598—2001）等国家标准自行或委托相关专业公司进行储存、焚烧、填埋等处理。实验室中通过下水道排放的废液需要经过科学处理，并且符合《地表水环境质量标准》（GB 3838—2002）V类水质标准。

（5）汞盐、砷化物、氰化物等剧毒物品使用时应特别小心。氰化物不能接触酸，否则产生剧毒 HCN。氰化物废液应倒入碱性亚铁盐溶液中，使其转化为亚铁氰化铁盐，然后倒入回收器皿中。接触过化学药品后应立即洗手。

（6）将玻璃管、温度计或漏斗插入塞子前，用水或适当的润滑剂润湿，用毛巾包好再插，两手不要分得太开，以免玻璃管等折断划伤手。

（7）闻气味时应用手小心地将气体或烟雾扇向鼻子。取浓 $NH_3 \cdot H_2O$、HCl、HNO_3 等易挥发的试剂时，应在通风橱内操作。开启瓶盖时，绝不可将瓶口对着自己或他人的面部。夏季开启瓶盖时，最好先用冷水冷却。如不小心溅到皮肤和眼内，应立即用水冲洗，然后用 5%碳酸氢钠溶液（酸腐蚀时采用）或 5%硼酸溶液（碱腐蚀时采用）冲洗，最后用水冲洗。

（8）使用有机溶剂（乙醇、乙醚、苯、丙酮等）时，一定要远离火焰和热源。用后应将瓶塞盖紧，放在阴凉处保存。

（9）下列实验应在通风橱内进行：①制备或反应产生具有刺激性的、恶臭的或有毒的气体（如 H_2S、NO_2、Cl_2、CO、SO_2、Br_2、HF 等）；②加热或蒸发 HCl、HNO_3、H_2SO_4 等溶液；③溶解或消化试样。

（10）如化学灼伤应立即用大量水冲洗皮肤，同时脱去污染的衣服；眼睛受化学灼伤或异物入眼，应立即将眼睁开，用大量水冲洗，至少持续冲洗 15min，如烫伤，可在烫伤处抹上黄色的苦味酸溶液或烫伤软膏。严重者应立即送医院治疗。

（11）进行加热操作或激烈反应时，实验人员不得离开。

（12）使用电器设备时应特别小心，不能用湿的手接触电闸和电器插头。

（13）使用精密仪器时，应严格遵守操作规程，仪器使用完毕后，将仪器各部分旋钮恢复到原来的位置，关闭电源。

（14）发生事故时保持冷静，采取应急措施，防止事故扩大，如切断电源、气源等，并报告教师。

1.3 实验室一般知识

1.3.1 实验室用水的规格与制备

1.3.1.1 实验室用水的规格

根据国家标准《分析实验室用水规格和试验方法》（GB/T 6682—2008）的规定，分析实验室用水有三个级别：一级水、二级水和三级水。

一级水的电导率（25℃）≤0.1μS/cm（电阻率10MΩ·cm），用于有严格要求的分析实验，包括对微粒有要求的实验，如高效液相色谱用水。一级水可用二级水经过石英设备蒸馏或离子交换混合床处理后，再经过0.2μm微孔滤膜过滤来制取。

二级水的电导率（25℃）≤1.0μS/cm（电阻率1MΩ·cm），用于无机痕量分析等实验，如原子吸收光谱分析用水。可用多次蒸馏或离子交换等方法制取。

三级水的电导率（25℃）≤5.0μS/cm，用于一般的化学分析实验，可用蒸馏或离子交换等方法制取。

实验室使用的蒸馏水，为了保持纯净，要随时加塞，专用虹吸管内外均应保持干净。蒸馏水瓶附近不要存放浓HCl、$NH_3 \cdot H_2O$等易挥发试剂，以防污染。

通常，普通蒸馏水保存在玻璃容器中，去离子水保存在聚乙烯塑料容器中。用于痕量分析的高纯水，如二次亚沸石英蒸馏水，则需要保存在石英或聚乙烯塑料容器中。

1.3.1.2 实验室用水的制备

（1）蒸馏水

将自来水在蒸馏装置中加热汽化，然后将蒸汽冷凝即得到蒸馏水。由于杂质离子一般不挥发，所以蒸馏水中所含杂质比自来水少得多，比较纯净，可达到三级水的指标，但很难排除二氧化碳的溶入，水的电阻率很低，达不到MΩ级，不能满足许多新技术的需要。可以进行二次蒸馏提高水的纯度，一般情况下，经过二次蒸馏，能够除去单蒸水中的杂质。

（2）去离子水

去离子水是使自来水或普通蒸馏水通过离子树脂交换后所得的水。制备时一般将水依次通过阳离子树脂交换柱、阴离子树脂交换柱、阴阳离子树脂混合交换柱，这样得到的水纯度比蒸馏水的纯度高，质量可达到二级或一级水指标，但不能完全除去有机物和非电介质，此法可获得十几MΩ的去离子水，但因有机物无法去掉，TOC值和COD值可能比原水还高，因此可将去离子水重蒸馏以得到高纯水。

（3）电渗析法

将离子交换树脂做成了膜，称电渗析。在电渗析过程中能除去水中电解质杂质，但对弱电解质去除效率低，它在外加直流电场作用下，利用阴阳离子交换膜分别选择性的允许阴阳离子透过，使一部分离子透过离子交换膜迁移到另一部分水中去，从而使一部分水纯化，另一部分水浓缩，再与离子交换法联用，可制得较好的实验室用纯水。

（4）高纯水

高纯水指以纯水为水源，经离子交换、膜分离（反渗透、超滤、膜过滤、电渗析）除去盐及非电解质，使纯水中的电解质几乎完全除去，又将不溶解胶体物质、有机物、细菌等最大限度的去除。高纯水电阻率大于 $18M\Omega \cdot cm$，或接近 $18.2M\Omega \cdot cm$ 极限值。

1.3.2　常用玻璃器皿的洗涤

1.3.2.1　洗涤方法

分析化学实验中要求使用洁净的器皿，使用前必须对器皿充分洗净。常用的洗涤方法有以下几种。

（1）刷洗：用水和毛刷洗涤除去器皿上的污渍和其他不溶性和可溶性杂质。

（2）去污粉、肥皂、合成洗涤剂洗涤：洗涤时先将器皿用水湿润，再用毛刷蘸少许洗涤剂，将仪器内外洗刷一遍，然后用水边冲边刷洗，直至干净为止。

（3）铬酸洗液洗涤：被洗涤器皿尽量保持干燥，倒少许洗液于器皿内，转动器皿使其内壁被洗液浸润（必要时可用洗液浸泡），然后将洗液倒回原装瓶内以备再用（若洗液的颜色变绿，则另作处理）。再用水洗去器皿残留的洗液，直至干净为止。

洗液具有强酸性、强氧化性，对衣服、皮肤、桌面、橡皮等有腐蚀作用，使用时要特别小心。

（4）酸性洗液洗涤：根据器皿中污物的性质，可直接使用不同浓度的硝酸、盐酸和硫酸进行洗涤或浸泡，并可适当加热。

① 盐酸：是最常用的水垢清除剂，可以洗去附着在器皿上的氧化剂，如二氧化锰。大多数不溶于水的无机物也可以用它来洗。灼烧过沉淀的瓷坩埚，可用 1∶1 盐酸洗涤后再用洗液洗。

② 硝酸：硝酸的稀溶液对水垢、铁锈和有机污垢具有很强的清洗能力。

（5）碱性洗液洗涤：适用于洗涤油脂和有机物。因作用较慢，一般需要浸泡 24h 或浸煮。

① 氢氧化钠-高锰酸钾洗液：用此洗液洗过后，在器皿上会留下二氧化锰，需再用盐酸洗。

② 氢氧化钠（钾）-乙醇洗液：洗涤油脂的效力比有机溶剂高，但不能与玻璃器皿长期接触。使用碱性洗液时要特别注意，碱液有腐蚀性，不能溅到眼睛上。

（6）有机溶剂洗液：用于洗涤油脂类、聚合体等有机污物。应根据污物性质选择适当的有机溶剂。常用的有三氯乙烯、二氯乙烯、苯、二甲苯、丙酮、乙醇、乙醚、三氯甲烷、四氯化碳、汽油、醇醚混合液等。一般先用有机溶剂洗两次，再用水冲洗，最后用酸或碱洗液洗，再用水冲洗。如洗不干净，可先用有机溶剂浸泡一定时间，然后再如上依次处理。

除以上洗涤方法外，还可以根据污物性质对症下药。如要洗去氯化银沉淀，可用氨水；硫化物沉淀，可用盐酸和硝酸；衣服上的碘斑，可用 10% 硫代硫酸钠溶液；高锰酸钾溶液残留在器壁上所产生的棕色污斑，可用硫酸亚铁的酸性溶液等。

不论用上述哪种方法洗涤器皿，最后都必须用自来水冲洗，再用蒸馏水或去离子水荡洗三次。洗涤干净的器皿，放去水后，内壁只应留下均匀一薄层水。

1.3.2.2　常用洗液的配制

（1）铬酸洗液：将 5g 重铬酸钾用少量水加热溶解、冷却，慢慢加入 80mL 浓硫酸，搅拌，冷却后贮存在磨口试剂瓶中，防止吸水而失效。

（2）氢氧化钠-高锰酸钾洗液：4g 高锰酸钾溶于少量水中，加入 100mL 10％氢氧化钠溶液。

（3）氢氧化钠-乙醇溶液：120g 氢氧化钠溶解在 120mL 水中，再用 95％的乙醇稀释至 1L。

（4）硫酸亚铁酸性洗液：含少量硫酸亚铁的稀硫酸溶液，此液不能放置，否则 Fe^{2+} 会氧化而失效。

（5）醇醚混合物：乙醇和乙醚 1∶1 混合。

1.3.3 化学试剂

1.3.3.1 化学试剂的级别

试剂的纯度对分析结果准确度的影响很大，不同的分析工作对试剂纯度的要求也不相同。因此，必须了解试剂的分类标准，以便正确使用试剂。

优级纯（guaranteed reagent，GR），属于一级品，标签为深绿色，适用于精密科学研究和痕量元素分析，可作为基准物质。

分析纯（analytical reagent，AR），属于二级品，质量略逊于优级纯试剂，标签为金光红，用于一般分析试验（配制定量分析中的普通试液）。

化学纯（chemically pure，CP），属于三级品，标签为中蓝色，用于要求较低的分析实验和要求较高的合成实验。

高纯试剂：高纯试剂是指试剂中对成分分析或含量分析干扰的杂质含量极微小、纯度很高的试剂。主要用来配制标准溶液。纯度以 9 来表示，如 99.99％、99.999％。高纯试剂种类繁多，标准也没有统一。按纯度来讲可分为高纯、超纯、特纯。光谱纯试剂是以光谱分析时出现的干扰谱线强度大小来衡量的，其中杂质含量低于光谱分析法的检出限，所以主要用作光谱分析中的标准物质。色谱纯试剂是在最高灵敏度下，以 10^{-10} g 以下无色谱杂质峰来表示的，主要用作色谱分析的标准物质。

1.3.3.2 试剂的保管和使用

化学试剂保管不善或使用不当极易变质或沾污。这往往是引起实验误差，甚至导致实验失败的重要原因之一，以致造成人力、物力的浪费。因此，按照一定的要求保管和使用试剂至为重要。

（1）试剂的保管

① 实验室中常用的各种试剂种类繁多，性质各异，应分别进行存放。一般的试剂应该放置在阴凉、通风、干燥处，防止水分、灰分和其他物质的污染。

② 见光易分解的试剂，如硝酸银等应存放在棕色瓶内，最好用黑纸包裹。

③ 易氧化的试剂，如氯化亚锡、亚铁盐等和易风化或潮解的试剂，如氯化铝、无水碳酸钠、氢氧化钠等，应放置在密闭容器内，必要时用石蜡封口。用氯化亚锡、亚铁盐这类性质不稳定的试剂所配制的溶液，不能久放，应现用现配。

④ 易腐蚀玻璃的试剂，如氟化物、烧碱等，应保存在塑料容器内。

⑤ 易燃、易爆和剧毒试剂的保管，应当特别小心，通常需要单独存放。有机溶剂，特别是低沸点的有机溶剂，如乙醚、甲醇等易燃的药品要远离明火。高氯酸接触脱水剂如浓硫酸、五氧化二磷或乙酸酐，脱水后，会起火爆炸，所以要注意切不可将这些试剂与高氯酸混

合使用，高氯酸应贮存于阴凉、通风的库房，远离火种和热源，贮存温度不宜超过30℃，保持容器密封，应与酸类、碱类、胺类等分开存放，高氯酸附近不可放置有机药品或还原性物质，切忌混储。剧毒药品（如氰化物、高汞盐等）要有专人保管，并记录使用情况，以明确责任，杜绝中毒事故的发生，有条件的应锁在保险柜内。

⑥ 各种试剂应分类放置，以便于取用。

⑦ 盛装试剂的试剂瓶上都应贴上标签，写明试剂的名称、化学式、规格、厂牌、出厂日期等。溶液的标签除了书写名称、化学式之外，还应写明所用试剂的规格和配制溶液所用水的等级、溶液的浓度、配制日期等，绝不可在试剂瓶中装入与标签不符的试剂。标签应用碳素墨水书写，以保字迹长久。为使标签耐久，一般在标签上再贴上一层透明胶带保护字迹不脱落。为了整齐美观，标签应贴在试剂瓶的2/3处。变质的或受沾污的试剂要及时清理，不要"凑合"使用，否则将造成更大的浪费。

（2）试剂的取用

① 取用试剂前，要认清标签，确认无误后方能取用。瓶盖取下后不要随意乱放。取用固体试剂用干净干燥的药匙，用毕随时洗净，晾干备用。取用液体试剂或溶液一般用量筒或量杯。倒试剂时，手握试剂瓶，标签朝外，沿器壁（或玻棒）缓缓倾出溶液。不要将溶液泼洒在外，特别注意处理好"最后一滴溶液"，尽量使其接入容器中。不慎流出的溶液要及时清理掉。若需要用吸管吸取试剂，绝不能用未洗净的吸管插入不同的试剂瓶中。取完试剂后，随手盖好瓶盖。切不可"张冠李戴"，造成交叉污染。

② 取用试剂要本着节约的原则，用多少取多少。未使用完的试剂，不可倒回原瓶内。取用易挥发的试剂，如浓盐酸、浓硝酸、溴等，应在通风橱中进行，以保持室内空气清新。使用剧毒药品要特别注意安全，遵守有关安全规定。

试剂如果保管不善或使用不当，极易变质和沾污，在分析实验中往往是引起误差甚至造成失败的主要原因之一。因此，必须按一定的要求保管和使用试剂。

1.3.4 气体钢瓶的使用及注意事项

仪器分析实验室常常要用到高压气体，如乙炔、氮气、氢气、氩气、氧气等，所以钢瓶的安全使用尤为重要。

（1）钢瓶常识

钢瓶是高压容器，瓶内要灌入高压气体或液化气体，还要承受搬运、滚动和震动等外界的冲击作用，因此对其质量要求严，材料要求高。

由于气瓶压力很高，某些气体有毒或易燃、易爆，为了确保安全，避免各种钢瓶相互混淆，按规定应在钢瓶外面涂上特定的颜色，并写明瓶内的气体名称。

（2）钢瓶使用注意事项

① 高压气瓶要直立固定，远离热源，避免曝晒和强烈震动，存放在阴凉、干燥处。

② 搬运钢瓶时，气瓶上的安全帽一定要旋上，以便保护气门勿使其偶然转动。气瓶要轻拿轻放，切不可在地上滚动钢瓶，要避免撞击、摔倒和激烈震动，以防发生爆炸。钢瓶在放置和使用时一定要固定在支架上或者钢瓶柜中，以防滑倒。

③ 各种高压气体钢瓶必须定期送有关部门检验，合格的钢瓶才能使用。一般至少每三年送检一次。

④ 高压气瓶上的减压阀要专用，安装时螺扣要上紧。只有 N_2 和 O_2 的减压阀可以通

用，其他的只能用于规定的气体，以防止发生爆炸。

⑤ 要保护好钢瓶的阀门，气体的导出必须通过减压阀的调节。开关阀门时，首先弄清方向，再缓慢旋转，否则会使螺纹受损。开关阀门时，人应站在减压阀的另一侧，以防减压阀万一被冲出而受到击伤。

⑥ 绝对不可将油或其他易燃物、有机物沾在钢瓶上，特别是阀门嘴和减压阀处，也不得用棉、麻等物堵漏，以防燃烧引起事故。

⑦ 可燃性气体要有防回火装置。有的减压阀已附有此装置，也可在气体导管中填装细铁丝网防止回火，在导气管路中加接液封装置也可有效地起到保护作用。

⑧ 不可将钢瓶内的气体全部用完，否则，空气或其他气体就会侵入气瓶内，使原有的气体不纯，下次再充装气体时就会发生事故。根据所装的气体性质不同，剩余残压也有所不同，如果已经用到规定的残压，应立即将气瓶阀门关紧，不让余气漏掉。一般气瓶要保留 0.05MPa 以上的残留压力。可燃性气体，如乙炔（C_2H_2）、氢气（H_2）应保留 0.2MPa 压力，以防重新充气时发生危险。

1.4 数据记录与数据处理

1.4.1 有效数字

有效数字就是指在分析工作中实际测量得到的数字。一个测量得到的有效数字不仅表示数值的大小，而且标志着仪器的精密程度。在数据处理过程中，涉及的各测量值的有效数字的位数可能不同，要对测量得到的数字进行修约，遵循原则"四舍六入五成双"，即四舍六入五考虑，五后非零则进一，五后皆零视奇偶，五前为偶应舍去，五前为奇则进一。

计算时有效数字的取舍，加减法以小数点后位数最少的数为依据，乘除法以有效数字位数最少的数为依据。在计算过程中，可以暂时多保留一位可疑数字，得到最后结果时，再弃去多余的数字。

1.4.2 误差与偏差

（1）误差

误差是表示测量结果准确度的一种方法。准确度指测定值与真实值接近的程度。测定值与真实值越接近，则准确度越高。准确度高低用误差来表示，误差分为绝对误差和相对误差。

绝对误差（E）是测量值（x_i）与真实值（x_T）之差，即：$E = x_i - x_T$。

相对误差（E_r）是指绝对误差（E）相对于真实值（x_T）的百分率，即：$E_r = \dfrac{E}{x_T} \times 100\%$。

（2）偏差

偏差是表示测定结果精密度的方法。精密度指多次测定结果相互接近的程度。它代表着分析方法的稳定性和重现性。精密度的高低可用偏差来衡量。在实验数据处理中，常用以下量来表示。

绝对偏差（d_i）指某一次测量值（x_i）与多次测定算术平均值（$\overline{x}$）的差异，即：$d_i = x_i - \overline{x}$。

平均偏差（$\overline{d}$）指单项测定值与平均值的偏差（取绝对值）之和，除以测定次数，即：

$$\overline{d}=\frac{1}{n}(|d_1|+|d_2|+\cdots+|d_n|)=\frac{1}{n}\sum|d_i|$$

相对平均偏差为平均偏差除以平均值，即：$\dfrac{\overline{d}}{\overline{x}}\times100\%$。

标准偏差（SD）各数据偏离平均数的距离（离均差）的平均数，即：$SD=\sqrt{\dfrac{\sum(x_i-\overline{x})^2}{n-1}}$。

相对标准偏差（RSD）指标准偏差与结果算术平均值的比值，即：$RSD=\dfrac{SD}{\overline{x}}\times100\%$。标准偏差通过平方运算，能将偏差更显著地表现出来，因此，标准偏差能更好地反映测定值的精密度。

1.4.3 回归分析

在实验数据分析中，经常需要确定两个变量之间是否彼此有关，并定量地表述这种关系，可用回归方程对这种关系进行研究。

1.4.3.1 直线回归方程的建立及相关系数

一元线性回归方程是一条直线，用公式表示为：$y=a+bx$。根据最小二乘法原理，回归系数为：$b=\dfrac{\sum x_i y_i-\sum x_i\cdot\sum y_i}{\sum x_i^2-\dfrac{1}{n}(\sum x_i)^2}$，$a=\overline{y}-b\,\overline{x}$。

可通过 Excel 等软件求出系数 a 和 b。当 $x=\overline{x}$ 时，$y=\overline{y}$，即回归直线一定通过均数点 $(\overline{x},\ \overline{y})$。

建立回归方程的目的并不在于从 x 计算 y，而恰恰是为了从 y 推测 x，只有在两个变量 x 和 y 的关系极为密切时，才能根据回归方程由 y 推测 x。在统计学上用相关系数 r 作为两个变量之间相关关系的一个量度，即：$r=\dfrac{\sum(x_i-\overline{x})(y_i-\overline{y})}{\sqrt{\sum(x_i-\overline{x})^2\cdot\sum(y_i-\overline{y})^2}}$。

r 的数值在 0 与 ±1 之间，当 $r=1$ 时，说明完全线性相关，实验误差为 0；$|r|$ 的值越接近 1，各实验点越靠近回归线；当 $|r|=0$ 时，两个变量之间完全无关。

1.4.3.2 定量分析方法

仪器分析中经常涉及定量分析，即建立测定信号与被分析物浓度之间的关系，即 $A=Kc$。式中，A 为测量信号；c 为被测物质的浓度；K 为条件常数。该式是定量分析的基础。常用的定量分析方法有三种，即标准曲线法、标准加入法和内标法。

（1）标准曲线法

标准曲线法又称工作曲线法，用纯的试剂配制一系列浓度不同的标准溶液，测定每一浓度对应的相应信号 A，采用计算机回归分析，绘制相应的 A-c 标准曲线（图 1-1），然后在相同条件下测定样品的响应值，根据标准曲线即可求得样品中待测组分的含量。标准曲线法应用范围广，是常用的仪器分析定量方法。使用标准曲线法时，待测组分的含量应在标准曲线的线性范围内，绘制标准曲线条件应与测定样品条件尽量保持一致。

（2）标准加入法

标准加入法又称添加法，是将已知量的标准试样加入一定量的待测试样中，测待测试样和标准试样量的总响应值，进行定量分析。标准试样加入待测试样中的方法有多种方式。最常用的一种是在数个等分的试样中分别加入成比例的标准试样，稀释到一定体积，测定响应值 A 绘制 A-c 曲线，用外推法即可求出稀释后待测样品中待测组分的浓度，如图 1-2 所示。

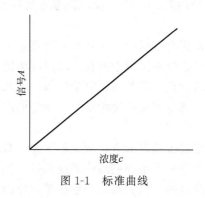

图 1-1　标准曲线

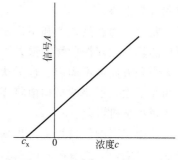

图 1-2　标准加入法校正曲线

显然，根据定量关系可得：$A_x = Kc_x$，$A_s = K(c_x + c_s)$

式中，c_x 为稀释后试样中待测物的浓度；c_s 为所加标准试样的浓度；A_x 和 A_s 分别为所测得待测物和标准样的响应信号。两式合并整理得：$c_x = \dfrac{c_s A_x}{A_s - A_x}$

当 $A_s = 0$ 时，$c_x = -c_s$。即浓度的外延线与横坐标相交的一点是稀释后试样的浓度。若得到的曲线是一条直线，则在分析其他试样时，只需测定一份加入了标准试样的试液和未加入标准试样的试液的响应值，代入上式即可求得 c_x。为了减少待测试样中基体效应带来的影响，标准试样的浓度应与待测试样浓度相近，且在基体组成上应尽量与待测试样相似。

标准曲线法适用于标准曲线的基体和样品的基体大致相同的情况，优点是速度快，缺点是当样品基体复杂时测量结果可能不准确。标准加入法可以有效克服上面所说的缺点，因为它是把样品和标准试样混在一起同时测定的，但缺点是速度很慢。标准曲线法可在样品很多的时候使用，先做出曲线，然后从曲线上找点，较方便。标准加入法适合样品数量少的时候使用。

（3）内标法

内标法是在试样含量不同的一系列样品中，分别加入固定量的纯物质，即内标物。测定分析物与内标物对应的响应值，以分析物和内标物的响应比 A_x/A_s 对分析物浓度 c_x 作图，即可得到相应的校正曲线。测定样品与内标物的响应比，根据回归分析，在曲线上得到待测组分的浓度。

使用内标法时，正确选择内标物的类型和浓度是十分重要的。一般来说，内标物在理化性质上应类似于分析物，其信号既不能干扰分析物，也不能被试样中的其他组分所干扰，并且具有易于测量的信号，最好是被分析物质的一个同系物。为了减少计算响应比时的误差，内标物的浓度和分析物的浓度应控制在同一数量级上。在少数情况下，分析人员可能比较关心化合物在一个复杂过程中所得到的回收率，此时，可以使用一种在这种过程中很容易被完全回收的化合物作内标，来测定感兴趣化合物的百分回收率，而不必遵循以上所说的选择原则。

误差具有加和性，操作步骤越多，分析过程中引入的误差可能越大。要提高分析结果的准确度，就必须尽可能地减小操作步骤和每步的实验误差。一般来说，误差分为随机误差、系统误差和过失误差。

随机误差也称为偶然误差和不定误差，是由于在测定过程中一系列有关因素微小的随机波动而形成的具有相互抵偿性的误差。其产生的原因是分析过程中种种不稳定随机因素的影响，具有大小和方向都不固定、也无法测量或校正的特点，但是随着测定次数的增加，正负误差可以相互抵偿，误差的平均值将逐渐趋向于零，所以可以通过增加平行测定的次数取平均值的办法减小随机误差。

系统误差为多次测量过程中，出现某种保持恒定或按确定的方法变化的误差，具有重复性、单向性、可测性。重复测定时会重复出现，使测定结果系统偏高或系统偏低。例如，测定结果精密度较好，但是测定数据的平均值显著偏离真值。只要找出产生误差的原因，并设法测定出其大小，就可以通过校正的方法予以减少或者消除，系统误差是定量分析中误差的主要来源。

过失误差是由测量人员过失造成的，例如读数错误、记录错误、测量时发生未察觉的异常情况等等，没有规律可循。从本质上讲，过失误差不能看作是科学意义上的误差，因此，不管造成过失误差的具体原因是什么，只要确知存在过失误差，就应将含有过失误差的测量值从一组数据中剔除。

实验中，随机误差是不可能避免的，只能通过增加测定次数减少随机误差；系统误差可通过对照或空白实验等找到引起误差的原因；过失误差则必须要求测量人员严格按照操作规程规范操作以避免出现差错。具体的方法有以下几种。

(1) 减小随机误差

适当增加平行测定次数可以减小偶然误差，一般做 3～5 次平行测定。在准确度要求较高的情况下，可增加至 10 次左右。

(2) 减小测量误差

① 称量误差。一般分析天平用差减法称量试样时需称量两次，可能引入的最大绝对误差为 $\pm 0.0002g$。为使称量的相对误差小于 0.1%，则称量的试样质量最少为 $0.2g$，才能保证称量误差不大于 0.1%。

② 体积误差。滴定管读数常有 $\pm 0.01mL$ 的误差，每次滴定需读数两次，这样可能造成 $\pm 0.02mL$ 的误差。为使滴定时体积的相对误差小于 0.1%，则消耗滴定剂的体积最少为 $20mL$，通常控制在 $25mL$ 左右。

(3) 消除系统误差

系统误差是由固定原因引起的，可通过 t 检验发现，采用下列方法校正，消除系统误差。

① 对照实验。对照实验是消除系统误差的最有效方法之一，应根据情况选用以下具体方法。

用标准方法进行对照实验：对某一项目的分析，常用国家颁布的标准方法或公认可靠的经典分析方法进行对照实验，若测得的结果符合要求，则方法是可靠的。

用标准试样进行对照实验：国家有关部门出售的标准试样的分析结果是比较可靠的，标准样与待测样组成相近时，可在相同的条件下进行对照分析。如果所得结果符合要求，说明不存在显著的系统误差，分析方法和过程是可靠的。若发现有一定误差但误差不大，可以用校正系数校正分析结果。

校正系数＝标准样品的真实值/标准样品的测定值

待测样组分含量＝校正系数×待测样测定值

回收实验：对试样的组成不完全清楚，或试样的组成较复杂时，可采用标准加入法做对照实验。此方法是取两份完全等量的同一试样，向其中一份样品中加入已知量的待测组分，另一份样品不加，然后进行平行测定。设前者的测定结果为 X_1，后者的结果为 X_2，加入待测组分的已知准确量为 $X_标$，计算回收率：回收率＝$(X_1-X_2)/X_标 \times 100\%$。

用回收率来衡量待测组分是否能定量回收，回收率越接近 100%，分析方法和过程的准确度越高。

② 空白实验。由试剂、蒸馏水或器皿引入的杂质所造成的系统误差，可通过做空白实验来消除。空白实验就是在不加试样或标准溶液的情况下，按照测定试样时完全相同的条件和分析步骤进行平行测定，所得的结果称为"空白值"。从试样分析结果中扣除空白值，可以得到较准确的分析结果。

③ 校准仪器。在准确度要求较高的分析工作中，对所使用的精密仪器如分光光度计（波长）、滴定管、移液管或吸量管和容量瓶等，都必须事先认真进行校准，以消除其可能引起的系统误差。

1.5　电子天平的正确使用

分析天平是仪器分析实验室最重要的仪器之一。所有结果的准确度与称量的准确度有着密切的关系。因此了解一些有关天平的基本常识，并掌握正确的称量方法非常必要。

利用电磁力平衡重力原理制成的天平称为电子天平。随着科技的发展，电子天平正逐步取代机械天平，应用也越来越普遍，其测量的准确性、可靠性也就愈为重要。下面介绍两种常用的电子天平的操作程序。

1.5.1　上海精密 FA2104N 天平操作规程

（1）调节水平：精密的电子天平都有三个支脚，调整天平后面的地脚螺丝高度，使水平仪内空气泡位于圆环中央，这样天平才能够处于水平状态。天平在每次移动或重新放置后，必须调节水平和校准质量。

（2）开机：将变压器插头插入交流电源插座，接通电源后，按下开关键"ON/OFF"，天平进行全屏自检。当显示器显示 0.0000 时，自检过程结束，此时天平准备工作就绪。

（3）预热：天平在初次接通电源或长时间断电之后，至少需要预热 30min。为了取得理想的测量结果，天平应保持在待机状态，即在显示器的左下方显示"o"，这表示天平已经接通电源，但显示器通过"ON/OFF"键关闭，天平处于工作准备状态。一旦显示器接通（按下开关键"ON/OFF"），天平便可立即工作，而不必经历预热过程。

如果在天平显示器的右上方显示"o"，表示 OFF，即天平曾经断电后重新接通，或者断电时间长于 3s。

如果在天平显示器左上方显示"◎"，表示天平正在工作。在接通电源后到按下第一个按键的时间内，显示此标记。如果天平正在工作时显示这个标记，则表示天平的微处理器正在执行某个功能，因此不能接受其他任务。

（4）校正：首次使用天平，必须对其进行校正。按下校正键"CAL"，天平将显示所需校正砝码重量（＋200.0000g），重量下方显示 CAL。在称盘上放上标准砝码（即校正砝码），天平即开始进行校正，直至出现＋200.0000g，而不再显示 CAL。校正结束，取下砝码。

在测量过程中，千万不要按下"CAL"键，否则，称量结果就会出错。天平的校正应定期进行，这项工作由实验室工作人员来完成。

（5）称量：称量前，使用除皮键"TARE"，除皮清零。只有当天平经过清零后，才能执行准确的重量称量。可按下左右两个除皮键"TARE"中的任意一个，以便使重量显示为0.0000g。这种清零操作可在天平的全量程范围内进行。

然后放置称量物进行称量。如增量法称量，可先放上干净干燥的小烧杯，此时显示器就会显示出该烧杯的重量（正数），按下除皮键"TARE"，显示器数据回到0.0000g，再向烧杯中加入样品，显示器就显示出所加入样品的重量（正数）。

而减量法称量也可使用除皮键直接读取数据，操作如下：放上装有样品的称量瓶，显示器就会显示出称量瓶和样品的总重量（正数），按下除皮键"TARE"，显示器数据回到0.0000g，然后取下称量瓶，进行减量法操作，从称量瓶中磕出样品后，再将称量瓶放到天平上，此时显示器显示出一个负数质量值，即为磕出样品的质量值。

（6）关机：天平应一直保持通电状态。不使用时，将显示器上的开关键"ON/OFF"关闭，天平处于待机状态，使天平保持保温状态，可延长天平的使用寿命。

1.5.2 梅特勒-托利多 EL204 天平操作规程

（1）调节水平：调整天平后面的地脚螺丝高度，使水平仪内空气泡位于圆环中央。

（2）开机：接通电源，天平自检。当出现"OFF"字样时，自检过程结束。让称盘空载并单击"ON"键，天平显示器自检，所有字段闪现。当天平回零时，天平准备工作就绪。

（3）预热：为了获得准确的称量结果，天平必须预热 20～30min，以获得稳定的工作温度。

（4）校正：首次使用天平或改变天平的放置位置后，必须对其进行校正。按下校正键"CAL/Menu"不放，直到天平显示出现"CAL"字样后，松开该键，这时所需校正砝码重量值"200.0000g"闪现。将标准砝码置于天平称盘中央，天平即开始进行校正，当闪现出"0.0000g"时，取下砝码。然后天平闪现"CALdonE"字样三下，接着又出现"0.0000g"时，校正结束，天平回到称量工作方式，等待称量。

（5）称量：将样品放称盘上，等待，直到显示器左下方的稳定指示符"o"消失，读取称量结果。

（6）关机：按住"OFF"键不放，直到显示器出现"OFF"字样，松开该键。

② 电化学分析法

电化学分析是现代分析技术的重要分支,它是以电导、电位、电流和电量等电参量与被测物含量之间的关系为计量基础,根据物质在溶液中的电化学性质及其变化来进行分析的方法。电化学分析法具有较高的灵敏度和准确度,设备简单,应用广泛,已成为食品、生物及相关部门广泛使用的一种检测手段。根据测量的电参数的不同,可分为电位分析、电导分析、极谱分析、库仑分析和伏安分析等。

2.1 电位分析法

电位分析法是一种经典的分析方法,它是在通过电路的电流趋近于零的条件下以测定电池的电动势或电极电位为基础的方法,主要用于各种样品中 pH 值的测量以及生物体中离子成分的测定。电位分析包括电位测定法(直接电位法)和电位滴定法。直接电位法通过测量指示电极和参比电极间的电位差,进而求得被测组分的活度或浓度。电位滴定法是以一对适当的电极监测滴定过程中的电位变化,从而确定终点,并由此求得待测组分的浓度。电位滴定法优于通常的化学滴定法,能用于有色或浑浊溶液的滴定。

▶ 2.1.1 仪器组成与结构

pH 计是电位分析法中最常使用的仪器,仪器的输入阻抗越大,pH 计精密度越高。pH 计除使用 pH 值和 mV 挡直接测量外,也用于离子选择性电极及电位滴定测定。pH 计主要包括:主机,pH 复合电极,多功能电极架和三芯电源线。

▶ 2.1.2 实验技术

(1) 标准缓冲溶液的配制方法

① pH=4.00(25℃)标准缓冲溶液:将 10.1200g 优级纯邻苯二甲酸氢钾溶解于 1000mL 高纯水中。

② pH=6.86(25℃)标准缓冲溶液:将 2.3870g 优级纯磷酸二氢钾和 2.5330g 优级纯磷酸氢二钠溶解于 1000mL 高纯水中。

③ pH=9.18(25℃)标准缓冲溶液:将 2.8000g 优级纯四硼酸钠溶解于 1000mL 高纯水中。

备注：配制②、③溶液用的水，应预先煮沸15～30min，除去溶解的二氧化碳。冷却过程中应尽量避免与空气接触，以防止二氧化碳的影响。

（2）pH计的校正

① 设置温度。温度是影响测量值的因素之一，在测量前，用温度计测量当前标准缓冲溶液的温度（通常在测量前将标液和样品溶液放置至室温），最后在仪器上设置相同的温度值。

② 清洗电极，将电极放入标准缓冲溶液1中（一般pH值为6.86）。

③ 待pH值读数稳定后，按"定位"键，仪器提示"Stdy E5"字样，按"确认"键，仪器自动识别并显示当前温度下的标准pH值，按"确认"键即完成第一点标定（斜率为100%）。

④ 再次清洗电极，并将电极放入标准缓冲溶液2中（一般pH值为4.00或9.18）。

⑤ 待pH值读数稳定后，按"斜率"键，仪器提示"StdyE5"字样，按"确认"键，仪器自动识别并显示当前温度下的标准pH值，按"确认"键即完成第二点标定。

（3）注意事项

① 温度是影响测量pH值的重要因素。在测定前，用温度计测量当前待测溶液的温度，然后在仪器上设置相同的温度值。

② pH计所用的电极都有使用年限，一般为1年，超过使用年限，应及时更换。

③ 在使用pH计过程中，出现异常现象，首先应该考虑更换电极（电极易损坏），如果更换电极后，一切正常，说明之前使用的电极已坏；如果更换电极后，仍然异常，这时可以查看说明书或联系厂家。

④ 在使用pH计时，通常会选用磁力搅拌器搅拌待测溶液，搅拌速度应缓慢而稳定。

⑤ 在使用pH计测定标准溶液时，测定顺序应由低到高依次进行（此时不需要用蒸馏水清洗电极），若测定未知浓度样品时，需要用蒸馏水清洗电极后再测定，避免产生较大误差。

2.1.3 常用仪器的操作规程与日常维护

2.1.3.1 PHS-3C型pH计操作规程

（1）仪器安装：根据实验情况选择合适的电极，连接好电极，接通电源，预热20min。

（2）选择测量模式：按"pH/mV"键选择测量模式，即"pH测量"和"mV测量"。

（3）pH测量：根据2.1.2校正pH计，经校正过的pH计可用来测定被测溶液。用蒸馏水清洗电极头部，再用被测溶液清洗一次。当被测溶液与定位标准缓冲溶液温度相同时，直接把电极浸入被测溶液中，用玻璃棒搅拌溶液，使溶液均匀，等显示屏上的读数稳定后，读出溶液的pH值；当被测溶液和定位溶液温度不相同时，用温度计测出被测溶液的温度，在仪器上设置此温度值，把电极浸入被测溶液中，用玻璃棒搅拌溶液，使溶液均匀，等显示屏上的读数稳定后，读出溶液的pH值。

如果使用其他的标准缓冲溶液进行标定，则可在最后一次确认前，手动调节显示的pH数据至当前温度下对应标液的pH值，然后按"确认"键。

（4）mV测量：将电极浸入蒸馏水中清洗，再用被测溶液清洗电极一次，把清洗好的电极插在被测溶液内，用玻璃棒搅拌溶液，使溶液均匀，等显示屏上的读数稳定后，读出溶液的电极电位（mV值），如果被测信号超出仪器的测量范围，仪器将显示"Err"字样。

2.1.3.2 pH计及相关电极的日常维护

pH计经常接触化学药物，需要重视pH计及电极的日常维护。

（1）pH 计的日常维护

仪器的输入端（测量电极插座）必须保持干燥清洁，仪器不使用时，将短路插头插入插座，防止灰尘及水汽浸入。

（2）复合电极的使用、维护及注意事项

① 电极在测量前必须用标准缓冲溶液进行校正。

② 取下电极保护套后，应避免电极的敏感玻璃泡与硬物接触。

③ 测量结束后及时套上电极保护套，套内应放少量外参比补充液，以保持电极球泡的湿润。

④ 电极的外参比补充液应高于被测溶液液面 10mm 以上，如果低于被测溶液液面，应及时补充参比补充液，补充液可以从电极上端小孔加入，复合电极不使用时，拉上橡皮套，防止补充液干涸。

⑤ 电极的引出端必须保持干燥清洁，绝对防止输出两端短路，否则将导致被测量失准或失效。

⑥ 第一次使用的 pH 电极或长期停用的 pH 电极，在使用前必须在 3mol/L 氯化钾溶液中浸泡 24h，电极应避免长期浸泡在蒸馏水、蛋白质溶液和酸性氟化溶液中，电极应避免与有机硅油接触。

⑦ 电极经长期使用后如发现斜率略有降低，则可把电极下端浸泡在 4％HF（氢氟酸）中 3～5s，用蒸馏水洗净，然后在 0.1mol/L 盐酸溶液中浸泡，使之复新。

⑧ 被测溶液中如含有易污染敏感球泡或堵塞液接界的物质使电极钝化，会出现斜率降低，显示读数不准现象。如发生该现象，则应根据污染物质的性质，用适当溶液清洗，使电极复新，具体污染物质对应的清洗剂，见表 2-1。

表 2-1　常见污染物质及相应清洗剂参考表

污染物	清洗剂
无机金属氧化物	低于 1mol/L 稀酸
有机油脂类物	稀洗涤剂（弱碱性）
树脂高分子物质	乙醇、丙酮、乙醚
蛋白质血球沉淀物	5％胃蛋白酶＋0.1mol/LHCl 溶液
颜料类物质	稀漂白液、过氧化氢

⑨ 玻璃电极的保质期一般为一年，出厂一年以后不管是否使用，其性能都会受影响，应及时更换。

⑩ 选用清洗剂时，不能用四氯化碳、三氯乙烯、四氢呋喃等能溶解聚碳酸树脂的清洗液。因为电极外壳是用聚碳酸树脂制成的，其溶解后极易污染敏感玻璃球泡，从而使电极失效；也不能用复合电极去测上述溶液；建议选用 65-1 型玻壳复合 pH 电极去测上述溶液；pH 复合电极的使用，最容易出现的问题是外参比电极的液接界堵塞。

（3）氟离子选择性电极的使用、维护及注意事项

氟离子选择电极是测定水溶液中氟离子浓度或者间接测定能与氟离子形成稳定络合物的离子浓度的指示电极。

① 氟电极在测定样品或标准溶液时，应用磁力搅拌器进行匀速搅拌，测定样品与测定标准溶液的搅拌速度应保持相同。

② 电极与饱和甘汞电极组成电极对，使用前电极应该在去离子水中将电极的电位清洗

至 370mV（取仪器显示电位值的绝对值）以上，即可以正常使用。

③ 在测定过程中，氟电极用去离子水清洗后，应该用干净的纱布或者是卷纸擦干后进行测定，以防止引起误差。

④ 电极在测定时，样品溶液和标准溶液应该保持在同一温度。

⑤ 一般要首先记录电极由稀到浓的数个标准溶液中的电位值（至少要求记录三个标准浓度以上的电位值，氟标准溶液浓度的选择应该在被测浓度的附近），以氟离子浓度的负对数（pF）为横坐标、电位值（E）为纵坐标绘制标准工作曲线，然后记录电极在被测样品溶液中的电位值，根据标准曲线方程计算出被测样品溶液的电位值相对应的 pF，进一步计算出被测样品溶液中氟离子的浓度。

⑥ 氟标准溶液建议存放在聚乙烯的塑料瓶中，对使用过的容量瓶、移液管和其他的玻璃器皿要及时清洗。

⑦ 氟电极在使用完毕后建议用去离子水清洗，将空白电位洗至 370mV 后，再干燥后保存，这样可以延长氟电极使用寿命，保持电极的良好性能。

（4）参比电极的使用、维护及注意事项

参比电极是 pH 计、离子计等分析仪器上起参比作用的元件，它与各种指示电极组成测量电池，可以测定溶液中各种离子的浓度，并可以进行电位分析。

① 电极在使用前先将电极上端小孔的橡皮塞拔去，以防止产生扩散电位影响测试精度。

② 电极内的盐桥溶液中不能有气泡，以防止溶液短路；饱和盐桥溶液型号的电极应该保留少许晶体，以达到饱和溶液的要求。

③ 双桥式的电极，在使用的时候一定要拔去橡皮塞和橡皮帽，第二节盐桥装入适当的惰性电极溶液后再装上使用，以保证测试结果的准确性。

④ 当电极外壳上附有盐桥溶液或结晶体的时候，应该随时除去。

⑤ 电极配有各种规格的插头，用户在购买的时候应该注意本电极的插头是否与使用的仪器配套。

2.1.3.3 ZDJ-400 全自动多功能滴定仪操作规程

ZDJ-400 全自动多功能滴定仪是由单片机控制的分析仪器，它集电位滴定仪和卡氏微量水分测量仪功能于一体，可提供精确度高、重复性好的测量结果。通过选择不同电极可进行酸碱滴定、氧化还原滴定、络合滴定、沉淀滴定等，具有动态滴定、等量滴定、终点滴定、恒 pH 值滴定、pH 值测量等多种测量模式。

（1）仪器安装：根据实验情况选择合适的电极，连接好电极，接通电源，预热 15min。

（2）选择测量模式：将"设置"开关置"测量"，通过"pH/mV"选择测量模式，即"pH 测量"和"mV 测量"。

（3）pH 值测量

①"pH/mV"选择开关置"pH"。

② 调节"温度"旋钮，使旋钮白线指向对应的溶液温度值。

③ 将"斜率"旋钮顺时针旋到底（100%）。

④ 将清洗过的电极插入 pH 值为 6.86 的缓冲溶液中。

⑤ 调节"定位"旋钮，使仪器显示数值与该缓冲溶液当时温度下的 pH 值相一致。

⑥ 用蒸馏水清洗电极，再插入 pH 值为 4.00（或 pH 值为 9.18）的标准缓冲溶液中，调节"斜率"旋钮，使仪器显示数值与该缓冲溶液当时温度下的 pH 值相一致。

⑦ 重复⑤～⑥直至不用再调节"定位"或"斜率"调节旋钮为止，至此，仪器完成标

定，"定位"和"斜率"旋钮不应再动，直至下一次标定。

⑧ 用蒸馏水清洗电极头部，再用被测溶液清洗一次，用温度计测出被测溶液的温度值。

⑨ 调节"温度"旋钮，使旋钮白线指向对应的溶液温度值。

⑩ 将电极插入被测溶液中，将溶液搅拌均匀后，读取该溶液的 pH 值。

（4）电位自动滴定

① 电极选择：氧化还原反应可用铂电极和甘汞电极，中和反应可用 pH 复合电极或玻璃电极，银盐与卤素反应可用银电极和特殊甘汞电极。

② 终点设定："设置"开关置"终点"，"pH/mV"选择开关置"mV"，"功能"开关置"自动"，调节"终点电位"旋钮，使显示屏显示所要设定的终点电位值。终点电位选定后，"终点电位"旋钮不可再动。

③ 预控点设定：预控点的作用是当离终点较远时，滴定速度很快；当到达预控点后，滴定速度很慢。设定预控点就是设定预控点到终点的距离。其步骤如下："设置"开关置"预控点"，调节"预控点"旋钮，使显示屏显示你所要设定的预控点数值。例如：设定预控点为 100mV，仪器将在离终点 100mV 处转为慢滴。预控点选定后，"预控点"调节旋钮不可再动。

④ 终点电位和预控点电位设定好后，将"设置"开关置"测量"，打开搅拌器电源，调节转速使搅拌从慢逐渐加快至适当转速。

⑤ 按一下"滴定开始"按钮，仪器即开始滴定，滴定灯闪亮，滴液快速滴下，在接近终点时，滴速减慢。到达终点后，滴定灯不再闪亮，过 10s 左右，终点灯亮，滴定结束。

⑥ 记录滴定管内滴液的消耗读数。到达终点后，不可再按"滴定开始"按钮，否则仪器将认为另一极性相反的滴定开始，而继续进行滴定。

2.1.3.4 多功能滴定仪的日常维护

（1）仪器电源必须接地，使用原装的电源线和电源变压器。在操作中要避免强电或强磁场、强烈震动、直接光照、大气湿度大于 80%、温度低于 5℃或高于 40℃。

（2）滴定管是在滴定过程中的滴定储存单元，不同的滴定反应要使用不同的滴定剂，因此在每次滴定时需要更换盛有所需滴定剂的滴定管。更换步骤如下。

① 连接好仪器后，开机显示欢迎界面。

② 安装、拆卸滴定管按"清除"键，滴定管回归零位置处于可拆卸状态。

③ 在等待状态下按"清除"键启动该功能，滴定管返回零位置后自动停止，该功能在等待状态下使用。

④ 键盘上的左右箭头可使换向电机顺时针单步转动，用于调整换向轴的偏移角度。

⑤ 安装滴定管时一定要听到"啪嗒"一声，否则需要重新推入。

⑥ 安装好后，锁紧滴定管后方可使用。

2.1.4 实验

实验 2-1 碳酸饮料 pH 值的测定

【实验目的】

（1）理解 pH 计测定溶液 pH 值的原理。

（2）掌握 pH 计测定溶液 pH 值的方法。

【实验原理】

pH 值为氢离子浓度的负对数，它可间接地表示溶液的酸碱程度，是水化学中常用的和最重要的检验项目之一。由于 pH 值受溶液问题影响而变化，测定时应在规定的温度下进行，或者校正温度。通常采用玻璃电极法和比色法测定 pH 值。比色法简便，但受色度、浊度、胶体物质、氧化剂、还原剂及盐度的干扰。玻璃电极法基本上不受以上因素的干扰，然而 pH 值在 10 以上时，会产生"钠差"，读数偏低，需选用特制的"低钠差"玻璃电极，或使用与水样的 pH 值相近的标准缓冲溶液对仪器进行校正。

本实验采用玻璃电极法测定碳酸饮料的 pH 值。仪器安装时，注意切勿使球泡与硬物接触，防止触及杯底而损害；仪器校正时，选用 pH 值与碳酸饮料 pH 值接近的标准缓冲溶液，校正 pH 计（又叫定位），并保持溶液温度恒定，以减少由于液接电位、不对称电位及温度等变化而引起的误差；样品测定时，条件应与校正时保持一致，且注意磁力搅拌子要与电极的球泡部位保持一定的距离，搅拌速度不要过快，以免打坏电极。

【仪器与试剂】

(1) 仪器：pH 计，复合玻璃电极。

(2) 试剂：0.05mol/L 邻苯二甲酸氢钾溶液（pH = 4.00，25℃），0.05mol/L Na_2HPO_4 + 0.05mol/L KH_2PO_4 混合溶液（pH = 6.86，25℃）。

(3) 样品：市售 3 种碳酸饮料。

【实验步骤】

(1) 开机：打开 pH 计电源开关，预热 30min，接好复合玻璃电极。

(2) pH 计校正：按照仪器使用说明书上的操作方法用 pH = 6.86（25℃）和 pH = 4.00（25℃）的缓冲溶液对 pH 计进行两点校正。

(3) 碳酸饮料 pH 值的测定：用蒸馏水冲洗电极 3~5 次，用滤纸吸干，然后将电极放入碳酸饮料中，等 pH 值稳定后读数，重复测定 3 次，将实验数据记录在表 2-2 中。测定完毕，清洗干净电极，把电极浸泡在蒸馏水中。

【数据处理】

记录碳酸饮料的 pH 值，并求平均值。

表 2-2　实验测定结果

编号	pH 值（第一次）	pH 值（第二次）	pH 值（第三次）	平均值
样品 1				
样品 2				
样品 3				

【思考题】

(1) 从原理上解释 pH 计在使用前为什么要校正？

(2) 一种缓冲溶液是一个共轭酸碱的混合物，那么为什么邻苯二甲酸氢钾、四硼酸钠、二草酸三氢钾等可作为缓冲溶液？

实验 2-2　乙酸的电位滴定分析及其离解常数的测定

【实验目的】

（1）学习电位滴定的基本原理和操作技术。

（2）运用 pH-V 曲线法确定滴定终点。

（3）学习弱酸离解常数的测定方法。

【实验原理】

乙酸 CH_3COOH（简写为 HAc）为一种弱酸，其 $pK_a=4.74$，当以标准碱溶液滴定乙酸试液时，在化学计量点附近可以观察到 pH 值的突跃。

在试液中插入复合玻璃电极，即组成如下工作电池：

$$Ag,AgCl\,|\,HCl(0.1mol/L)\,|\,玻璃膜\,|\,HAc\ 试液\,\|\,KCl(饱和)\,|\,Hg_2Cl_2,Hg$$

该工作电池的电动势在 pH 计上表示为滴定过程中的 pH 值，记录加入标准碱溶液的体积 V 和相应被滴定溶液的 pH 值，然后由 pH-V 曲线或 $(\Delta pH/\Delta V)$-V 曲线来求得终点时消耗的标准碱溶液的体积，也可用二次微分法，于 $\Delta^2 pH/\Delta V^2=0$ 处确定终点。根据标准碱溶液的浓度、消耗的体积和试液的体积，即可求得试液中乙酸的浓度或含量。

根据乙酸的离解平衡：　　　　　　　　$HAc = H^+ + Ac^-$

其离解常数为：　　　　　　　$K_a = \dfrac{[H^+][Ac^-]}{[HAc]}$

当滴定分数为 50% 时，$[HAc]=[Ac^-]$，此时 $K_a=[H^+]$，即 $pK_a=pH$

因此，在滴定分数为 50% 处的 pH 值，即为乙酸的 pK_a 值。

【仪器与试剂】

（1）仪器：pH 计，复合玻璃电极。

（2）试剂：0.1000mol/L 草酸标准溶液，0.1mol/L NaOH 标准溶液（准确浓度待标定），乙酸试液（浓度约 0.1mol/L），0.05mol/L 邻苯二甲酸氢钾溶液（pH=4.00，25℃），0.05mol/L Na_2HPO_4＋0.05mol/L KH_2PO_4 混合溶液（pH=6.86，25℃）。

【实验步骤】

（1）开机：打开 pH 计电源开关，预热 30min，接好复合玻璃电极。

（2）pH 计校正：用 pH=6.86（25℃）和 pH=4.00（25℃）的缓冲溶液对 pH 计进行两点定位。

（3）NaOH 溶液的标定：准确吸取 5.00mL 草酸标准溶液于 50mL 小烧杯中，再加纯水约 25mL。放入磁力搅拌子，浸入 pH 复合电极。开启电磁搅拌器（注意搅拌子不能碰到电极），用待标定的 NaOH 溶液进行滴定。开始时，大约 1mL 读数 1 次（每 15~20 滴，读数 1 次）；在滴定终点体积 V_{ep} 处和化学计量点附近时（即 pH 值变化较快时），大约 0.1mL 读数 1 次（每 2 滴，读数 1 次）；当溶液 pH＞10 以后，大约 1mL 读数 1 次（每 15~20 滴，读数 1 次），连续读数 3 次结束。将每个点对应的体积和 pH 值记录在表 2-3 中。

（4）乙酸含量和 pK_a 的测定：准确吸取 10.00mL 乙酸试液于 50mL 小烧杯中，再加纯水约 20mL。放入磁力搅拌子，浸入 pH 复合电极。开启电磁搅拌器（注意搅拌子不能碰到电极），用待标定的 NaOH 溶液进行滴定。开始时，大约 1mL 读数 1 次（每 15~20 滴，读数 1 次）；在滴定终点体积 V_{ep} 处和化学计量点附近时（即 pH 值变化较快时），大约 0.1mL 读数 1 次（每 2 滴，读数 1 次）；当溶液 pH＞10 以后，大约 1mL 读数 1 次（每 15～20 滴，读数 1 次），连续读数 3 次结束。将每个点对应的体积和 pH 值记录在表 2-4 中。（注：读数时，体积 V 保留小数点后 2 位（小数点后第 2 位为估计值）且与 pH 值一一对应。）

【数据处理】

（1）NaOH 溶液的标定

表 2-3 实验数据

V/mL								
pH 值								
V/mL								
pH 值								
V/mL								
pH 值								
V/mL								
pH 值								

绘制 pH-V 曲线，找出滴定终点体积，计算 NaOH 标准溶液的浓度。

（2）乙酸含量和离解常数 K_a 的测定

表 2-4 实验数据

V/mL								
pH 值								
V/mL								
pH 值								
V/mL								
pH 值								
V/mL								
pH 值								

按照上述 NaOH 溶液浓度标定时的数据处理方法，绘制 pH-V 曲线，找出滴定终点体积，计算乙酸的浓度。在绘制的 pH-V 曲线上，查出体积为 $\frac{1}{2}V_{ep2}$ 时的 pH 值，即为乙酸的 pK_a，进一步求出乙酸的离解常数 K_a。

【注意事项】

（1）pH 复合电极在使用前必须在 KCl 溶液中浸泡活化 24h，电极膜很薄易碎，使用时应十分小心。

（2）切勿把搅拌磁子连同废液一起倒掉。

【思考题】

（1）用电位滴定法确定终点与指示剂法相比有何优缺点？

（2）当乙酸完全被氢氧化钠中和时，反应终点的 pH 值是否等于 7？为什么？

实验 2-3 啤酒中总酸的测定

【实验目的】

(1) 掌握电位滴定分析法的原理。

(2) 了解含有溶解性气体样品的脱气方法。

(3) 掌握啤酒总酸的测定方法。

【实验原理】

啤酒中含有各种酸类 200 种以上,这些酸及其盐类物质控制着啤酒的 pH 值和总酸的含量。啤酒的总酸度是指其所含全部酸性成分的总量,用每 100mL 啤酒样品所消耗的 1.00mol/L NaOH 标准溶液的毫升数表示(滴定至 pH=9.0)。

啤酒总酸的检验和控制是十分重要的。"无酸不成酒",啤酒中含适量的可滴定总酸,能赋予啤酒以柔和清爽的口感,是啤酒重要的风味因子。但总量过高或闻起来有明显的酸味也是不行的,它是啤酒可能发生了酸败的一个明显信号。根据国家标准"GB 4927—2001 啤酒"的规定:常见的 10.1°～14.0°啤酒总酸度应≤2.6mL/100mL 酒样。在实际生产中则控制在≤2.0mL/100mL 酒样。

本实验利用酸碱中和原理,以 NaOH 标准溶液直接滴定啤酒样品中的总酸。但因为啤酒中含有种类较多的脂肪酸和其他有机酸及其盐类,有较强的缓冲能力,所以在化学计量点处没有明显的突跃,用指示剂指示不能看到颜色的明显变化。但可以用 pH 计在滴定过程中随时测定溶液的 pH 值,至 pH=9.0 即为滴定终点。即使啤酒颜色较深也不妨碍测定。

【仪器与试剂】

(1) 仪器:pH 计,pH 复合电极,磁力搅拌器,恒温水浴锅。

(2) 试剂:浓度约为 0.1mol/L 的 NaOH 标准溶液,基准邻苯二甲酸氢钾,酚酞指示剂,标准缓冲溶液(25℃时 pH=6.86 和 pH=9.18)。

(3) 样品:市售啤酒。

【实验步骤】

(1) 开机:打开 pH 计电源开关,接好复合玻璃电极,预热 30min。

(2) pH 计校正:用 pH=6.86(25℃)和 pH=9.18(25℃)的缓冲溶液对 pH 计进行两点定位。

(3) NaOH 标准溶液的配制和标定:称取 0.4～0.5g(准确至±0.1mg)于 105～110℃烘干至恒重的基准邻苯二甲酸氢钾,溶于 50mL 不含二氧化碳的水中,加入 2 滴酚酞指示剂溶液,以新制备的 NaOH 标准溶液滴定至溶液呈微红色为其终点,同时做空白试验,将所称取的质量记录在表 2-5 中。

(4) 样品的处理:用倾注法将啤酒来回脱气 50 次(一个反复为一次)后,准确移取 50.00mL 酒样于 100mL 烧杯中,置于 40℃水浴锅中保温 30min 并不时振摇,以除去残余的二氧化碳,然后冷却至室温。

(5) 总酸的测定:将样品杯置于磁力搅拌器上,插入复合电极,在搅拌下用 NaOH 标准溶液滴定至 pH=9.0 为终点,将所消耗氢氧化钠标准溶液的体积记录在表 2-5 中。

【数据处理】

（1）NaOH 标准溶液的标定

邻苯二甲酸氢钾标定 NaOH 反应式为：

$$HOOCC_6H_4COOK + NaOH \Longrightarrow NaOOCC_6H_4COOK + H_2O$$

表 2-5　NaOH 标准溶液的标定

编　号	1	2	3	空白
m_{KHP}/g				0
V_{NaOH}/mL				
c_{NaOH}/(mol/L)				
c_{NaOH}^p/(mol/L)				
相对标准偏差				

计算公式：

$$c_{NaOH} = \frac{m_{KHP}}{M_{KHP} \times (V_{NaOH} - V_{空白})} \times 1000$$

式中，c_{NaOH} 为 NaOH 标准溶液的浓度，mol/L；m_{KHP} 为邻苯二甲酸氢钾（KHP）的质量，g；M_{KHP} 为邻苯二甲酸氢钾的摩尔质量，204.2212g，mol；V_{NaOH} 为滴定至终点所消耗 NaOH 标准溶液的体积，mL；$V_{空白}$ 为空白试验所消耗 NaOH 标准溶液的体积，mL。

（2）啤酒中总酸的测定

按下式计算被测啤酒试样中总酸的含量，并判断总酸度是否合格。

$$X = 2 \times c_{NaOH}^p \times V_{NaOH}$$

式中，X 为待测啤酒样品中总酸的含量/（mL/100mL），即 100mL 啤酒试样消耗 1.000mol/L NaOH 标准溶液的毫升数；V_{NaOH} 为滴定至终点所消耗 NaOH 标准溶液的体积，mL；2 为换算成 100mL 酒样的因子，L/mol；c_{NaOH}^p 为 NaOH 标准溶液的平均浓度，mol/L。

【注意事项】

移取酒样时，注意不要吸入气泡，以防止读数不准。

【思考题】

（1）本实验为什么不能用指示剂法指示终点，而可以用电位滴定法？

（2）电位滴定有哪些特点？

（3）本实验的主要误差来源有哪些？

实验 2-4　饮用水中氟离子含量的测定

【实验目的】

（1）了解氟离子选择性电极的基本性能及其使用方法。

（2）掌握用氟离子选择性电极测定氟离子浓度的方法。

（3）学会使用离子选择性电极的测量方法和数据处理方法。

【实验原理】

饮用水中氟含量的高低，对人的健康有一定的影响。氟含量太低，易得牙龋病，过高则会发生氟中毒，适宜含量为 0.5~1.0mg/L。目前，测定氟的方法有比色法和直接电位法。比色法测量范围较宽，但干扰因素多，并且要对样品进行预处理；直接电位法，用离子选择性电极进行测量，其测量范围虽不及前者宽，但已能满足环境监测的要求，而且操作简便，干扰因素少，一般不必对样品进行预处理。因此，电位法逐渐取代比色法成为测量氟离子含量的常规方法。

氟离子选择性电极（简称氟电极）以 LaF_3 单晶片为敏感膜，对溶液中的氟离子具有良好的选择性。氟电极、饱和甘汞电极（SCE）和待测试液组成的原电池可表示为：

$$Ag \mid AgCl, NaCl, NaF \mid LaF_3 膜 \mid 试液 \mid\mid KCl(饱和), Hg_2Cl_2 \mid Hg$$

一般 pH/mV 计上氟电极接"－"，饱和甘汞电极接"＋"，测得原电池的电动势为：

$$E = \varphi_{SCE} - \varphi_{F^-}$$

φ_{SCE} 和 φ_{F^-} 分别为饱和甘汞电极和氟电极的电位。当其他条件一定时：

$$E = K - 0.059 \times \lg \alpha_{F^-} (25℃)$$

式中，K 为常数；0.059 为 25℃时电极的理论响应斜率；α_{F^-} 为待测试液中 F^- 活度。

用离子选择性电极测量的是离子活度，而通常定量分析需要的是离子浓度。若加入适量惰性电解质作为总离子强度调节缓冲剂（TISAB），使离子强度保持不变，则电位可表示为：

$$E = K - 0.059 \times \lg c_{F^-}$$
$$= K + 0.059 \times (-\lg c_{F^-})$$
$$= K + 0.059 \times pF$$

式中，c_{F^-} 为待测试液中 F^- 浓度，$pF = -\lg c_{F^-}$。

E 与 pF 呈线性关系，因此根据 E-pF 标准曲线和测定水样的 E_x 值，可求得水中氟的含量。

用氟电极测量 F^- 时，最适宜 pH 值范围为 5.0~5.5。pH 值过低，易形成 HF、HF_2^- 等，降低了 α_{F^-}；pH 值过高，OH^- 浓度增大，OH^- 在氟电极上与 F^- 产生竞争响应。也由于 OH^- 能与单晶膜中 LaF_3 产生如下反应：

$$LaF_3 + 3OH^- \longrightarrow La(OH)_3 + 3F^-$$

反应产物 F^- 为电极本身响应而造成的干扰。故通常用柠檬酸盐缓冲溶液来控制溶液的pH 值。氟电极只对游离氟离子有响应，而 F^- 非常容易与 Al^{3+}、Fe^{3+} 等离子配位。因此，在测定时必须加入配合能力较强的配位体，如柠檬酸盐是较强的配位剂，还可消除 Al^{3+}、Fe^{3+} 等离子的干扰，才能测得可靠准确的结果。

【仪器与试剂】

(1) 仪器：pH 计，电磁搅拌器，氟离子选择性电极，饱和甘汞电极。

(2) 试剂：NaF，NaCl，柠檬酸钠，冰乙酸。

F^- 标准储备液（1mg/mL）：将分析纯 NaF 在 120℃烘干，准确称取 2.2105g 溶于二次蒸馏水中，移入 1L 容量瓶中，稀释至刻度，即得到 1mg/mL 的氟离子标准溶液，然后储存在聚乙烯瓶中备用。

F^- 标准稀释液（0.01mg/mL）：吸取 1.0mL 的 1mg/mL F^- 标准储备液，置于 100mL容量瓶中，用缓冲溶液（TISAB）稀释至刻度。

缓冲溶液（TISAB）（即总离子强度缓冲溶液）：称取 58g NaCl 及 0.357g 柠檬酸钠溶于

二次蒸馏水中，加冰乙酸 60mL，用 50% 氢氧化钠调节 pH 值为 5.0～5.5，冷却至室温，转入 1L 容量瓶中，用水稀释至刻度，摇匀，转入洗净、干燥的试剂瓶中。

【实验步骤】

（1）开机：将氟电极和甘汞电极分别与 pH 计上的接口正确相接（氟电极接"测量电极"，饱和甘汞电极接"参比电极"，用 mV 档测量），开启仪器开关，预热仪器。

（2）清洗电极：于 50mL 的烧杯中，加入 40～50mL 的蒸馏水，放入搅拌磁子，插入氟电极和饱和甘汞电极至合适位置，开启搅拌器，调节搅拌速度适中（200～300r/min），使之保持较慢而稳定的转速（注意：在整个实验过程中保持该转速不变，切记），清洗电极。若读数小于 350mV，更换蒸馏水，继续清洗，直至读数大于 350mV。

（3）标准曲线的制作：分别取 0.50mL、1.00mL、1.50mL、2.00mL、3.00mL F^- 标准稀释溶液于 5 只 50mL 溶液瓶中，加缓冲溶液 10.00mL，用纯水稀释至刻度，摇匀。将全部溶液倒入烧杯中，放入搅拌磁子，插入前面清洗好的两电极，开启搅拌器，待读数稳定后，读取电位值。按浓度从低至高依次测量，将测量结果记录在表 2-6 中。

（4）水样的测定：取自来水样 25.00mL，置 50mL 容量瓶中，加 10.00mL 缓冲溶液，用纯水稀释至刻度，摇匀。将全部溶液倒入烧杯中，放入搅拌磁子，插入前面清洗好的两电极，开启搅拌器，待读数稳定后，读取电位值。将测量结果记录在表 2-6 中。

【数据处理】

（1）将 F^- 标准系列溶液的浓度与其对应的电位值填写在表 2-6 中。根据 F^- 的浓度，计算出 $\lg c_{F^-}$ 和 pF，且填写在表中。

表 2-6　F^- 标准系列溶液浓度及电位值

编号	1	2	3	4	5	6
c_{F^-} /(mg/L)						
$\lg c_{F^-}$						
pF						
E						

（2）以 pF 为横坐标、电位值（E）为纵坐标绘制标准工作曲线，得到标准工作曲线方程（校正曲线）及相关系数。根据待测样品的电位值 E_x 和稀释倍数，利用标准曲线求出所测自来水样中氟离子的含量。氟离子的浓度用科学计数法记录，保留 3 位有效数字即可。

【思考题】

（1）为什么要加入总离子强度调节缓冲剂？

（2）氟电极在使用时应注意哪些问题？

（3）为什么要清洗氟电极，使其响应电位值大于 350mV？

【阅读材料】

人体内氟含量的高低，对人的健康有直接的影响。氟含量太低，易得牙龋病，过高则会发生氟中毒。饮料和蔬菜是最常见的食品，检测并合理控制其中氟的含量非常有必要。

（1）茶饮料中游离氟的测定

根据茶饮料中游离氟的含量，确定适合的稀释倍数，确保稀释后样品溶液中游离氟的浓度在标准溶液范围内，其他实验步骤同实验2-4。

(2) 蔬菜中氟离子含量的测定

蔬菜试样中氟离子的提取及测定：用搅拌器搅拌各蔬菜试样，保证取样的均匀性。再称取5g样品，置于50mL容量瓶中，加10.00mL 10%盐酸，密闭浸泡提取1h（不时轻轻摇动），提取后用二次蒸馏水稀释至刻度，摇匀，备用。同时做空白实验。

取上述溶液5.00mL于50mL容量瓶中，加20.00mL缓冲溶液，用二次蒸馏水稀释至刻度并摇匀，将部分溶液倒入烧杯中，放入搅拌磁子，插入前面清洗好的两电极，开启搅拌器，待读数稳定后，读取电位值。其他实验步骤同实验2-4。

实验2-5　电位滴定法测定酱油中氨基酸总量

【实验目的】

学习电位滴定法测定酱油中氨基酸总量的基本原理和操作方法。

【实验原理】

用NaOH直接与等物质的量的—NH₂作用，就可测定氨基酸的含量，但NH_3^+是一个弱酸，它完全解离时的pH值为12～13，用一般指示剂很难判断其终点，因而在一般条件下不能直接用酸碱滴定法来测定氨基酸含量。由于在pH值中性和常温条件下，甲醛能很快与氨基酸上的氨基结合，一分子的氨基与两分子的甲醛反应，生成二羟甲基衍生物并释放出质子，使氨基酸的解离平衡向H^+方向移动，促进—NH₂上的氢离子释放出来，从而使溶液酸性增强，使—NH₂成为更强的酸。本实验就是利用氨基酸两性电解质作用，加入甲醛以固定氨基的碱性，使羧基显示出酸性，用氢氧化钠标准溶液滴定，以pH计指示滴定终点。

【仪器与试剂】

(1) 仪器：pH计，电磁搅拌器。

(2) 试剂：36%甲醛（应不含聚合物），0.05mol/L氢氧化钠标准溶液（准确浓度待标定）。

【实验步骤】

(1) 样品处理：准确移取5.00mL酱油置于100mL容量瓶中，用纯水稀释至刻度，摇匀，制得待测试样。

(2) NaOH标准溶液的配制和标定：称取0.4～0.5g（准确至±0.1mg）于105～110℃烘干至恒重的基准邻苯二甲酸氢钾，溶于50mL不含二氧化碳的水中，加入2滴酚酞指示剂溶液，以新制备的NaOH标准溶液滴定至溶液呈微红色为其终点，同时做空白试验，计算出NaOH标准溶液的准确浓度。

(3) 样品测定：准确移取20.00mL待测试样于200mL烧杯中，加60mL纯水，放入磁力搅拌子，浸入pH复合电极，开启磁力搅拌器和pH计，待pH计读数稳定后，用标定好的氢氧化钠标准溶液滴定至pH计显示pH值为8.20，将消耗氢氧化钠标准溶液的体积记录在表2-7中，计算总酸含量。

准确移取10.00mL甲醛溶液加入其中，搅拌均匀后，用上述氢氧化钠标准溶液继续滴定至pH计显示pH值为9.20，将消耗氢氧化钠标准溶液的体积记录在表2-7中。

用20.00mL纯水代替待测试样，其他步骤同上，做空白试验，同时做3组平行。

【数据处理】

表 2-7　氢氧化钠标准溶液滴定实验数据

项目	滴定至 pH 8.20 时 消耗 NaOH 体积/mL	滴定至 pH 9.20 时 消耗 NaOH 体积/mL
第一次		
第二次		
第三次		
平均值		
空白		

按下式计算被测酱油样品中氨基酸态氮含量（结果保留 2 位有效数据）。

$$X = \frac{(V_1 - V_2) \times c \times 0.014}{\dfrac{5}{100} \times 20} \times 100$$

式中，X 为每 100mL 样品中氨基酸态氮含量，g；V_1 为测定样品在加入甲醛后滴定至终点（pH 9.20）所消耗 NaOH 标准溶液的体积，mL；V_2 为空白试验在加入甲醛后滴定至终点（pH 9.20）所消耗 NaOH 标准溶液的体积，mL；c 为 NaOH 标准溶液的浓度，mol/L；0.014 为与 1.00mL NaOH 标准溶液（$c_{NaOH} = 1.0000$mol/L）相当的氮的质量，g。

【思考题】

检测时为何要加入甲醛？选用何种玻璃仪器加量甲醛？

2.2　电导分析法

电解质溶液能够导电，而且其导电过程是通过溶液中离子的迁移运动来进行的。当溶液中离子浓度发生变化时，其电导也随之变化。测定溶液的电导值以求得溶液中某一物质的浓度的方法称为电导分析法。它可分直接电导法和电导滴定法两类。

电导分析法具有简单、快速、不破坏被测样品等优点，广泛应用于众多领域。但溶液的电导是其中所有离子的电导之和，因此，电导测量只能用来估算离子总量，而不能区分和测定单个离子的种类和数量。

2.2.1　仪器组成与结构

电解质溶液的导电是在外电场作用下，通过正离子向阴极迁移，而负离子向阳极迁移来实现的。度量其导电能力大小的物理量称作电导，用符号 G 表示，其单位是西门子（用字母 S 表示，简称西），它与电阻互为倒数关系：

$$G = \frac{1}{R}$$

在温度、压力等恒定的条件下，电解质溶液的电阻公式为：

$$R = \rho \times \frac{l}{A}$$

式中，比例系数 ρ 为溶液的电阻率，它的倒数 $1/\rho$ 称为电导率，用 κ 表示，单位是西/米，符号为 S/m。那么电导可表示为：

$$G = \kappa \times \frac{A}{l}$$

水溶液的电导率取决于带电荷物质的性质和浓度、溶液的温度和黏度等。纯水的电导率很小，当水中含有无机酸、碱、盐或有机带电胶体时，电导率增加，因此可用于间接推测水中带电荷物质的总浓度。

电导率的测量实际就是按欧姆定律测定平行电极间溶液部分的电阻。但是，当电流通过电极时，会发生氧化或还原反应，从而改变电极附近溶液的组成，产生"极化"现象，从而引起电导测量的误差。为此，采用高频交流电测定法，可以减轻或消除上述极化现象，因为在电极表面的氧化和还原迅速交替进行，其结果可以认为没有氧化或还原发生。

测量电阻方法是采用惠斯登电桥平衡法，如图 2-1 所示。

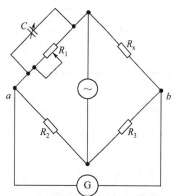

$$\frac{R_1}{R_x} = \frac{R_2}{R_3}$$

溶液的电导：

$$G_x = \frac{1}{R_x} = \frac{R_2}{R_3} \times \frac{1}{R_1}$$

图 2-1　电解质电导的测定

注意事项如下。

① 测量时应以交流电作为电源，不能使用直流电。

② 桥中零电流指示器不宜采用直流检流计，而改用耳机或示波器。

③ 在相邻的某一臂并联一个可变电容，补偿电导池的电容。

④ 为了降低极化至最小程度，应采用镀铂黑的铂片作为电导电极。

电导率仪是测量电导最常使用的仪器，主要包括：主机，电极，多功能电极架和三芯电源线。

2.2.2　实验技术

（1）影响电导率测定的因素

① 温度：电导率与温度具有很大相关性。金属的电导率随着温度的增高而降低，半导体的电导率随着温度的增高而增高。在一段温度值域内，电导率可以被近似为与温度成正比。为了要比较物质在不同温度状况的电导率，必须设定一个共同的参考温度。

② 掺杂程度：固态半导体的掺杂程度会造成电导率很大的变化。增加掺杂程度会造成高电导率，水溶液的电导率高低相当于其内含溶质盐的浓度，或其他会分解为电解质的化学杂质。水样本的电导率是测量水的含盐成分、含离子成分、含杂质成分等的重要指标。水越纯净，电导率越低（电阻率越高），水的电导率时常以电导系数来纪录，电导系数是水在 25℃ 温度的电导率。

③ 各向异性：有些物质会有异向性的电导率，必须用矩阵来表达。

（2）根据电导电极标有的电极常数值，选择合适的标准溶液（表 2-8），配制方法（表

2-9)，标准溶液与电导率关系表（表 2-10）。

表 2-8　测定电导电极常数的 KCl 标准溶液

电导电极常数/cm^{-1}	0.01	0.1	1	10
KCl 标准溶液近似浓度/(mol/L)	0.001	0.01	0.01 或 0.1	0.1 或 1

表 2-9　标准溶液的组成

KCl 标准溶液近似浓度/(mol/L)	KCl 标准溶液质量浓度/(g/L)(20℃空气中)
1	74.2650
0.1	7.4365
0.01	0.7440
0.001	将 10mL 0.01mol/L 的溶液稀释至 100mL

表 2-10　KCl 标准溶液近似浓度及其电导率值关系

KCl 标准溶液近似浓度/(mol/L)	温度				
	15℃	18℃	20℃	25℃	30℃
	电导率值/(μS/cm)				
1	92120	97800	101700	111310	131100
0.1	10455	11163	11644	12852	15353
0.01	1141.4	1220.0	1273.7	1408.3	1687.6
0.001	118.5	126.7	132.2	146.6	176.5

① 将电导电极接入仪器，断开温度电极（仪器不接温度传感器），仪器则以手动温度作为当前温度值，设置手动温度为 25.0℃，此时仪器所显示的电导率值是未经温度补偿的绝对电导率值。

② 用蒸馏水清洗电导电极，再用校准溶液清洗一次电极。将电导电极浸入校准溶液中。

③ 控制溶液温度恒定为：（30.0±0.1）℃、（25.0±0.1）℃、（20.0±0.1）℃、（18.0±0.1）℃或（15.0±0.1）℃。

④ 接上电源，进入"电导率测量"工作状态。

⑤ 根据所用的电导电极，选择好电极常数的档次（分 0.01、0.1、1.0、5.0、10.0 五档），并回到"电导率测量"状态。

⑥ 待仪器读数稳定后，按下"标定"键，再按"▲"或"▼"键，使仪器显示表 2-10 中所对应的数据，然后再按"确定"键，仪器将自动计算出电导电极常数并贮存，随即自动返回到"电导率测量"状态；按"取消"键，仪器不作电导电极常数标定并返回到"电导率测量"状态。

2.2.3　常用仪器的操作规程与日常维护

2.2.3.1　雷磁 DDSJ-308A 型电导率仪操作规程

（1）电导电极的选择：根据测量要求，选择好合适的电导电极。

（2）仪器安装：将多功能电极架安装好后，将电导电极和温度传感器夹在多功能电极架上，按要求将电导电极和温度传感器连接好，并接通电源。

（3）开机：按下"ON/OFF"键，几秒后，仪器自动进入上次关机时的测量工作状态，此时仪器采用的参数为最新设置的参数。如果不需要改变参数，则无需进行任何操作，即可直接进行测量。

（4）测量功能的选择：仪器有电导率、TDS、盐度三种测量功能，按"模式"键进行转换。

（5）电极常数的设置：电导电极出厂时，每支电极都标有一定的电极常数值。在"电导率测量"状态下，按"电极常数"键，再按"▲"或"▼"键修改电极常数，使之与出厂标的"电极常数值"一致，最后按"确定"键，仪器自动将修改的电极常数存入并返回测量状态，同时在测量状态中显示此电极常数值。

（6）温度系数的设置：在"电导率测量"状态下，按"温补系数"键，再按"▲"或"▼"键修改温度补偿系数，使之符合实际情况，最后按"确定"键，仪器自动将修改的温度补偿系数存入并返回测量状态。

一般水溶液电导率值测量的温度补偿系数选择0.02，温度补偿的参比温度为25℃；当温度传感器不接入仪器时，仪器无温度补偿作用，仪器显示值即为当时温度下的电导率值。

（7）标定：电导电极出厂时，每支电极都标有一定的电极常数值，如果怀疑此电极常数不正确，可以对其进行标定。

（8）电导率的测定：测量前，用蒸馏水清洗电导电极和温度传感器，再用被测液清洗一次；测量时，应使电导电极和温度传感器完全浸入被测溶液中，被测溶液温度应控制在$-5.0 \sim 105.0$℃之间；在测完一份溶液后测量另一份溶液之前，应先用蒸馏水将电导电极和温度传感器冲洗干净，再用被测液清洗即可。

（9）关机：测量结束后，按下"ON/OFF"键，仪器关机。

2.2.3.2 电导率仪及电极的日常维护

（1）电导率仪的日常维护

① 电极的连接须可靠，防止腐蚀性气体侵入。

② 开机前，须检查电源是否接妥。

③ 接通电源后，若显示屏不亮，应检查电源器是否有电输出。

④ 对于高纯水的测量，须在密闭流动状态下测量，且水流方向应对着电极，流速不宜太高。

⑤ 如仪器显示"溢出"，则说明所测值已超出仪器的测量范围，此时用户应马上关机，并换用电极常数更大的电极，然后再进行测量。

⑥ 电导率超过$3000\mu S/cm$时，为保证测量精度，最好使用DJS-1C型铂黑电极进行测量。

（2）电极使用的日常维护及注意事项

① 电极插头座应绝对防止受潮，仪表应安置于干燥环境，避免因水滴溅射或受潮引起仪表漏电或测量误差。

② 电极的电极头是用薄片玻璃制成，容易敲碎，切勿与硬物碰撞。

③ 测量电极不可用强酸、碱清洗，以免改变电极常数而影响仪表测量的准确性。

④ 仪器出厂时所配电极已测定好电极常数，为保证测量准确度，电极应定期进行常数标定。

⑤ 新的（或长期不用的）铂黑电极使用前应先用乙醇浸洗，再用蒸馏水清洗后方可使用。

⑥ 使用铂黑电极时，在使用前后可浸在蒸馏水中，以防铂黑的惰化。如发现铂黑电极失灵，可浸入10%硝酸或盐酸中2min，然后用蒸馏水冲洗再进行测量。如情况并无改善，则需更换电极。

⑦ 光亮电极其测量范围为 $0\sim300\mu S/cm$ 为宜，若被测溶液电导率大于 $1000\mu S/cm$ 时，应使用铂黑电极测量。若用光亮电极测量会加大测量误差。

2.2.4 实验

实验2-6　饮用水及盐酸溶液电导率的测定

【实验目的】

(1) 掌握电导率的含义。

(2) 掌握电导率测定水质意义及其测定方法。

【实验原理】

电导率是以数字表示溶液传导电流的能力。纯水的电导率很小，当水中含有无机酸、碱、盐或有机带电胶体时，电导率就增加。电导率常用于间接推测水中带电荷物质的总浓度。水溶液的电导率取决于带电荷物质的性质和浓度、溶液的温度和黏度等。

由于电导率是电阻的倒数，因此，当两个电极（通常为铂电极或铂黑电极）插入溶液中，可以测出两电极间的电阻 R。根据欧姆定律，温度一定时，这个电阻值与电极的间距 l（cm）成正比，与电极截面积 A（cm²）成反比，即：

$$R = \rho \times \frac{l}{A}$$

由于电极面积 A 与间距 l 都是固定不变的，故 l/A 是一个常数，称电导池常数（K_{cell}）。比例常数 ρ 叫做电阻率，其倒数 $1/\rho$ 为电导率，以 κ 表示。电导率反映导电能力的强弱。当已知电导池常数，并测出电阻后，即可求出电导率。

【仪器与试剂】

(1) 仪器：电导率仪，温度计，恒温水浴锅。

(2) 试剂：纯水（电导率小于0.1mS/m），饮用水及盐酸溶液。

【实验步骤】

(1) 开机：接通电导率仪电源，预热约10min。

(2) 清洗电极：为确保测量精度，电极使用前应用小于 $0.5\mu s/cm$ 的蒸馏水（或去离子水）冲洗两次，然后用待测试样冲洗三次后方可测量。

(3) 样品测量：将一份同样的溶液置于室温下，用温度计测定其温度，并将"温度"旋钮调节至实际温度相应温度下。将电极插头插入电极管套，将电极浸入被测溶液中，按下"校准/测量"开关，使其处于"校准"状态，调节"常数"旋钮，使仪器显示所用电极的常数值。按下"校准/测量"开关，使其处于"测量"状态（此时，开关向上弹起），将"量程"开关置于合适的量程档，如预先不知被测溶液介质电导率的大小，应先把其扳在最大电导率档，然后逐档下降，以防表针被打坏。待仪器示值稳定后，该显示数值即为被测液体在该温度下的电导率值。平行测定三次。求其均值并根据公式换算至25℃的电导率。

将此份溶液置于 25℃的恒温水浴锅中，当温度计显示 25℃时，将"温度"旋钮置于相应位置上（当"温度"置于 25℃无补偿作用）。同上述做法，再平行测定三次。

【数据处理】

（1）饮用水测定结果

测量温度	水样电导率/(μS/cm)		
	1	2	3
$t=25℃$			
		$\kappa_均=$	
$t=\_\_℃$			
		$\kappa_均=$	
		$\kappa_{25}=$	

（2）盐酸溶液测定结果

测量温度	盐酸溶液电导率/(μS/cm)		
	1	2	3
$t=25℃$			
		$\kappa_均=$	
$t=\_\_℃$			
		$\kappa_均=$	
		$\kappa_{25}=$	

在任意水温下测定，必须记录溶液温度，样品测定结果按下式计算：

$$\kappa_{25}=\frac{\kappa_t t}{1+a\times(t-25)}$$

式中，κ_{25} 为溶液在 25℃时电导率，μS/cm；κ_t 为溶液在 t℃时的电导率，μS/cm；a 为各种离子电导率的平均温度系数，取值 0.022/1℃；t 为测定时溶液品温度，℃。

【思考题】

（1）如何对仪器进行校准？

（2）电导率与哪些因素直接相关？

实验 2-7　饮用水中溶解氧的测定

【实验目的】

（1）了解水中溶解氧的测定原理。

（2）掌握水中溶解氧的测定方法。

【实验原理】

溶解于水中的氧称为溶解氧，以每升水中含氧（O_2）的毫克数表示。水中溶解氧的含量与大气压力、空气中氧的分压及水的温度有密切的关系。在 1.013×10^5Pa 的大气压力下，空气中含氧气 20.9%时，氧在不同温度的淡水中的溶解度也不同。

如果大气压力改变，可按下式计算溶解氧的含量：

$$S_1 = \frac{S \times P}{1.013 \times 10^5}$$

式中，S_1 为大气压力为 P（Pa）时的溶解度，mg/L；S 为在 1.013×10^5 Pa 时的溶解度数，mg/L；P 为实际测定时的大气压力，Pa。

水中溶解氧的测定，一般用碘量法。在水中加入硫酸锰及碱性碘化钾溶液，生成氢氧化锰沉淀。此时氢氧化锰性质极不稳定，迅速与水中溶解氧化合生成锰酸锰。

$$2MnSO_4 + 4NaOH \Longrightarrow 2Mn(OH)_2 + 2Na_2SO_4$$
$$2Mn(OH)_2 + O_2 \Longrightarrow 2H_2MnO_3$$
$$H_2MnO_3 + Mn(OH)_2 \Longrightarrow MnMnO_3 \downarrow （棕色沉淀） + 2H_2O$$

加入浓硫酸使棕色沉淀（$MnMnO_3$）与溶液中所加入的碘化钾发生反应，而析出碘，溶解氧越多，析出的碘也越多，溶液的颜色也就越深。

$$2KI + H_2SO_4 \Longrightarrow 2HI + K_2SO_4$$
$$MnMnO_3 + 2H_2SO_4 + 2HI \Longrightarrow 2MnSO_4 + I_2 + 3H_2O$$
$$I_2 + 2Na_2S_2O_3 \Longrightarrow 2NaI + Na_2S_4O_6$$

用移液管取一定量的反应完毕的水样，以淀粉做指示剂，用标准硫代硫酸钠溶液滴定，计算出水样中溶解氧的含量。

【仪器与试剂】

（1）仪器：溶解氧瓶，酸式滴定管。

（2）试剂：浓硫酸，淀粉，硫酸锰，碘化钾，氢氧化钠，硫代硫酸钠，重铬酸钾。

1%淀粉溶液：称取 1g 可溶性淀粉，用少量水调成糊状，再用刚煮沸的水稀释至100mL，冷却后，加入 0.1g 水杨酸或 0.4g 氯化锌防腐。

硫酸锰溶液：称取 480g 分析纯硫酸锰（$MnSO_4 \cdot H_2O$）溶于蒸馏水中，过滤后转移至1000mL 的容量瓶中，用蒸馏水稀释至刻度，摇匀。

碱性碘化钾溶液：称取 500g 分析纯氢氧化钠溶解于 300～400mL 蒸馏水中（如氢氧化钠溶液表面吸收二氧化碳生成了碳酸钠，此时如有沉淀生成，可过滤除去），另称取 150g 碘化钾溶解于 200mL 蒸馏水中，将上述两种溶液合并，转移至 1000mL 的容量瓶中，用蒸馏水稀释至刻度，摇匀。

硫代硫酸钠标准溶液（0.025mol/L）：称取 6.2g 分析纯硫代硫酸钠（$Na_2S_2O_3 \cdot 5H_2O$）于煮沸放冷的蒸馏水中，然后再加入 0.2g 无水碳酸钠，转移至 1000mL 的容量瓶中，用蒸馏水稀释至刻度，摇匀，为了防止分解可加入氯仿数毫升，储于棕色瓶中，使用前进行标定。

重铬酸钾标准溶液（0.0250mol/L）：精确称取在 110℃ 干燥 2h 的分析纯重铬酸钾1.2258g，溶于蒸馏水中，转移至 1000mL 的容量瓶中，用蒸馏水稀释至刻度，摇匀。

【实验步骤】

（1）硫代硫酸钠的标定：在 250mL 的锥形瓶中加入 1g 固体碘化钾及 50mL 蒸馏水，用滴定管加入 15.00mL 0.0250mol/L 重铬酸钾标准溶液，再加入 5.00mL 1：5 的硫酸溶液，此时发生下列反应：

$$K_2Cr_2O_7 + 6KI + 7H_2SO_4 \Longrightarrow 4K_2SO_4 + Cr_2(SO_4)_3 + 3I_2 + 7H_2O$$

在暗处静置 5min 后，由滴定管滴入硫代硫酸钠溶液至溶液呈浅黄色，加入 2.00mL 淀粉溶液，继续滴定至蓝色刚退去为止，记下硫代硫酸钠溶液的用量。标定应做三个平行样，求出硫代硫酸钠的准确浓度。

$$I_2 + 2Na_2S_2O_3 \Longrightarrow 2NaI + Na_2S_4O_6$$

$$c_{Na_2S_2O_3} = \frac{6 \times 15.00 \times 0.0250}{V_{Na_2S_2O_3}}$$

（2）水样的采集与固定：用溶解氧瓶取水面下 20～50cm 的饮用水，使水样充满 250mL 的磨口瓶中，用尖嘴塞慢慢盖上，不留气泡。在河岸边取下瓶盖，用移液管吸取硫酸锰溶液 1.00mL 插入瓶内液面下，缓慢放出溶液于溶解氧瓶中。取另一只移液管，按上述操作往水样中加入 2.00mL 碱性碘化钾溶液，盖紧瓶塞，将瓶颠倒振摇使之充分均匀。此时，水样中的氧被固定生成锰酸锰（$MnMnO_3$）棕色沉淀。将固定了溶解氧的水样带回实验室备用。

（3）酸化：往水样中加入 2.00mL 浓硫酸，盖上瓶塞，摇匀，直至沉淀物完全溶解为止（若没全溶解还可再加少量的浓硫酸）。此时，溶液中有 I_2 产生，将瓶在阴暗处放 5min，使 I_2 全部析出来。

（4）标准 $Na_2S_2O_3$ 溶液滴定：准确从瓶中移取 50.00mL 水样于锥形瓶中，用标准 $Na_2S_2O_3$ 溶液滴定至浅黄色，向锥形瓶中加入淀粉溶液 2.00mL，继续用 $Na_2S_2O_3$ 标准溶液滴定至蓝色变成无色为止，记下消耗 $Na_2S_2O_3$ 标准溶液的体积，按上述方法平行测定三次。

【数据处理】

$$c_{Na_2S_2O_3} = \frac{15.00 \times 0.0250}{V_{Na_2S_2O_3}}$$

$$溶解氧(O_2, mg/L) = \frac{c_{Na_2S_2O_3} \times V_{Na_2S_2O_3} \times \frac{32}{4} \times 1000}{V}$$

$$O_2 \longrightarrow 2Mn(OH)_2 \longrightarrow MnMnO_3 \longrightarrow 2I_2 \longrightarrow 4Na_2S_2O_3$$

即：1.00mol 的 O_2 和 4.00mol 的 $Na_2S_2O_3$ 相当，用硫代硫酸钠的摩尔数乘氧的摩尔数除以 4 可得到氧的质量（mg），再乘 1000 可得每升水样所含氧的毫克数。

式中，$c_{Na_2S_2O_3}$ 为硫代硫酸钠摩尔浓度；$V_{Na_2S_2O_3}$ 为硫代硫酸钠体积，mL；V 为水样的体积，mL。

【注意事项】

（1）当水样中含有亚硝酸盐时会干扰测定，可加入叠氮化钠使水中的亚硝酸盐分解而消除干扰，其加入方法是预先将叠氮化钠加入碱性碘化钾溶液中。

（2）如水样中含 Fe^{3+} 达 100～200mg/L 时，可加入 1mL 40% 氟化钾溶液消除干扰。

（3）如水样中含氧化性物质（如游离氯等），应预先加入相当量的硫代硫酸钠去除。

实验 2-8 食醋中乙酸含量的测定

【实验目的】

（1）理解 NaOH 标准溶液的配制及标定。

（2）掌握食醋中乙酸含量的测定方法。

【实验原理】

食醋中的酸主要是乙酸（HAc），此外还含有少量其他弱酸。乙酸为弱酸，其电离常数 $K_a = 1.76 \times 10^{-5}$，凡是 $K_a > 10^{-8}$ 的一元弱酸，均可被强碱准确滴定。本实验用 NaOH 标准溶液滴定食醋中乙酸的含量，反应式为：

$$NaOH + HAc =\!\!= NaAc + H_2O$$

反应产物为 NaAc，为强碱弱酸盐，则终点时溶液的 pH>7（其值为 8.72），可用酚酞作为指示剂。测定结果以乙酸计算，CO_2 的存在干扰测定，因此，稀释食醋试样用的蒸馏水应经过煮沸。

NaOH 在称量过程中不可避免地会吸收空气中的二氧化碳，使得配制的 NaOH 溶液浓度比真实值偏高，最终使实验测定结果偏高，因此，不能用直接法配制标准溶液。为得到更准确的数据，需要先配成近似浓度为 0.1mol/L 的溶液，然后用基准物质标定。

邻苯二甲酸氢钾（KHP）和草酸常用作标定碱的基准物质。但是邻苯二甲酸氢钾易制得纯品，在空气中不吸水，容易保存，摩尔质量大，是一种较好的基准物质。因此，本实验选用邻苯二甲酸氢钾标定 NaOH，反应式为：

$$HOOCC_6H_4COOK + NaOH =\!\!= NaOOCC_6H_4COOK + H_2O$$

【仪器与试剂】

（1）仪器：分析天平，托盘天平。

（2）试剂：白醋，邻苯二甲酸氢钾（KHP），氢氧化钠，酚酞指示剂。

【实验步骤】

（1）氢氧化钠标准溶液的配制：准确称取 0.3800～0.4200g 氢氧化钠，用蒸馏水溶解于 50mL 小烧杯中，转移至 100mL 的容量瓶中，用蒸馏水稀释至刻度，摇匀。

（2）氢氧化钠标准溶液的标定：准确称取 1.0100～1.0300g 邻苯二甲酸氢钾（KHP），用蒸馏水溶解于 50mL 小烧杯中，转移至 100mL 的容量瓶中，用蒸馏水稀释至刻度，摇匀。

准确吸取邻苯二甲酸氢钾溶液 5.00mL 于 50mL 锥形瓶中，加 1～2 滴酚酞指示剂，用 NaOH 标准溶液滴定至溶液呈微红色且半分钟内不褪色即为终点，将每次消耗氢氧化钠溶液的体积记录在表 2-11 中。

（3）待测食醋的配制：准确吸取 5.00mL 白醋样品，加入到 50mL 容量瓶中，用新煮沸后冷却的蒸馏水（不含二氧化碳）稀释至刻度，摇匀。

（4）食醋中乙酸的测定：准确吸取待测食醋样品 5.00mL 于锥形瓶中，加 10mL 蒸馏水，1～2 滴酚酞指示剂。用上述标定的氢氧化钠标准溶液滴定至微红色且半分钟内不褪色即为终点，将每次消耗氢氧化钠溶液的体积记录在表 2-12 中。

【数据处理】

（1）氢氧化钠标准溶液的标定

表 2-11　氢氧化钠标准溶液的标定

编　号	1	2	3
m_{KHP}/g			
V_1/mL		100	
c_{KHP}/(mol/L)			
V_2/mL		5.00	

编　号	1	2	3
V_{NaOH}/mL			
c_{NaOH}/(mol/L)			
c_{NaOH}^{p}/(mol/L)			
相对标准偏差			

计算公式：

$$c_{KHP} = \frac{m_{KHP}}{M_{KHP} \times V_1} \times 1000$$

式中，c_{KHP} 为邻苯二甲酸氢钾（KHP）的浓度，mol/L；m_{KHP} 为邻苯二甲酸氢钾（KHP）的质量，g；M_{KHP} 为邻苯二甲酸氢钾的摩尔质量，204.2212g/mol；V_1 为邻苯二甲酸氢钾标准溶液定容体积，100mL。

$$c_{NaOH} = \frac{c_{KHP} \times V_2}{V_{NaOH}}$$

式中，c_{NaOH} 为 NaOH 标准溶液的浓度，mol/L；V_2 为吸取邻苯二甲酸氢钾标准溶液的体积，5.00mL；V_{NaOH} 为滴定至终点所消耗 NaOH 标准溶液的体积，mL。

（2）食醋中乙酸的测定

表 2-12　食醋中乙酸的测定

编　号	1	2	3
V_3/mL		5.00	
c_{NaOH}^{p}/(mol/L)			
V_{NaOH}/mL			
c_{HAc}/(mol/L)			
c_{HAc}^{p}/(mol/L)			
相对标准偏差			
食醋的稀释倍数			
食醋中乙酸的浓度/(mol/L)			

计算公式：

$$c_{HAc} = \frac{c_{NaOH}^{p} \times V_{NaOH}}{V_3}$$

式中，c_{HAc} 为待测食醋样品中乙酸的浓度，mol/L；V_{NaOH} 为滴定至终点所消耗 NaOH 标准溶液的体积，mL；V_3 为吸取待测食醋样品溶液的体积，5.00mL；c_{NaOH}^{p} 为 NaOH 标准溶液的平均浓度，mol/L。

【结果与讨论】

将实验所测得的乙酸的浓度与样品标签注明总酸含量相比较，同时判断其是否符合国家标准（国家标准中规定：食醋中总酸含量不低于 3.5g/100mL）。

2.3 极谱、伏安分析法

极谱分析法是基于可还原物质或可氧化物质在特殊的电解池所获得的电流-电压曲线，根据这种曲线进行物质的定性或定量分析的方法。它具有快速、灵敏、准确、设备简单等优点，已广泛应用于食品、医药、化工、环保等检测领域。伏安分析法是指通过电流-电压的函数曲线进行物质分析的方法。目前，极谱法仅仅是指采用滴汞电极作为工作电极完成分析的伏安法，而伏安法本身包括各种工作电极。因此，一切使用滴汞类不断更新表面的电极作为工作电极时的伏安法称为极谱法，而使用固定表面电极作为工作电极时称为伏安法，两者统称为极谱-伏安分析法。

电化学工作站提供的方法多，可以一机多用，即在同一台仪器上可以开展三十多种不同方法的电化学与电分析化学实验，使用灵活方便，实验曲线实时显示，全中文操作界面，操作更加直观。可直接用于超微电极上的稳态电流测量，应用于有机电合成基础研究、电分析基础教学、电池材料研制、生物电化学（传感器）、阻抗测试、电极过程动力学研究、材料、金属腐蚀、生物学、医学、药物学、环境生态学等众多学科领域的研究。

2.3.1 仪器组成与结构

电化学工作站包括主机和电机架，主机与电源，电极及计算机连接完成测量。

2.3.1.1 硬件的结构与组成

电化学工作站的参数设置和操作控制均由软件操作完成。LK2005A型系统主机的前面板仅有两个按键开关："电源"键和"复位"键。"电源"键接通仪器主机电源，同时键上的蓝色指示灯点亮。"复位"键其功能是使仪器复位至初始状态。当仪器运行出现"死机"或主机与计算机的通讯联系发生错误中断时，可以按下"复位"键。当接到"复位"命令后，仪器将自动进行自检，并使仪器的工作状态复位到初始状态，同时屏幕弹出"硬件测试"示意图，复位命令即完成。仪器工作正常或实验进行中时，请勿按"复位"键，否则系统参数将丢失。

LK2005A型系统主机的后面板主要是接线端子（插座或接口等），包括："通讯端口"、"控制端口"、"RE"、"CE"、"WE"、"接地端子"等。通讯端口是电化学主机的串行口与微机的串行口相连接的端口，可以选择连接至微机的COM1或COM2口，设置方法是在主控菜单的"设置"菜单命令中选择"系统设定"，在对话框中设置COM1或COM2即可，开机默认在COM1端口。控制端口是用于控制外部设备，如旋转圆盘电极、滴汞电极的敲击器、磁力搅拌器等。RE为参比电极设置的输入端口，外套黄色线管。CE为对电极（辅助电极）设置的输入端口，外套红色线管。WE是常规工作电极（nA级或mA级电流）的输入端口，适用电流档位范围：$\pm1.0nA\sim\pm10mA$，外套绿色线管。

2.3.1.2 软件功能

软件采用32位Windows风格的界面，图形数据一体化窗口的运用，使得测试过程直观高效。软件在运行中，对用户的操作及数据的有效性、完整性进行了充分地检查，适时给出提示或警告。LK2005A具有数据列表功能，能够实时显示测量结果和打开文件的数据，确保方便地查看实验结果。

2.3.2 实验技术

2.3.2.1 可提供的电化学方法

LK2005A 型电化学工作站可提供的电化学方法主要有以下几种。

恒电位技术：单电位阶跃计时电流法、双电位阶跃计时电流法、计时电量法、电流-时间曲线、开路电位-时间曲线、控制电位电解库仑法、电位溶出 E-T 曲线、微分电位溶出分析法。

线性扫描技术：线性扫描伏安（极谱）法、循环伏安法及无限次循环伏安、塔菲尔曲线、采样电流伏安（极谱）法、线性扫描溶出伏安法。

脉冲技术：常规脉冲伏安（极谱）法、差分脉冲伏安（极谱）法、差分常规脉冲伏安（极谱）法、差分脉冲溶出伏安法。

方波技术：方波伏安（极谱）法、循环方波伏安法、方波溶出伏安法。

交流技术：交流伏安法、选相交流伏安法、二次谐波交流伏安法、交流溶出伏安法。

恒电流技术：单电流阶跃计时电位法、双电流阶跃计时电位法、线性电流计时电位法、控制电流电解库仑法。

电化学检测方法：电位分析-工作曲线法、电位分析-标准加入法、恒电位安培检测、方波电位安培检测。

交流阻抗测量技术：交流-阻抗法、阻抗-电位法、阻抗-时间法。

2.3.2.2 影响金属钝化的因素

金属的钝化现象：阳极的溶解速度随电位变正而逐渐增大，这是正常的阳极溶出。但当阳极电位增大到某一数值时，其溶解速度达到最大值，此后阳极溶解速度随着电位变正，反而大幅度的降低，这种现象称为金属的钝化现象。影响金属钝化的因素主要有以下几个方面。

（1）溶液的组成

溶液中存在的氢离子、卤素离子以及某些具有氧化性的阴离子，对金属的钝化行为有显著地影响，在酸性和中性溶液中随着氢离子浓度的降低，临界钝化电流密度减小，临界钝化电位也向负移。卤素离子尤其是氯离子妨碍金属的钝化过程，并能破坏金属的钝态，使溶解速率大大增加，某些具有氧化性的阴离子则可以促进金属的钝化。

（2）金属的组成和结构

各种金属的钝化能力不同。对于铁族金属而言，钝化能力的顺序为 Cr＞Ni＞Fe。在金属中加入其他组分可以改变金属的钝化行为，如在铁中加入镍和铬可以大大提高铁的倾向及钝态的稳定性。

（3）外界条件

温度、搅拌对钝化有影响，一般来说，提高温度和加强搅拌都不利于钝化过程的发生。

2.3.3 常用仪器的操作规程与日常维护

2.3.3.1 LK2005A 电化学工作站操作规程

（1）开机：打开计算机的电源开关，打开电化学工作站主机电源。

（2）自检：在 Windows XP 操作平台下运行"LK2005A"，进入主界面。按下主机前面板的"复位"键，这时主控菜单上应显示"系统自检"界面，待自检界面通过后，在"设置"菜单上选择"通讯测试",此时主界面下方显示"连接成功"系统进入正常工作状态。

(3) 设置参数：如果主机电源打开后按下主机前面板的"复位"键，主界面上无响应（即没有显示"自检界面"的样子），在"设置"菜单上选择"通讯测试"，主界面上也无响应，这时表明计算机与主机的通信联系没有接通。此时打开"设置"菜单，选择"系统设定"项，屏幕上弹出"系统设置"对话框，检查串口的设定与实际连接是否相符，若不符，应重新设定。然后单击"确认"返回主界面。再按下主机前面板的"RESET"键，主界面上有响应，在"设置"菜单上选择"通讯测试"，这时主界面下方弹出"连接成功"对话框，这时可以选择方法进行实验。

(4) 扫描：通讯测试成功后按下"DAMMY"键，选择"线性扫描伏安法"，扫描得到图形。

(5) 扫描结束后点击"保存"，保存实验结果。

(6) 关机：实验结束后，关闭程序，关闭电化学工作站，拆除电解池；如需要做第二组实验，应先将电解池辅助电极鳄鱼夹拆除，再拆除工作电极和参比电极，避免电化学工作站由于检测不到电位值而发出较大电流击穿工作电极。

2.3.3.2 电化学工作站的日常维护

(1) 仪器的电源应采用单相三线。

(2) 不能在电极插入电解池的情况下开机或关机，避免损坏电极。

(3) 仪器不易时开时关。

(4) 电极连接线头严禁与电极夹持杆以及机壳相碰。

(5) 电极、电极帽和固定电极的橡皮塞必须保持清洁、干燥、避免锈蚀和污染。3 支电极相互间不允许接触，插入电解池后，不能触及电解池底部和杯壁。

2.3.4 实验

实验 2-9 阳极极化曲线的测量

【实验目的】

(1) 掌握阳极极化曲线测试的基本原理和方法。

(2) 测定镍电极在电解液中有无 Cl^- 存在条件下的阳极极化曲线。

(3) 通过实验巩固对电极钝化与活化过程的理解。

【实验原理】

线性电位扫描法是指控制电极电位在一定的电位范围内，以一定的速度均匀连续的变化，同时记录下各电位下反应的电流密度，从而得到电位-电流密度曲线，即稳态电流密度与电位之间的函数关系：$i = f(\phi)$。适用于测量电极表面状态有特殊变化的极化曲线，如阳极钝化行为的阳极极化曲线。

阳极极化：金属作为阳极时在一定的外电势下发生的阳极溶解过程叫做阳极极化，如下式所示：

$$M = Mn^+ + ne^-$$

线性电位扫描法测定阳极极化曲线工作原理：线性电位扫描法不但可以测定阴极极化曲线，也可以测定阳极极化曲线，特别适用于测定电极表面状态有特殊变化的极化曲线，如测

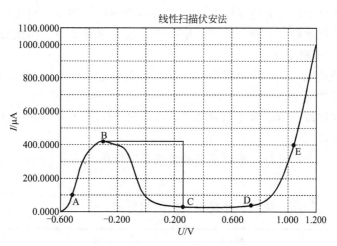

线性扫描伏安法

图 2-2 金属阳极极化曲线

定具有阳极钝化行为的阳极极化曲线，用线性电位扫描法测得的阳极极化曲线，如图 2-2 所示。

曲线表明，电势从 A 点开始上升（即电势向正方向移动），电流也随之增大。电势超过 B 点以后，电流迅速减至很小，这是因为在电极表面上生成了一层电阻高，耐腐蚀的钝化膜。到达 C 点以后，电势再继续上升，电流仍保持在一个基本不变的，很小的数值上。电势升至 D 点后，电流又随电势的上升而增大。

对应于 B 点的电流密度成为致钝电流密度，对应于 C～D 段的电流密度称为维钝电流密度。如果对金属通以致钝电流（致钝电流密度与表面积的乘积）使表面生成一层钝化膜（电势进入钝化区），再用维钝电流（维钝电流密度与表面积的乘积）保持其表面的钝化膜不消失，金属的腐蚀速度将大大降低，这就是阳极保护的基本原理。

AB 段称为活性溶解区，此时金属进行正常的阳极溶解，阳极电流随电位改变服从 Tafel 公式的半对数关系。BC 段称为钝化过渡区，此时是由于金属开始发生钝化，随着电极电位的正移，金属的溶解速度反而减小了。CD 段称为钝化稳定区，在该区域中金属的溶解速度基本上不随电位二改变。DE 段称为过度钝化区，此时金属溶解速度重新随电位的正移而增大，为氧的析出或者高价金属离子的生成。

【仪器与试剂】

（1）仪器：电化学工作站，电解池 3 个，硫酸亚汞电极 4 个（参比电极），镍电极 3 个（工作电极），铂电极 3 个（辅助电极）。

（2）试剂：0.5mol/L H_2SO_4 溶液，0.5mol/L H_2SO_4 + 0.005mol/L KCl 溶液，0.5mol/L H_2SO_4 + 0.05mol/L KCl 溶液。

【实验步骤】

（1）采用电化学工作站中的线性电位扫描法，扫描速度：0.05mV/s；电位扫描范围：-0.2～1.6V。分别测量镍在以下 3 种溶液中的极化曲线。

溶液 1：0.5mol/L H_2SO_4

溶液 2：0.5mol/L H_2SO_4 + 0.005mol/L KCl

溶液 3：0.5mol/L H_2SO_4 + 0.05mol/L KCl

（2）接好线路，黄色线管-参比电极，红色线管-辅助电极，绿色线管-工作电极。将待测镍电极用金相砂纸打磨，接着用 Al_2O_3 抛光处理电极表面，待超声清洗后用丙酮洗涤除油。使用时，需要用蒸馏水冲洗干净，再用滤纸吸干，放进电解池中。测试镍电极在 0.5mol/L H_2SO_4 溶液中的阳极极化曲线。

（3）改变溶液组成，测试镍电极在 0.5mol/L H_2SO_4 ＋ 0.005mol/L KCl 溶液中的阳极极化曲线，测试条件同上。

（4）改变溶液组成，测试镍电极在 0.5mol/L H_2SO_4 ＋ 0.05mol/L KCl 溶液中的阳极进化曲线，测试条件同上。

（5）实验完毕，关闭仪器，将研究电极清洗干净待用。

【数据处理】

（1）分别列出原始图，从极化曲线上找出下列数值。

名称	溶液 1	溶液 2	溶液 3
致钝电流			
致钝电位			
临界电流			
临界电位			

（2）利用 Excel 或者 Origin 绘图软件，将三种条件下的阳极极化曲线绘图到一张图中，对比三条曲线，分析表面活性剂、络合剂以及 Cl^- 对镍阳极极化曲线的影响。

【注意事项】

（1）按照实验要求，严格进行电极处理。

（2）测试过程，不同溶液测量时，一定要注意清洗电极，包括参比电极和辅助电极的清洗。

（3）注意灵敏度的选择，避免过载现象的发生。

（4）实验结束以后关闭电化学工作站和电脑，并整理和打扫实验室。

【思考题】

（1）在测量前，为什么电极在进行打磨后，还需进行阴极极化处理？

（2）测定极化曲线，为何需要三个电极？在恒电位仪中，电位与电流哪个是自变量？哪个是因变量？

（3）试说明实验所得金属钝化曲线各转折点的意义。

实验 2-10 阴极极化曲线的测量

【实验目的】

（1）掌握测量极化曲线的基本原理和测量方法。

（2）测定铁电极在碱性溶液中的阴极极化曲线。

（3）了解络合剂、添加剂对阴极极化的影响。

【实验原理】

在电化学研究中，很多电化学反应表现在电极的极化上，因此测量电极的极化曲线是很重要的研究方法。在有电流通过电极与电解液界面时，电极电位将偏离可逆平衡电极电位，当电位向负向偏离时，称之为阴极极化，即阴极的电势表现的比可逆电池的电势更负一些；向正向偏离时，称之为阳极极化，即阳极的电势表现的比可逆电池的电势更正一些。在电镀工艺中，用测定阴极极化的方法研究电镀液各组分及工艺条件时阴极极化的影响，而阳极极化可用来研究阳极行为或者腐蚀现象。

本实验是通过在含不同成分的镀锌溶液中被电镀的铁电极的阴极极化曲线的测定，来研究络合剂对阴极极化的作用。从所需要的表面能量来考虑，小晶体比大晶体具有更高的表面能。阴极极化越大，过电位越大，能够提供更多的表面能，晶核生长的速度越大。因此在电镀中，往往通过增大阴极极化来提高电镀的质量。但是，如果单纯增大电流密度以造成较大的浓差极化，则常常形成疏松的镀层，因而在电镀生产中，大都在镀液中加入各种添加剂、络合剂，以减小电极反应速度，增加电化学极化。

【仪器与试剂】

（1）仪器：电化学工作站，电解池，低碳钢电极，锌电极，硫酸亚汞电极，金相砂纸。

（2）试剂：ZnO，NaOH，香草醛，丙酮。

【实验步骤】

（1）采用线性电位扫描法分别测试以下三种溶液中的阴极极化曲线。

溶液 1：12g/L $ZnSO_4$

溶液 2：12g/L ZnO +120g/L NaOH

溶液 3：12g/L ZnO +120g/L NaOH +0.2g/L 香草醛

（2）接好线路：黄色线管-参比电极，红色线管-辅助电极，绿色线管-工作电极。测量阴极极化曲线：研究电极为低碳钢电极，辅助电极为锌电极，参比电极为硫酸亚汞电极。使用前需要对电极进行处理。

（3）启动电化学工作站，进行软件测试在三种溶液中的阴极极化曲线。保存实验数据。

（4）实验完毕，关闭仪器，将研究电极清洗干净待用。

【数据处理】

（1）贴出三张原始图，并将添加香草醛前后碱性镀锌溶液的三条阴极极化曲线放在一张图中。

（2）请解释三条曲线不同的原因。

实验 2-11　电解法制备普鲁士蓝膜修饰电极及电化学行为研究

【实验目的】

（1）了解什么是修饰电极。

（2）掌握用电沉积法制备普鲁士蓝的修饰电极的方法。

【实验原理】

化学修饰电极是由导体或半导体制作的电极，在电极表面涂敷了单分子、多分子、离子或聚合物的化合物薄膜，改变了电极界面的性质，电极呈现的性质与电极材料本身任何表面上的性质不同，通过改变电极/电解液界面的微观结构而调制成某种特性。对玻碳电极进行电化学处理（电沉积法）使之表面形成普鲁士蓝薄膜。

【仪器与试剂】

（1）仪器：电化学工作站，三电极系统（SCE 为参比电极，铂丝为对电极，玻碳电极为工作电极）。

（2）试剂：0.1mol/L $K_3Fe(CN)_6$，1mol/L KCl，0.2mol/L HCl，0.01mol/L、$Fe_2(SO_4)_3$。

【实验步骤】

（1）按下列表格配置溶液，并以纯水定容为 10mL。

项目	$K_3Fe(CN)_6$/mL	KCl/mL	$Fe_2(SO_4)_3$/mL	H_2O/mL
1	0.2	5	0.5	4.3
2	0.2	5	1	3.8
3	0.2	5	2	2.8
4	0.2	5	3	1.8
5	0.2	5	4	0.8

（2）制备修饰电极：将玻碳电极在润湿的撒有粒度为 $1.0\mu m$ 的 α-Al_2O_3 粉的抛光布上进行抛光，洗去表面的污物，以恒电位和循环电位在上述溶液中电解，在玻碳电极的表面上电沉积成普鲁士蓝修饰膜。

（3）修饰电极的电化学行为的研究：将电极放入 KCl 的溶液中，与上步同样的条件下用循环伏安法电解玻碳上的普鲁士蓝。

【结果处理】

记录伏安图，对比各个溶液制得的伏安图，并找出最好的峰形所对应的溶液。

【注意事项】

作为化学修饰电极的基底材料主要是碳（包括石墨，热解石墨和玻碳）、贵金属及半导体。在采用任何方法之前，所用固体电极必须首先经过表面的清洁处理，目的是为了获得一种新鲜的、活性的和重现性好的电极表面状态，以利于后续的修饰步骤进行。

普鲁士蓝的还原形式为 $K_3Fe(CN)_6$（Everrit 盐，ES）和氧化形式为 $K_2Fe(CN)_6$（Berlin 绿），由于在 $Fe_2(SO_4)_3$ 体积为 4mL 时得的修饰电极的氧化还原峰最明显，故对其电化学进行严格的讨论：0.816V 电位处出现一个很小的还原峰，0.150V 的电位处，普鲁士蓝还原为 Everitt 盐的 i-E 曲线为尖峰；0.198V 处普鲁士蓝氧化成 Berlin 绿的 i-E 曲线为尖峰。0.150V 下还原反应和 0.198V 下氧化反应消耗的总电量比为 5:2。

实验 2-12　线形扫描伏安法测定氧化锌试剂中的微量铅

【实验目的】

（1）了解线性扫描伏安法的特点和基本原理。

（2）掌握线性扫描伏安法的定量分析方法。

【实验原理】

在稀盐酸溶液中，Pb^{2+} 的还原波为一可逆波，峰电位在 $-0.4V$ 左右（vs：SCE），在一定条件下，峰电流与溶液中 Pb^{2+} 的浓度成正比，可用于测定铅的含量。

【仪器和试剂】

（1）仪器：电化学工作站，三电极系统（悬汞电极作工作电极，Ag-AgCl 电极作参比电极，铂电极作对极）。

（2）试剂：$Pb(NO_3)_2$，HNO_3，ZnO。

0.01mol/L Pb^{2+} 标准溶液：称取 3.312g $Pb(NO_3)_2$，加几滴 HNO_3，用去离子水溶解后转移至 100mL 容量瓶中，用水稀至刻度，摇匀，得到 0.01mol/L Pb^{2+} 标液。使用时稀释至含 Pb^{2+} 2.00×10^{-4} mol/L 溶液。

【实验步骤】

（1）选择线形扫描伏安法，实验条件如下设置：灵敏度 1uA/V，初始电位 -0.300V，滤波参数 10Hz，终止电位 -0.600V，放大倍率 16，扫描速度 100mV/s，电位增量 1mV。

（2）称取 ZnO 约 0.8g，用 25mL 1mol/L HCl 溶解后，移到 100mL 容量瓶中，用去离子水定容，得到 0.1mol/L $ZnCl_2$ 试液。

（3）移取 $ZnCl_2$ 试液 10.0mL 通 N_2 除 O_2 5min 后测定，测两份平行样。

（4）在上试液中加 0.10mL 2.00×10^{-4} mol/L Pb^{2+} 溶液，通 N_2 5min 后再测，读取峰高值并保存。平行测定三次。

【数据处理】

根据加入标准前后测取的峰高值以及所加入的铅离子标准溶液的体积和浓度，计算铅的百分含量。分析纯 ZnO 试剂中 Pb^{2+} 的最高允许含量为 0.01%。从测定结果看是否合格？

③ 分子光谱分析法

分子光谱分析是基于物质分子与电磁辐射作用时，物质内部发生了量子化的能级之间的跃迁，测量由此产生的反射、吸收或散射辐射的波长和强度而进行分析的方法。它主要包括紫外-可见分光光度法、荧光光谱法、红外光谱法等。

3.1 紫外-可见分光光度法

紫外-可见分光光度法（UV-Vis spectrophotometry）是根据物质分子对波长为 $200\sim 760nm$ 这一范围的电磁波的吸收特性所建立起来的一种定性、定量和结构分析方法。操作简单、准确度高、重现性好。

物质是运动的，构成物质的分子的运动可分为价电子运动、分子内原子在其平衡位置附近的振动及分子本身绕其重心的转动。每种运动状态都属于一定的能级，因此分子具有电子能级、振动能级和转动能级。当分子吸收辐射能受到激发，就要从原来能量较低的能级（基态）跃迁到能量较高的能级（激发态）而产生吸收光谱。这三种能级跃迁所需要的能量不同，因此可产生三种不同的吸收光谱，即电子光谱、振动光谱和转动光谱。分子吸收光能不是连续的，具有量子化的特征，即分子只能吸收等于两个能级之差的能量 ΔE。

$$\Delta E = E_2 - E_1 = h\nu = h\frac{c}{\lambda}$$

式中，E_1，E_2 分别为分子在跃迁前（基态）和跃迁后（激发态）的能量。各种不同分子内部能级间能量差是不同的，因而分子的特定跃迁能与分子结构有关，所产生的吸收光谱形状取决于分子的内部结构，不同物质呈现不同的特征吸收光谱。通过分子的吸收光谱可以研究分子结构并进行定性及定量分析。

3.1.1 仪器组成与结构

当一束平行的单色光照射到一定浓度的均匀溶液时，入射光被溶液吸收的程度与溶液厚度的关系为：

$$\lg \frac{I_0}{I} = kb$$

式中，I 为透射光强度；I_0 为入射光强度；b 为溶液厚度；k 为常数。这就是朗伯定律。

当入射光通过同一溶液的不同浓度时，入射光与溶液的关系为：

$$\lg \frac{I_0}{I} = k'c$$

式中，c 为溶液浓度；k' 为另一常数。这就是比尔定律。

当溶液厚度、浓度都可改变时，这时就要考虑两者同时对透射光的影响，则有

$$A = \lg \frac{I_0}{I} = \lg \frac{1}{T} = \varepsilon bc$$

式中，A 为吸光度；T 为透过率，%；ε 为摩尔吸收系数。这就是在分光光度测定中常用的朗伯-比尔定律。该定律表示入射光通过溶液时，透射光与该溶液的浓度和厚度的关系。如果溶液浓度以 mol/L 表示，溶液厚度以 cm 表示，ε 的单位为 L/（mol·cm），ε 越大，表示溶液对单色光的吸收能力愈强，分光光度测定的灵敏度就愈高。常用的仪器是紫外-可见分光光度计，其装置如图 3-1 所示，主要包括：辐射光源、单色器、吸收池、检测器和记录器等。按其光学系统可分为单光束和双光束分光光度计，单波长和双波长分光光度计。

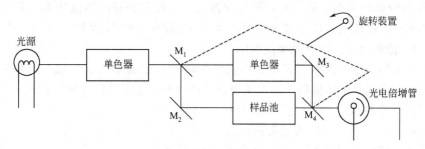

图 3-1　紫外-可见分光光度计

（1）辐射光源。基本要求是能发射足够强度的连续光谱，稳定性好，辐射能量随波长无明显变化，使用寿命长，在紫外-可见分光光度计上最常用的有两种光源——钨灯和氘灯。钨灯是常用于可见光区的连续光源，在可见区的能量只占钨灯总辐射能的 11% 左右，大部分辐射能落在红外区，钨灯提供的波长范围 320～2500nm；氘灯是用做紫外区的光源，在 190～360nm 之间产生连续光谱，氘灯的辐射强度比氢灯约大 4 倍，它是紫外光区应用最广泛的一种光源。

（2）单色器。单色器的作用是从连续光源中分离出所需的足够窄波段的光束，它是分光光度计的核心部件，其性能直接影响光谱带的宽度，从而影响测定的灵敏度、选择性和工作曲线的线性范围。单色器由入射狭缝、反射镜、色散元件、出射狭缝等组成，其中色散元件是分光器的关键部件。常用的色散元件有棱镜和光栅，现在的商品仪器几乎都用光栅做色散元件，光栅在整个波长区可以提供良好的、均匀一致的分辨能力，而且成本低，便于保存。

（3）吸收池。吸收池用于盛放溶液。根据材料可分为玻璃吸收池和石英吸收池，前者用于可见区，后者用于紫外和可见光区。吸收池的两个光学面必须平整光洁，使用时不能用手触摸。吸收池有多种尺寸和不同构造，最常用的尺寸为 1cm。

（4）检测器。检测器用于检测光信号，并将光信号转变为电信号，对检测器要求是灵敏度高，响应时间短，线性关系好，对不同波长的辐射具有相同的响应，噪声低，稳定性好等。在紫外-可见分光光度计上，现在广泛使用的检测器是光电倍增管，它可将光电流放大至 $10^6 \sim 10^7$ 倍，灵敏度高，比一般光电管高 200 倍，响应速度快，能检测 $10^{-9} \sim 10^{-8}$ s 的脉冲光，而多通道光度计使用的是硅光二极管阵列检测器（diode array detector，DAD）。

（5）记录器和信号显示系统。由光电倍增管将光信号变成电信号，再经适当放大后，由记录器进行记录，或用数字显示。现在很多紫外-可见分光光度计都装有微处理机，一方面将信号记录和处理，另一方面可对分光光度计进行操作控制。

3.1.2 实验技术

3.1.2.1 标准曲线的偏离

根据朗伯-比尔定律，吸光度与溶液浓度应是通过原点的线性关系（溶液厚度一定），但在实际工作中吸光度与浓度之间常常偏离线性关系，产生偏离的主要因素有以下几个方面。

（1）溶液浓度因素

朗伯-比尔定律通常只有在稀溶液时才能成立，随着溶液浓度增大，吸光质点间距离缩小，彼此间相互影响和相互作用加强，破坏了吸光度浓度之间的线性关系。

（2）仪器因素

朗伯-比尔定律只适用于单色光，但经仪器狭缝，投射到被测溶液的光，并不能保证理论要求的单色光，这也是造成偏离朗伯-比尔吸收定律的一个重要因素。

3.1.2.2 溶剂对紫外吸收光谱的影响

紫外吸收光谱中常用溶剂有己烷、庚烷、环己烷、二氧杂己烷、水、乙醇等。应该注意，有些溶剂，特别是极性溶剂，对溶质吸收峰的波长、强度及形状可能产生影响。这是因为溶剂和溶质间常形成氢键，或溶剂的偶极使溶质的极性增强，引起 $n \rightarrow \pi^*$ 及 $\pi \rightarrow \pi^*$ 吸收带的迁移。

溶剂除了对吸收波长有影响外，还影响吸收强度和精细结构。例如 B 吸收带的精细结构在非极性溶剂中较清楚，但在极性溶剂中则较弱，有时会消失变为一个宽峰。苯酚的 B 吸收带就是这样一个例子，由图 3-2 可见，苯酚的精细结构在非极性溶剂庚烷中清晰可见，而在极性溶剂乙醇中则完全消失而呈现一宽峰。因此，在溶解度允许范围内，应选择极性较小的溶剂。另外，溶剂本身有一定的吸收带，如果和溶质的吸收带有重叠，将妨碍溶质吸收带的观察。表 3-1 是紫外吸收光谱分析中常用溶剂的最低波长极限，低于此波长时，溶剂的吸收不可忽略。

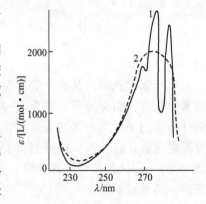

图 3-2　苯酚的 B 吸收带
1—庚烷溶液；2—乙醇溶液

表 3-1　溶剂的使用最低波长极限

溶　剂	最低波长极限/nm	溶　剂	最低波长极限/nm
乙醚	220	甘油	220
环己烷	210	1,2-二氧乙烷	230
正丁醇	210	二氯甲烷	233
水	210	氯仿	245
异丙醇	210	乙酸正丁酯	260
甲醇	210	乙酸乙酯	260
甲基环己烷	210	甲酸甲酯	260
96%硫酸	210	甲苯	285
乙醇	215	吡啶	305
2,2,4-三甲戊烷	215	丙酮	330
对二氧六环	220	二硫化碳	380
正己烷	220	苯	280

3.1.2.3 定性分析

以紫外吸收光谱鉴定有机化合物为例，通常是在相同的测定条件下，比较未知物与已知标准物的紫外光谱图，若两者的谱图相同，则可以认为待测试样与已知化合物具有相同的生色团。如果没有标准物，也可借助于标准谱图或有关电子光谱数据表进行比较。

但应注意，紫外吸收光谱相同，两种化合物有时不一定相同。因为紫外吸收光谱常有2～3个较宽的吸收峰，具有相同生色团的不同分子结构，有时在较大分子中不影响生色团的紫外吸收峰，导致不同分子结构产生相同的紫外吸收光谱，但它们的吸光系数是有差别的，所以在比较的同时，还要比较它们的 ε_{max} 或 $A_{1cm}^{1\%}$。如果待测物和标准物的吸收光波长相同、吸光系数也相同，则可认为两者是同一物质。

物质的紫外吸收光谱基本上是其分子中生色团及助色团的特性，而吸收峰的波长与存在于分子中基团的种类及其在分子中的位置、共轭情况等有关。Fieser 和 Woodward 总结了许多资料，对共轭分子的波长提出了一些经验规律，据此可对一些共轭分子的波长值进行计算。这对分子结构的推断是有参考价值的。

3.1.2.4 有机化合物分子结构的推断

根据化合物的紫外及可见区吸收光谱可以推测化合物所含的官能团。例如一化合物在20～800nm 范围内无吸收峰，它可能是脂肪族碳氢化合物，胺、腈、醇、羧酸、氯代烃和氟代烃，不含双键或环状共轭体系，没有醛、酮或溴、碘等基团。如果在 210～250nm 有强吸收带，可能含有二个双键的共轭单位；在 260～350nm 有强吸收带，表示有 3～5 个共轭单位。在 250～300nm 有中等强度吸收带且有一定的精细结构，则表示有苯环的特征吸收。紫外吸收光谱除可用于推测所含官能团外，还可用来对某些同分异构体进行判别。例如乙酰乙酸乙酯存在下述酮-烯醇互变异构体（图 3-3）。

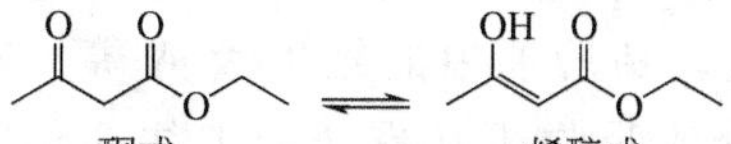

图 3-3　乙酰乙酸乙酯存在酮-烯醇互变异构体

酮式没有共轭双键，它在 204nm 处仅有弱吸收；而烯醇式由于有共轭双键，因此在 245nm 处有强的 K 吸收带 [$\varepsilon = 18000$ L/（mol·cm）]。故根据它们的紫外吸收光谱可判断其存在与否。

又如 1,2-二苯乙烯具有顺式和反式两种异构体（图 3-4）。

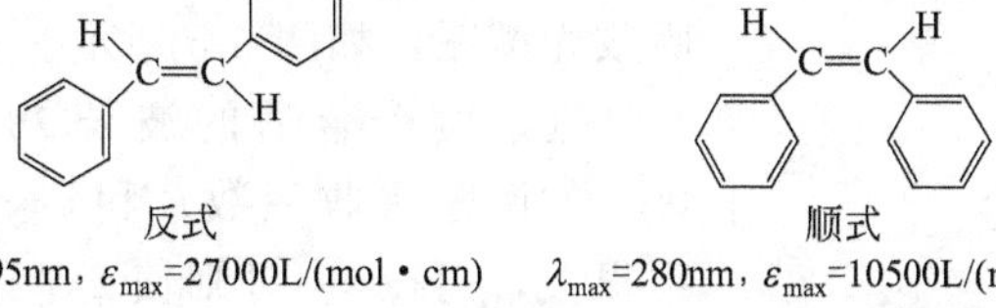

反式
$\lambda_{max}=295$nm, $\varepsilon_{max}=27000$ L/(mol·cm)

顺式
$\lambda_{max}=280$nm, $\varepsilon_{max}=10500$ L/(mol·cm)

图 3-4　1,2-二苯乙烯具有顺式和反式两种异构体

已知生色团或助色团必须处在同一平面上才能产生最大的共轭效应。由上列二苯乙烯的结构式可见，顺式异构体由于产生位阻效应而影响平面性，使共轭的程度降低，因而发生紫移（λ_{max} 向短波方向移动），并使值降低。由此可判断其顺反式的存在。

由此可见，紫外吸收光谱可以提供识别未知物分子中可能具有的生色团、助色团和估计共轭程度等信息，这对有机化合物结构的推断和鉴别是很有用处的，这也是紫外吸收光谱最重要的应用。

3.1.2.5 纯度检查

如果一化合物在紫外-可见区没有吸收峰，而其中的杂质有较强吸收，就可方便地检验出该化合物中的微量杂质。例如检定甲醇或乙醇中的杂质苯。可利用苯在 256nm 处的 B 吸收带，而甲醇或乙醇在此波长处几乎没有吸收。又如四氯化碳中有无二硫化碳杂质，只要观察在 318nm 处有无二硫化碳的吸收峰即可。

如果一化合物，在可见区或紫外区有较强的吸收带，有时可用摩尔吸收系数来检查其纯度。例如菲的氯仿溶液在 296nm 处有强吸收（lgε＝4.10）。用某法精制的菲，熔点 110℃，沸点 340℃，似乎很纯，但紫外吸收光谱检查，测得的值 lgε 值比标准菲低 10%，实际质量分数只有 90%，其余很可能是蒽等杂质。

又如干性油含有共轭双键，而不干性油是饱和脂肪酸酯，或虽不是饱和体，但双键不相共轭。不相共轭的双键具有典型的烯键紫外吸收带，其所在的波长较短；共轭双键谱带所在波长较长，且共轭双键越多，吸收谱带波长越长。因此饱和脂肪酸酯及不相共轭双键的吸收光谱一般在 210nm 以下。含有两个共轭双键的约在 220nm 处，三个共轭双键的在 270nm 附近，四个共轭双键的则在 310nm 左右，所以干性油的吸收谱带一般都在较长的波长处。工业上往往要设法使不相共轭的双键转变为共轭，以便将不干性油变为干性油。紫外吸收光谱的观察是判断双键是否移动的简便方法。

3.1.2.6 定量测定

紫外-可见分光光度法定量分析应用非常广泛，以紫外吸光光度法对药物进行定量分析为例。一些国家已将数百种药物的紫外吸收光谱的最大吸收波长和吸收系数载入药典，紫外-可见分光光度法可方便地用来直接测定混合物中某些组分的质量分数，如环己烷中的苯，四氯化碳中的二硫化碳，鱼肝油中的维生素 A 等。对于多组分混合物质量分数的测定，如果混合物中各种组分的吸收相互重叠，则往往仍需预先进行分离。例如，染料中间体 α-蒽醌磺酸在 253nm 处有吸收峰，可用它来进行定量测定，但通常该试样中含有杂质（一般是 β-蒽醌磺酸，2,6-或 2,7-蒽醌双磺酸等），此时可采用薄层层析法预先分离后测定之。如果各组分的吸收峰重叠不严重，也可不经分离而同时测定它们的质量分数。例如，测定混合物中磺胺噻唑（ST）及氨苯磺胺（SN）的质量分数时，先做出 ST 及 SN 两个纯物质的吸收光谱图，如图 3-5 所示。

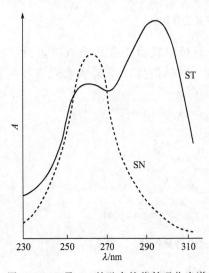

图 3-5 ST 及 SN 的醇中的紫外吸收光谱

选定两个合适的波长 λ_1 及 λ_2，使在 λ_1 时 ε_{ST}（ST 的摩尔吸收系数）和 ε_{SN}（SN 的摩尔吸收系数）都很大，而在 λ_2 时则使 ε_{ST} 和 ε_{SN} 的差值很大，重叠不严重，在此例中可选 $\lambda_1＝260nm$ 及 $\lambda_2＝287.5nm$。然后分别在 λ_1 及 λ_2 处测定混合物的吸光度 A，根据吸收值的加和性原则：

$$A^{\lambda_1}＝c_{ST}\times\varepsilon_{ST}^{\lambda_1}+c_{SN}\times\varepsilon_{SN}^{\lambda_1}$$

$$A^{\lambda_2}＝c_{ST}\times\varepsilon_{ST}^{\lambda_2}+c_{SN}\times\varepsilon_{SN}^{\lambda_2}$$

式中，c_{ST}、c_{SN} 分别为 ST、SN 的欲测浓度；$\varepsilon_{ST}^{\lambda_1}$ 为在 λ_1 处用纯 ST 测得 ST 的摩尔吸

收系数（ε_{ST}^λ 等的意义与此相同），解上述联立式，即可计算 ST 和 SN 的浓度。

上述用解联立方程式的办法原则上也能用于测定多于两个组分的混合物，但随着组分的增加，方法将越趋于复杂。为了解决多组分分析问题，提出并发展了许多新的吸光光度法，例如双波长吸光光度法、导数吸光光度法、三波长法等。另一类方法是通过对测定数据进行数学处理后，同时得出所有共存组分各自的质量分数，如多波长线性回归法、最小二乘法、线性规划法、卡尔曼滤波法和因子分析法等。这些近代定量分析方法的特点是不经化学或物理分离，就能解决一些复杂混合物中各组分的质量分数测定。

3.1.3　常用仪器的操作规程与日常维护

3.1.3.1　723C 可见分光光度计操作规程

（1）接通电源，预热 20min，自动进行自检，当显示"546.0nm"时，自检完毕。

（2）按"方式"键，设置测试方式，可选透光率（T），吸光度（A），浓度（C）。

（3）选择测试波长，按"设定"键输入所需要的波长，再按"确认"键确认。

（4）样品测试，样品倒入比色皿中（2/3 左右），擦拭干净比色皿外部后放入比色皿槽中。

（5）测试完毕后，保持样品室和仪器外部的干净，关闭电源，盖好防尘罩。

（6）清理台面，填写仪器使用记录。

3.1.3.2　TU-1810 紫外-可见分光光度计操作规程

（1）打开电脑和主机电源。

（2）启动工作站，连接主机，仪器自动进入初始化自检。

（3）在工作室窗口有"光度测量"、"光谱扫描"、"定量测定"和"时间扫描"这 4 种模式供选择。

①　光度测量：进入"光度测量"窗口后，在"测量"菜单的下拉列表中选择"参数设置"，在"测量"选项卡下选择波长及光度模式，其他选项卡没有特殊要求，可不必设置。在样品室中放入参比溶液后点"校零"按钮进行校零，然后放入样品溶液，点"开始"按钮进行测定。

②　光谱扫描：进入"光谱扫描"窗口，在"测量"菜单的下拉列表中选择"参数设置"，在"测量"选项卡下设置光谱扫描光度模式及扫描起点、终点、速度、间隔等扫描参数，其他选项卡没有特殊要求，可不必设置。在样品室中放入参比溶液后点"基线"按钮，结束后放入样品溶液，点"开始"按钮进行光谱扫描。

③　定量测量：进入"定量测量"窗口后，在"测量"菜单的下拉列表中选择"参数设置"，在"测量"选项卡下选择测量方法。可选择的测量方法有：单波长法、双波长法、双波长系数法、三波长法、一次微分法、二次微分法、三次微分法和四次微分法，可以根据不同的测试要求对测量方法进行选择。如果选择单波长法，必须设置测定波长；如果选择双波长法或者三波长法，必须设置主波长、基线波长 1 和基线波长 2。在"校正曲线"选项卡下选择曲线方程类型、方程次数、浓度单位、零点插入及曲线评估等，其他选项卡没有特殊要求，可不必设置。在样品室中放入参比溶液后点"校零"按钮进行校零，在标准样品窗口依次放入标准样品，点"开始"按钮进行测定并输入浓度，标准样品测量完成后将光标移至未知样品窗口，放入待测样品，点"开始"按钮进行测定。

④　时间扫描：进入"时间扫描"窗口后，在"测量"菜单的下拉列表中选择"参数设

置"，在"测量"选项卡下选择时间扫描光度模式、时间单位、采样数、时间间隔及测量波长点，其他选项卡没有特殊要求，可不必设置。在样品室中放入参比溶液后点"校零"按钮进行校零，然后放入样品溶液，点"开始"按钮进行时间扫描。

（4）测定完毕，取出比色皿，清洗，退出工作站，关闭主机电源。

（5）关闭电脑，总电源，盖好仪器防尘罩。

（6）清理台面，填写仪器使用记录。

3.1.3.3　T6 紫外-可见分光光度计操作规程

（1）开机：打开计算机，开启仪器主机电源，点击 UVWin5 紫外软件进行联机和初始化。

（2）根据需要选择测量模式：如光谱扫描的设置。①点击左上角光谱扫描进入光谱扫描界面；②在"测量"选项中的"参数设置"设置参数。参数包括："M 测量"选项中"光度方式"为"Abs"；"扫描参数"中的"起点和终点"；在"附件"选项卡选项相应的样品池类型；③参数设置后，点"确定"。

（3）测量：①打开盖子，放入待测样品后，盖上盖子（请勿用力）；②定位至空白样品池点击"开始"进行空白校正；③定位至待测液点击"开始"进行光谱测量。

（4）数据处理与保存：选择"文件"选项中的"导出到文件"进行参数设置后保存。

（5）关机顺序：①关闭 UVWin5 紫外软件；②关闭仪器主机电源；③从样品池中取出所有比色皿，清洗干净以便下一次使用；④关闭计算机电源、显示器。

3.1.3.4　分光光度计的日常维护

（1）分光光度计可做定量分析、纯度分析、结构分析和定性分析，在制药、食品行业中的产品质量控制、各级药检系统的产品质量检查中更是必备的分析仪器。经常对仪器进行维护和测试，以保证仪器在最佳工作状态。

（2）温度和湿度是影响仪器性能的重要因素，它们可以引起机械部件的锈蚀，使金属镜面的光洁度下降，引起仪器机械部分的误差或性能下降，造成光学部件如光栅、反射镜、聚焦镜等的铝膜锈蚀，产生光能不足、杂散光、噪声等，甚至仪器停止工作，从而影响仪器寿命。维护保养时应定期加以校正。应具备四季恒湿的仪器室，配置恒温设备，特别是地处南方地区的实验室。

（3）环境中的尘埃和腐蚀性气体亦可以影响机械系统的灵活性、降低各种限位开关、按键、光电偶合器的可靠性，也是造成部分铝膜锈蚀的原因之一。因此必须定期清洁，保障环境和仪器室内卫生条件，防尘。

（4）仪器使用一定周期后，内部会积累一定量的尘埃，最好由维修工程师或在工程师指导下定期开启仪器外罩对内部进行除尘工作，同时将各发热元件的散热器重新紧固，对光学盒的密封窗口进行清洁，必要时对光路进行校准，对机械部分进行清洁和必要的润滑，最后，恢复原状，再进行一些必要的检测、调校与记录。

（5）每次使用后应检查仪器样品室是否有溢出的溶液，经常擦拭样品室，以防废液对部件或光路系统的腐蚀。

（6）仪器外表面需保持清洁，使用完毕后应盖好防尘罩，可在样品室及光源室内放置硅胶袋防潮，但开机时一定要取出。

（7）注意事项

① 仪器液晶显示器和键盘在使用时应注意防刮伤，防水，防尘，防腐蚀。

② 使用完毕后，应将样品溶液取出，并检查样品室是否有溢出液体，经常擦拭样品室，

以防液体对部件或光路系统的腐蚀。

③ 不得随意调整仪器参数，更不得拆卸零部件，尤其不能随意擦拭及碰伤光学镜面。

④ 强腐蚀、易挥发试样测定时比色杯必须加盖。

3.1.3.5 比色皿的选择、使用及清洗

(1) 比色皿的选择

比色皿透光面是由能够透过所使用的波长范围的光的材料制成。根据测定波长选择合适的比色皿；波长在紫外区（190～400nm），必须选择石英比色皿；波长在可见区（400～900nm），一般选择普通玻璃比色皿，也可以选择石英比色皿。石英比色皿既可用于紫外区又可用于可见区，但是价格一般比较贵。

将仪器检测波长设置为实际使用需要的波长，将一套比色皿都注入蒸馏水，其中一只的透光率调至100%，测量其他各只的透光率，凡透光率之差不大于0.5%，即可配套使用。

(2) 比色皿的正确使用及注意事项

在使用比色皿时，两个透光面要完全平行，并垂直置于比色皿架中，以保证在测量时，入射光垂直于透光面，避免光的反射损失，保证光程固定。

比色皿一般为长方体，其底及两侧为磨毛玻璃，另两面为光学玻璃制成的透光面采用熔融一体、玻璃粉高温烧结和胶粘合而成。所以使用时应注意以下几点。

① 拿取比色皿时，只能用手指接触两侧的毛玻璃，避免接触光学面。同时注意轻拿轻放，防止外力对比色皿的影响，产生应力后破损。

② 凡含有腐蚀玻璃的物质的溶液，不得长期盛放在比色皿中。

③ 不能将比色皿放在火焰或电炉上进行加热或干燥箱内烘烤。

④ 比色皿在使用后，应立即用水冲洗干净。当发现比色皿里面被污染后，应用无水乙醇等清洗，及时擦拭干净，必要时可用1：1的盐酸浸泡，然后用水冲洗干净。不可用碱液洗涤，也不能用硬布、毛刷刷洗。

⑤ 不得将比色皿的透光面与硬物或脏物接触。盛装溶液时，高度为比色皿的2/3处，光学面如有残液可先用滤纸轻轻吸附，然后再用镜头纸或丝绸擦拭。

(3) 比色皿的洗涤方法

分光光度法中比色皿洁净与否是影响测定准确度的因素之一。因此，必须重视选择正确的洗净方法。比色皿进行清洗的基本原则是不能损坏比色皿的结构和透光性能，一般采用中和溶解的方法来清洗。常用的清洗方式有以下几种。

① 选择比色皿洗涤液的原则是去污效果好，不损坏比色皿，同时又不影响测定。

② 一般情况，测定溶液是酸，就用弱碱溶液清洗；要是测定溶液是碱，就用弱酸溶液清洗；要是测定溶液是有机物质就用有机溶剂，如酒精等溶液清洗。

③ 分析常用的铬酸洗液不宜用于洗涤比色皿，这是因为带水的比色皿在该洗液中有时会局部发热，致使比色皿胶接面裂开而损坏。同时经洗液洗涤后的比色皿还很可能残存微量铬，其在紫外区有吸收，因此会影响铬及其他有关元素的测定。一般使用硝酸和过氧化氢（5：1）的混合溶液泡洗，然后用水冲洗干净。

④ 对一般方法难以洗净的比色皿，还可先将比色皿浸入含有少量阴离子表面活性剂的碳酸钠（20g/L）溶液泡洗，经水冲洗后，再于过氧化氢和硝酸（5：1）混合溶液中浸泡半小时。或者在通风橱中用盐酸、水和甲醇（1：3：4）混合溶液泡洗，一般不超过10min。

3.1.4 实验

实验 3-1 邻二氮菲分光光度法测定微量铁

【实验目的】

(1) 了解 723 型分光光度计的构造和使用方法。

(2) 掌握邻二氮菲分光光度法测定铁的原理和方法。

(3) 学习如何选择分光光度分析的条件。

【实验原理】

邻二氮菲，又称邻二氮杂菲、邻菲罗啉（简写作 phen），是一种常用的氧化还原指示剂，具有很强的螯合作用，会与大多数金属离子形成很稳定的配合物，是测定微量铁的一种较好的试剂。在 pH3～9 的范围内，Fe^{2+} 与邻二氮菲反应生成橘红色配合物，为邻二氮菲铁，稳定性较好，$lgK_{稳}=21.3$（20℃）。邻二氮菲铁的最大吸收峰在 510nm 处，摩尔吸收系数 $\varepsilon_{510}=1.1\times10^4$ L/（mol·cm）。

Fe^{3+} 与邻二氮菲也能生成 3：1 的淡蓝色配合物，其稳定性较差，$lgK_{稳}=14.1$，因此在显色之前应预先用盐酸羟胺将 Fe^{3+} 还原为 Fe^{2+}，反应如下：

$$2Fe^{3+}+2NH_2OH \cdot HCl \longrightarrow 2Fe^{2+}+N_2\uparrow+2H_2O+4H^++2Cl^-$$

测定时，控制溶液的 pH 值在 5 左右较为适宜。酸度高，反应进行较慢；酸度低，则 Fe^{2+} 水解，影响显色。

此测定法不仅灵敏度高，稳定性好，而且选择性也高。相当于含铁 5 倍的 Co^{2+}、Cu^{2+}，20 倍的 Cr^{3+}、Mn^{2+}、PO_4^{3-}，40 倍的 Sn^{2+}、Al^{3+}、Ca^{2+}、Mg^{2+}、Zn^{2+}、SiO_3^{2-} 都不干扰测定。

分光光度法测定微量铁时，一般选择最大吸收波长，因为在此波长下摩尔吸收系数最大，测定的灵敏度也最高。通常对待测物质进行光谱扫描，找出该物质的最大吸收波长。采用标准曲线法进行定量分析，即先配制一系列不同浓度的标准溶液，在选定的反应条件下使被测物质显色，测得相应的吸光度，以浓度为横坐标，吸光度为纵坐标绘制标准曲线。本实验要经过取样、显色及测量等步骤，为了使测定有较高的灵敏度和准确度，必须选择合适的显色反应条件和测量吸光度的条件。通常研究的显色反应的条件有溶液的酸度、显色剂用量、显色时间、温度、溶剂以及共存离子干扰及其消除方法等。测量吸光度的条件主要是测量波长、吸光度范围和参比溶液的选择。

【仪器与试剂】

(1) 仪器：紫外-可见分光光度计，电子天平。

(2) 试剂：6mol/L HCl 溶液，10％盐酸羟胺溶液，0.15％邻二氮菲溶液（溶解时需加热），1mol/L NaAc 溶液。

【实验步骤】

(1) 铁标准溶液（10mg/L）的配制：准确称取 0.2159g 分析纯 $NH_4Fe（SO_4）_2 \cdot 12H_2O$，加入少量蒸馏水及 20.00mL 6mol/L HCl，使其溶解后，转移至 250mL 容量瓶中，用蒸馏水稀释至刻度，摇匀，此溶液 Fe^{3+} 浓度为 100mg/L。吸取此溶液 25.00mL 于

250mL 容量瓶中，用蒸馏水稀释至刻度，摇匀，此溶液 Fe^{3+} 浓度为 10mg/L。

（2）标准工作曲线的绘制：取 50mL 容量瓶 6 只，分别吸取铁标准溶液 0、4.00mL、6.00mL、8.00mL、10.00mL、12.00mL 于 6 只容量瓶中。然后各加入 1.00mL 盐酸羟胺，摇匀，再各加 5.00mL 1mol/L NaAc 溶液和 2.00mL 0.15％邻二氮菲溶液，以蒸馏水稀释至刻度，摇匀。用 1cm 比色皿在最大吸收波长 510nm 处，测各溶液的吸光度记录在表 3-2 中。以 Fe^{3+} 浓度为横坐标、吸光度为纵坐标，绘制标准工作曲线，得到标准工作曲线方程及相关系数。

表 3-2 标准系列溶液及其吸光度

编号	1	2	3	4	5	6
添加铁标准溶液体积/mL	0	4.00	6.00	8.00	10.00	12.00
盐酸羟胺	各加入 1mL，摇匀					
NaAc 溶液	各加入 5.00mL					
邻二氮菲	各加入 2.00mL，摇匀					
吸光度						

（3）总铁含量的测定：吸取 2.00mL 未知样代替标准溶液，其他步骤均同上，测定吸光度。根据未知液的吸光度和标准工作曲线方程，计算出未知液中的铁含量，以 mg/L 表示结果。

（4）Fe^{2+} 的测定：操作步骤与总铁相同，但不加盐酸羟胺。根据所测的吸光度和标准工作曲线方程，计算出未知液中的 Fe^{2+} 含量，以 mg/L 表示结果。则未知液中的 Fe^{3+} 含量为总铁的含量与 Fe^{2+} 的含量之差。

【思考题】

（1）邻二氮菲法测定铁时，为什么在测定前加入盐酸羟胺？如用配制已久的盐酸羟胺溶液，对测定结果将带来什么影响？

（2）还原剂、缓冲溶液和显色剂的加入顺序是否可以颠倒？为什么？

（3）参比溶液的作用是什么？

（4）标准曲线的绘制过程中，哪些试剂的体积要准确量度，而哪些试剂的加入量不必准确量度？

实验 3-2 有机化合物的紫外吸收光谱及溶剂对其吸收光谱的影响

【实验目的】

（1）学习并掌握紫外-可见分光光度计的使用。

（2）了解不同助色团对苯的紫外吸收光谱的影响。

（3）观察酸碱性对苯酚吸收光谱的影响。

【实验原理】

具有不饱和结构的有机化合物，特别是芳香族化合物，在近紫外区（200～400nm）有特征的吸收，给鉴定有机化合物提供了有用的信息。苯有三个吸收带，它们都是由 $\pi \rightarrow \pi^*$ 跃迁引起的，E_1 带：$\lambda_{max} = 180nm$ [$\varepsilon = 60000L/(cm \cdot mol)$]，$E_2$ 带：$\lambda_{max} = 204nm$ [$\varepsilon = 8000L/(cm \cdot mol)$]，

两者都属于强吸收带。B带出现在$230\sim270nm$，其$\lambda_{max}=254nm$ $[\varepsilon=200L/(cm\cdot mol)]$。在气态或非极性溶剂中，苯及其许多同系物的B带有许多精细结构，这是振动跃迁在基态电子跃迁上叠加的结果。在极性溶剂中，这些精细结构消失。当苯环上有取代基时，苯的三个吸收带都将发生显著的变化，苯的B带显著红移，并且吸收强度增大。

溶剂的极性对有机物的紫外吸收光谱有一定的影响。当溶剂极性由非极性变为极性时，B带的精细结构消失，吸收带变平滑。显然，这是由于未成键电子对的溶剂化作用降低了n轨道的能量使$\pi\rightarrow\pi^*$跃迁产生的吸收带发生紫移，而$\pi\rightarrow\pi^*$跃迁产生的吸收带则发生红移。

影响有机化合物的紫外吸收光谱的因素有：内因（共轭效应、空间位阻和助色效应）和外因（溶剂的极性和酸碱性）。

【仪器与试剂】

(1) 仪器：紫外-可见分光光度计。

(2) 试剂：环己烷，苯的环己烷溶液（1:250），甲苯的环己烷溶液（1:250），苯酚的环己烷溶液（0.3g/L），苯酚的水溶液（0.4g/L），0.1mol/L HCl，0.1mol/L NaOH。

【实验步骤】

(1) 助色团对苯的紫外吸收光谱的影响：在3个10mL具塞比色管中，分别加入苯、甲苯、苯酚的环己烷溶液1.00mL，用环己烷稀释至刻度，摇匀。在带盖的石英比色皿中，以环己烷作参比，$200\sim350nm$进行光谱扫描。

(2) 溶剂的酸碱性对苯酚吸收光谱的影响：在2个10mL具塞比色管中，各加入苯酚的水溶液0.50mL，分别用0.1mol/L HCl、0.1mol/L NaOH溶液稀释至刻度，摇匀。在带盖的石英比色皿中，以纯水作参比，$200\sim350nm$进行光谱扫描。

【数据处理】

(1) 观察各吸收光谱的图形，找出其λ_{max}，判断是否发生红移？如果发生红移，计算出红移的距离？

(2) 比较吸收光谱λ_{max}的变化。

备注：本实验主要研究的是苯及其许多同系物的B带，其出现在$230\sim270nm$，实验中需要找出的是指B带的最大吸收波长。由于红移的原因，强吸收带E_1和E_2也会出现在扫描的图谱中，这会干扰判定吸收光谱λ_{max}。

【思考题】

(1) 什么是助色团、生色团？举例说明？什么是红移、紫移？

(2) 什么是吸收光谱曲线？

(3) 在本实验中，实验步骤"(1)"中能否用蒸馏水代替环己烷作参比溶液，实验步骤"(2)"中能否用环己烷代替水作参比溶液，为什么？

实验 3-3　饮料中苯甲酸钠的测定

【实验目的】

(1) 掌握紫外-可见分光光度法的分析原理。

(2) 熟悉紫外-可见分光光度计的结构、特点，掌握其使用方法。

（3）掌握紫外-可见分光光度技术定量测定物质含量的方法。

【实验原理】

苯甲酸，俗称安息香酸，是食品卫生标准允许使用的主要防腐剂之一。在我国，苯甲酸及其钠盐常用于酱菜类、罐头类和一些饮料类等食品中。苯甲酸及其钠盐的过量摄入会对人体产生很大危害，所以监测食品中苯甲酸及其钠盐的含量，对保障人们身体健康有着重要意义。由于苯甲酸钠在 $200\sim350nm$ 有吸收，因此可利用紫外-可见分光光度法测定饮料中的苯甲酸钠含量。

【仪器与试剂】

（1）仪器：紫外-可见分光光度计。

（2）试剂：0.1mol/L NaOH 溶液，6.0×10^{-3}mol/L 标准苯甲酸钠溶液。

【实验步骤】

（1）确定检测波长：移取 6.0×10^{-3}mol/L 标准苯甲酸钠溶液 1.00mL 于 10.0mL 容量瓶中，加入 0.60mL 0.1mol/L NaOH 溶液，用去离子水定容，摇匀，以试剂空白为参比，从 $200\sim350nm$ 进行光谱扫描。

（2）标准工作曲线的绘制：分别移取 0、0.50mL、1.00mL、1.50mL、2.00mL、2.50mL、3.00mL、3.50mL 苯甲酸钠标准溶液于 8 个 10mL 容量瓶中，各加入 0.60mL 0.1mol/L NaOH 溶液，用蒸馏水定容至刻度。在定量测定模式下，以空白为参比，在已选的检测波长处测定各溶液的吸光度，并将其记录在表 3-3 中。

（3）样品的测定：分别移取 0.50mL 可乐、雪碧于 2 个 10mL 容量瓶中，用超声波脱气5min 以除去二氧化碳，加入 0.60mL 0.1mol/L NaOH 溶液，用蒸馏水定容至刻度。以空白为参比，在已选的检测波长处测定各溶液的吸光度。

【数据处理】

（1）在吸收光谱图中寻找最大吸收波长 λ_{max}，以此 λ_{max} 为检测波长。

（2）将步骤 2 测定的结果填在表 3-3 中，并以苯甲酸钠浓度为横坐标、吸光度为纵坐标，绘制标准工作曲线，得到标准工作曲线方程及相关系数。

表 3-3　苯甲酸钠标准系列溶液及其吸光度

编号	1	2	3	4	5	6	7	8
苯甲酸钠浓度 /（$\times10^{-3}$mol/L）								
吸光度								

（3）根据待测样品的吸光度和稀释倍数，利用标准工作曲线方程分别计算出可乐、雪碧中苯甲酸钠的含量。

【思考题】

（1）实验中为什么要在最大吸收波长处进行定量测定？

（2）苯甲酸和山梨酸以及它们的钠盐、钾盐是食品卫生标准允许使用的两类主要防腐剂，若样品中同时含有其他防腐剂（水杨酸苯酯），是否可以不经过分离直接测定它们的含量？请设计一个方案。

紫外-可见分光光度法测定番茄中维生素 C 含量

【实验原理】

维生素 C 又称抗坏血酸，是所有具有抗坏血酸生物活性的化合物的统称。它在人体内不能合成，必须依靠膳食供给。维生素 C 不仅具有广泛的生理功能，能防治坏血病、关节肿，促进外伤愈合，使机体增强抵抗能力，而且在食品工业上常用作抗氧化剂、酸味剂及强化剂。因此，测定食品中维生素 C 的含量是评价食品品质、了解食品加工过程中维生素 C 变化情况的重要过程之一。

维生素 C 为无色晶体，熔点在 190～192℃，易溶于水，微溶于丙酮，在乙醇中溶解度更低，不溶于油剂。它在空气中稳定，但在水溶液中易被空气和其他氧化剂氧化，生成脱氢抗坏血酸；在碱性条件下易分解，见光加速分解；在弱酸条件下较稳定。本实验利用维生素 C 具有对紫外线吸收的特性，采用紫外-可见分光光度法对果蔬中维生素 C 的含量进行测定。

【样品的制备及测定】

将番茄洗净、擦干，称取具有代表性样品的可食部分 100g，放入家用果蔬搅碎机中，加入 25mL 浸提剂，迅速捣成匀浆。称取 10～50g 浆状样品，用浸提剂将样品移入 100mL 容量瓶中，并稀释至刻度，摇匀。若样品液澄清透明，则可直接取样测定；若有浑浊现象，可通过离心来消除。准确移取澄清透明的 2.00mL 样品液，置于 25mL 的比色管中，用浸提剂 [2％草酸＋1％盐酸混合液（体积比 1∶2）] 稀释至刻度后摇匀，待用。以浸提剂为参比溶液，测定待测样品溶液在维生素 C 的最大吸收波长 λ_{max} 处的吸光度。

其他步骤同实验 3-3。

紫外-可见分光光度法测定可口可乐中咖啡因含量

【实验原理】

咖啡因是一种生物碱，化学名为 1，3，7-三甲基黄嘌呤，存在于多种植物的叶子、种子和果实中。咖啡因的少量食入能起到提神、消除疲劳的作用，大量食入能使呼吸加快、血压升高，过量食入能引起呕吐等症状。所以饮料中咖啡因的含量有限定。本实验将利用咖啡因在紫外光区有吸收的特点，采用紫外-可见分光光度法测定可乐型饮料中咖啡因的含量，方法简单、快速、易掌握，便于推广应用。

【样品的制备及测定】

取可口可乐 20.00mL，置于 250mL 的分液漏斗中，加入 5.00mL 0.1mol/L 高锰酸钾溶液，摇匀，静置 5min。加入 10.00mL 亚硫酸钠和硫氰酸钾混合溶液，摇匀；加入 1.00mL 15％磷酸溶液，摇匀；加入 2.00mL 2.5mol/L 氢氧化钠溶液，摇匀；加入三氯甲烷 50.00mL，振摇 100 次，静置分层，收集三氯甲烷。水层再加入 40mL 三氯甲烷，振摇 100 次，静置分层。合并二次三氯甲烷萃取液于 100mL 容量瓶中，并用三氯甲烷稀释定容，摇匀，待用。

取 20.00mL 待测样品的三氯甲烷制备液，加入 5g 无水 Na_2SO_4，摇匀，静置。以三氯甲烷为参比，测定待测样品溶液在咖啡因的最大吸收波长 λ_{max} 处的吸光度。

其他步骤同实验 3-3。

胡椒碱的提取和含量的测定

【实验原理】

胡椒又名古月、黑川、白川，分为黑胡椒、白胡椒两种。胡椒有温中下气、消痰解毒的功效，能健胃进食，温中散寒，止痛，治疗脾胃虚寒、呕吐、腹泻。胡椒在医药和食品方面都有应用。目前，市售胡椒掺杂使假者较多，其测定方法多为定性方法。关于胡椒中胡椒碱的定量分析曾经有薄层紫外扫描法和比色法，前者受仪器条件的限制，一些基层单位尚难普及，后者较前者繁杂。本文介绍一种容易推广的方法，即通过紫外分光光度法测定胡椒中主要成分胡椒碱的含量。该方法简单、快速、准确，可以用于控制胡椒的质量。

【样品的制备及测定】

将市售胡椒干燥后粉碎，过 100 目筛制得胡椒样品。准确称取 0.1g 左右（精确至 0.1mg）胡椒样品于 50mL 小烧杯中，加入 0.1g 活性炭后，再加入少量无水乙醇，在电炉上小心加热至沸腾。分次过滤于 100mL 容量瓶中，以无水乙醇少量多次淋洗，定容至刻度，混匀。然后吸取 10.00mL 溶液于 25mL 容量瓶中，用无水乙醇稀释至刻度，摇匀。以无水乙醇为参比，在最大吸收波长 λ_{max} 处测定此待测样品溶液的吸光度。

其他步骤同实验 3-3。

实验 3-4　紫外吸收光谱测定蒽醌粗品中蒽醌的含量和摩尔吸光系数 ε

【实验目的】

(1) 掌握苯衍生物及多环芳香化合物的紫外吸收光谱的特点。

(2) 学习紫外光谱法测定有机物含量的定量方法。

(3) 学会求有机物的摩尔吸光系数 ε。

【实验原理】

蒽醌分子式如图 3-6 所示，由此可见它会产生 $\pi \rightarrow \pi^*$ 跃迁。蒽醌在波长 251nm 处有一强吸收峰 [$\varepsilon = 4.6 \times 10^4 \, L/(mol \cdot cm)$]，在波长 323nm 处还有一中等强度吸收峰 [$\varepsilon = 4.7 \times 10^3 \, L/(mol \cdot cm)$]。工业生产的蒽醌中常常混有副产品邻苯二甲酸酐，它们的紫外吸收光谱如图 3-7 所示。若选择在 251nm 处测定蒽醌，邻苯二甲酸酐将产生严重干扰。因此实际定量测定时选择的波长是 323nm，由此可避免干扰。

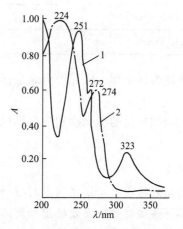

图 3-6　蒽醌分子式

图 3-7　蒽醌（曲线 1）和邻苯二甲酸酐（曲线 2）在乙醇中的紫外吸收光谱

【仪器与试剂】

(1) 仪器：紫外-可见分光光度计，电子天平。

(2) 试剂：蒽醌标准溶液，邻苯二甲酸酐乙醇溶液，无水乙醇，蒽醌粗品。

【实验步骤】

(1) 最佳吸收波长的确定：准确移取 1.00mL 蒽醌标准溶液（10mg/L）于 10mL 容量瓶中，用无水乙醇稀释至刻度，摇匀。以无水乙醇为参比，用 1cm 石英比色皿，200～400nm 进行光谱扫描，得到蒽醌的吸收光谱曲线；移取 10mL 邻苯二甲酸酐乙醇溶液（100mg/L），以无水乙醇为参比，用 1.0cm 石英比色皿，200～400nm 进行光谱扫描，得到邻苯二甲酸酐的吸收光谱曲线。

(2) 标准系列溶液的配制及测定：用移液管分别移取 2.00mL、4.00mL、6.00mL、8.00mL、10.00mL 蒽醌标准溶液（10mg/L）于 5 只 10mL 容量瓶中，用无水乙醇稀释至刻度，摇匀。以无水乙醇为参比，用 1cm 石英比色皿，在最佳吸收波长处测定此标准系列溶液的吸光度，记录在表 3-4 中。

(3) 未知样品的测定：精确称取 10～15mg 蒽醌粗品，以无水乙醇溶解，并转移至 100mL 容量瓶中，用无水乙醇稀释至刻度，摇匀。以无水乙醇为参比，用 1cm 石英比色皿，在最佳吸收波长处测定此溶液的吸光度。

【数据处理】

(1) 比较蒽醌及邻苯二甲酸酐的吸收光谱曲线，确定蒽醌的最佳吸收波长 λ_z。

(2) 将蒽醌标准系列溶液在最佳吸收波长 λ_z 处的吸光度与其所对应的浓度填写在表 3-4 中，根据朗伯-比尔定律，计算出蒽醌的摩尔吸光系数 ε，同时求出其平均值填写在表 3-4 中。

表 3-4　蒽醌标准系列溶液及其吸光度

编　号	1	2	3	4	5
蒽醌浓度/(mg/L)					
吸光度					
摩尔吸光系数 ε/[L/(mol·cm)]					
ε 的平均值/[L/(mol·cm)]					

(3) 以蒽醌浓度为横坐标，吸光度为纵坐标，绘制标准工作曲线，得到标准工作曲线方程及相关系数。

(4) 根据待测未知样品的吸光度和定容体积，利用标准工作曲线计算出所测蒽醌粗品中蒽醌的质量分数。

【思考题】

(1) 为什么用紫外吸收光谱定量测定时没有加显色剂？

(2) 若既要测蒽醌质量分数又要测出杂质邻苯二甲酸酐的质量分数，该如何测定？

(3) 实验中为什么以无水乙醇作参比？

实验 3-5　肉制品中亚硝酸盐含量的测定

【实验目的】

(1) 明确亚硝酸盐的测定与控制成品质量的关系。

(2) 明确与掌握盐酸萘乙二胺法的基本原理与操作方法。

【实验原理】

样品经沉淀蛋白质，除去脂肪后，在弱酸条件下，硝酸盐与对氨基苯磺酸重氮化后，生成的重氮化合物再与萘基盐酸二氨乙烯偶联成紫红色的重氮染料，在 538nm 波长下测定其吸光度，根据朗伯-比尔定律，用标准曲线法测定亚硝酸盐含量。

【仪器与试剂】

(1) 仪器：紫外-可见分光光度计，电子天平，水浴锅，组织绞碎机。

(2) 试剂：硫酸锌，硼砂，对氨基苯磺酸，盐酸萘乙二胺，亚硝酸钠。

硫酸锌溶液（300g/L）：将 30g 的硫酸锌（$ZnSO_4 \cdot 7H_2O$）溶于水中，稀释至 100mL。

饱和硼砂溶液（50g/L）：称取 5.0g 硼酸钠，溶于 100mL 热水中，冷却后备用。

对氨基苯磺酸溶液（4g/L）：称取 0.4g 对氨基苯磺酸，溶于 100mL 20%盐酸中，置棕色瓶中混匀，避光保存。

盐酸萘乙二胺溶液（2g/L）：称取 0.2g 盐酸萘乙二胺，溶于 100mL 水中，混匀后，置棕色瓶中，避光保存。

亚硝酸钠标准溶液（200μg/mL）：准确称取 0.1000g 于 110~120℃干燥恒重的亚硝酸钠，加水溶解移入 500mL 容量瓶中，加水稀释至刻度，混匀。

亚硝酸钠标准使用液（5.0μg/mL）：临用前，准确移取 2.50mL 亚硝酸钠标准溶液（200μg/mL）置于 100mL 容量瓶中，加水稀释至刻度。

【实验步骤】

(1) 样品处理：用四分法称取适量或全部香肠等肉制品，用食物粉碎机制成匀浆备用。称取 2.00g 制成匀浆的试样，置于 50mL 烧杯中，加 6.3mL 饱和硼砂溶液，搅拌均匀，以 70℃左右的水约 150mL 将试样洗入 250mL 容量瓶中，于沸水浴中加热 15min，取出置冷水浴中冷却，并放置至室温。再加入 1.3mL 硫酸锌溶液，放置 30min，上清液用滤纸过滤，弃去初滤液 30mL，滤液备用。

(2) 标准工作曲线的绘制：准确移取 0、0.40mL、0.80mL、1.20mL、1.60mL、2.00mL 亚硝酸钠标准使用液（相当于 0、2.0μg、4.0μg、6.0μg、8.0μg、10.0μg 亚硝酸钠），分别置于 50mL 容量瓶中。分别加入 2mL 对氨基苯磺酸溶液，混匀，静置 3~5min 后各加入 1mL 盐酸萘乙二胺溶液，加水至刻度，混匀，静置 15min，用 1cm 比色杯，于波长 538nm 处测吸光度，并将其记录在表 3-5 中。

(3) 样品的测定：准确移取 20.0mL 上述滤液于 50mL 容量瓶中，加入 2mL 对氨基苯磺酸溶液，混匀，静置 3~5min 后各加入 1mL 盐酸萘乙二胺溶液，加水至刻度，混匀，静置 15min，用 1cm 比色杯，于波长 538nm 处测吸光度，并将其记录在表 3-5 中。

表 3-5　标准系列溶液及其吸光度

编号	1	2	3	4	5	6	7(样品)
亚硝酸钠/μg	0	2	4	6	8	10	
吸光度							
回归方程							

【数据处理】

（1）标准曲线的绘制：以亚硝酸钠的质量为横坐标，吸光度为纵坐标绘制标准工作曲线，得到标准工作曲线方程及相关系数。

（2）根据样品的吸光度和标准工作曲线方程计算出待测样品中亚硝酸盐的含量 A_1。

（3）根据下列公式计算肉制品中亚硝酸盐的含量（以亚硝酸钠计）。

$$X = \frac{A_1 \times 1000}{m \times \dfrac{V_1}{V_0} \times 1000}$$

式中，X 为试样中亚硝酸钠的含量，mg/kg；A_1 为测定用样液中亚硝酸钠的质量，μg；m 为试样质量，g；V_1 为测定用样液体积，mL；V_0 为试样处理液总体积，mL。

【思考题】

实验中加入饱和硼酸的作用是什么？

实验 3-6　双波长法同时测定维生素 C 和维生素 E 的含量

【实验目的】

（1）了解多组分体系中元素的测定方法。

（2）掌握用双波长法同时测定维生素 C 和维生素 E 含量的原理和方法。

【实验原理】

根据朗伯-比尔定律，用紫外分光光度法可方便地测定在该光谱区域内有简单吸收峰的某一物质含量。若有两种不同成分的混合物共存，但一种物质的存在并不影响另一共存物的光吸收性质，则可以利用朗伯-比尔定律及吸光度的加合性，通过解联立方程组的方法对共存混合物分别测定。

由图 3-8 可以看出，混合组分在 λ_1 的吸收等于 A 组分和 B 组分分别在 λ_1 的吸光度之和，即：

$$\begin{cases} A_{\lambda_1} = \varepsilon_{\lambda_1}^{A} c_A b + \varepsilon_{\lambda_1}^{B} c_B b \\ A_{\lambda_2} = \varepsilon_{\lambda_2}^{A} c_A b + \varepsilon_{\lambda_2}^{B} c_B b \end{cases}$$

式中，$\varepsilon_{\lambda_1}^{A}$，$\varepsilon_{\lambda_1}^{B}$，$\varepsilon_{\lambda_2}^{A}$，$\varepsilon_{\lambda_2}^{B}$ 分别为在波长 λ_1 和 λ_2 时，组分 A 和 B 的摩尔吸收系数，可通过已知浓度的纯组分溶液求得。

首先测定 A、B 两组分标样（浓度已知）在 λ_1 和 λ_2 处的吸光度，通过解上面的二元一次方程组，即可求出 A、B 两组分在 λ_1 和 λ_2 处的摩

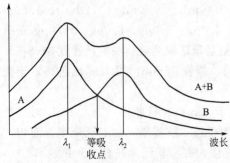

图 3-8　双组分混合物的吸收光谱示意图

尔吸收系数 $\varepsilon_{\lambda_1}^{A}$，$\varepsilon_{\lambda_1}^{B}$，$\varepsilon_{\lambda_2}^{A}$，$\varepsilon_{\lambda_2}^{B}$，然后再测定未知试样在 λ_1 和 λ_2 处的吸光度后，通过解上面的二元一次方程组，即可求出 A、B 两组分各自的浓度 c_A、c_B。

一般来说，为了提高测定的灵敏度，λ_1 和 λ_2 应分别选在 A、B 两组分最大吸收峰处或其附近。

维生素 C（抗坏血酸）和维生素 E（α-生育酚）起抗氧剂作用，即它们在一定时间内能防止油脂变质。两者结合在一起比单独使用的效果更佳，因为它们在抗氧剂性能方面是"协同的"。因此，它们常作为一种有用的组合试剂用于各种食品中。

抗坏血酸是水溶性的，α-生育酚是脂溶性的，但它们都能溶于无水乙醇，因此，能在同一溶液中根据双组分的测定原理来测定它们。

【仪器与试剂】

(1) 仪器：紫外-可见分光光度计，带盖石英比色皿（1cm）。

(2) 试剂：无水乙醇，抗坏血酸，α-生育酚。

抗坏血酸贮备液（7.50×10^{-5} mol/L）：称取 0.0132g 抗坏血酸溶于无水乙醇中，并用无水乙醇定容至 1000mL；

α-生育酚贮备液（1.13×10^{-4} mol/L）：称取 0.0488g α-生育酚溶于无水乙醇中，并用无水乙醇定容至 1000mL。

【实验步骤】

(1) 最大吸收波长的确定：分别取 5.00mL 抗坏血酸贮备液和 α-生育酚贮备液于 2 只 50mL 容量瓶中，用无水乙醇稀释定容，摇匀。以无水乙醇为参比，200～350nm 进行光谱扫描，确定各自最大吸收波长，即 λ_1 和 λ_2。

(2) 抗坏血酸标准系列溶液的配制及测定：分别移取抗坏血酸贮备液 2.00mL、4.00mL、6.00mL、8.00mL、10.00mL 于 5 只 50mL 容量瓶中，用无水乙醇稀释至刻度，摇匀。以无水乙醇为参比，在波长 λ_1 和 λ_2 处分别测定抗坏血酸标准系列溶液的吸光度，并将其记录在表 3-6 中。

(3) α-生育酚标准系列溶液的配制及测定：分别移取 α-生育酚贮备液 2.00mL、4.00mL、6.00mL、8.00mL、10.00mL 于 5 只 50mL 容量瓶中，用无水乙醇稀释至刻度，摇匀。以无水乙醇为参比，在波长 λ_1 和 λ_2 处分别测定 α-生育酚标准系列溶液的吸光度，并将其记录在表 3-6 中。

(4) 未知溶液的测定：移取未知溶液 5.00mL 于 50mL 容量瓶中，用无水乙醇稀释至刻度，摇匀。以无水乙醇为参比，在波长 λ_1 和 λ_2 处分别测定未知待测溶液的吸光度。

【数据处理】

(1) 将抗坏血酸和 α-生育酚标准系列溶液在 λ_1 和 λ_2 处的吸光度与其所对应的浓度填在表 3-6 中。

表 3-6　标准系列溶液及其吸光度

编　　　号	1	2	3	4	5
抗坏血酸浓度/($\times 10^{-5}$ mol/L)					
λ_1 处的吸光度					
λ_2 处的吸光度					
α-生育酚浓度/($\times 10^{-5}$ mol/L)					
λ_1 处的吸光度					
λ_2 处的吸光度					

（2）以浓度为横坐标、吸光度为纵坐标，绘制标准工作曲线，得到标准工作曲线方程（校正曲线）及相关系数，这 4 条标准曲线的斜率为 $\varepsilon_{\lambda_1}^{C}$，$\varepsilon_{\lambda_2}^{C}$，$\varepsilon_{\lambda_1}^{E}$，$\varepsilon_{\lambda_2}^{E}$。

（3）根据未知待测溶液在 λ_1 和 λ_2 处的吸光度及稀释倍数，解上面的二元一次方程组，求出未知溶液中抗坏血酸和 α-生育酚的含量。

【注意事项】

抗坏血酸会缓慢地氧化成脱氢抗坏血酸，所以必须每次实验时配制新鲜溶液。

【思考题】

（1）写出抗坏血酸和 α-生育酚的结构式，并解释一个是"水溶性"、一个是"脂溶性"的原因。

（2）使用本方法测定抗坏血酸和 α-生育酚是否灵敏？解释其原因。

3.2 荧光光谱法

荧光光谱分析法（fluorescence spectroscopy，FS）也叫荧光分析法，具有灵敏度高、选择性强、所需样品量少等特点。分子吸收光能而被激发到较高能态，在返回基态时，发射出与吸收光波长相等或不等的辐射，这种现象称为光致发光，分子荧光分析就是基于这类光致发光现象而建立起来的分析方法。但由于只有有限数量的化合物才能产生荧光导致其应用不如分光光度法广泛，目前可用荧光法测定的元素已达 60 多种。

3.2.1 仪器组成与结构

荧光分光光度计由光源、激发单色器、样品池、发射单色器及检测器等组成，如图 3-9 所示。

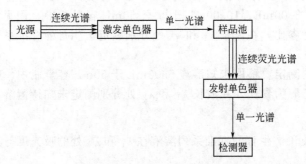

图 3-9 荧光分光光度计示意图

由光源发出的光经激发单色器分光后得到所需波长的激发光，然后通过样品池使荧光物质激发产生荧光。荧光是向四面八方发射的。为了消除入射光和散射光的影响，荧光的测量通常在与激发光成直角的方向上进行。同时，为了消除溶液中可能共存的其他光线的干扰（如由激发所产生的反射光和散射光以及溶液中的杂质荧光等），以获得所需要的荧光，在样品池和检测器之间设置了发射单色器。经过发射单色器的荧光作用于检测器上，转换后得到相应的电信号，经放大后再记录下来。

（1）光源：目前大部分荧光分光光度计都采用高压氙灯作为光源。这种光源是一种短弧气体放电灯，外套为石英，内充氙气，室温时其压力为 506.5kPa，工作时压力约为 2026kPa。氙灯需要用优质电源，以便保持氙灯的稳定性和延长其使用寿命。

（2）单色器：荧光分光光度计有两个单色器：激发单色器和发射单色器。前者用于荧光激发光谱的扫描及选择激发波长，后者用于扫描荧光发射光谱及分离荧光发射波长。

（3）样品池：荧光分析用的样品池需用低荧光的材料制成，通常用石英或合成石英制成，形状以方形或长方形为宜。玻璃样品池因能吸收波长短于 323nm 的射线而不适用于荧光分析。

（4）检测器：荧光分光光度计中普遍采用光电倍增管作为检测器。

3.2.2 实验技术

3.2.2.1 荧光参数
荧光参数主要包括：荧光强度、荧光激发光谱、荧光发射光谱和荧光量子产率（Φ）。

（1）荧光强度：是指在一定条件下仪器所测的荧光物质发射荧光相对强弱的一种量度。

（2）荧光激发光谱和荧光发射光谱：荧光激发光谱是引起荧光的激发辐射在不同波长下的相对效率。荧光发射光谱与激发光谱密切相关，是分子吸收辐射后再发射的结果。

（3）荧光量子产率

荧光量子产率（ϕ）也称荧光效率或量子效率，它表示物质发射荧光的能力，通常用下式表示。

$$\phi = \frac{发出荧光的量子数}{吸收激发光的量子数} \quad 或 \quad \phi = \frac{发射荧光的分子数}{激发分子总数}$$

3.2.2.2 荧光分析的常用方法
荧光分析的常用方法主要有定性分析和定量分析。

定性分析方法是指将待测样品的荧光激发光谱和荧光发射光谱与标准荧光光谱图进行比较来鉴定样品成分。定量分析，一般以激发光谱最大峰值波长作为激发光波长，以荧光发射光谱最大峰值波长作为发射波长，通过测定样品溶液的荧光强度求得待测物质的浓度。定量分析方法包括标准曲线法和直接比较法两种。

3.2.2.3 荧光分析技术
（1）时间分辨荧光光谱

时间分辨荧光光谱技术可实现对光谱重叠但发光寿命不同的组分进行分辨和分别测定。或者固定激发与发射波长，对门控时间扫描，得到发光强度随时间的衰减曲线，从而实现发光寿命的测量。另外，时间分辨技术还能利用不同发光体形成速率的不同进行选择性测定。

（2）荧光偏振和各向异性荧光光谱

此项分析技术在生化领域中应用广泛。例如蛋白质的衰变和转动速度的研究、荧光免疫分析等，若采用脉冲偏振光激发荧光体，还可以进行荧光偏振及各向异性的时间分辨测量。

（3）同步扫描荧光光谱

根据激发和发射单色器在扫描过程中彼此间所保持的关系，同步扫描技术可分为固定波长差、固定能量差和可变角（可变波长）同步扫描。同步扫描技术具有使光谱简化、谱带窄化、提高分辨率、减少光谱重叠、提高选择性、减少散射光影响等诸多优点。

（4）三维荧光光谱

三维荧（磷）光光谱（也称总发光光谱或激发-发射矩阵图）技术与常规荧（磷）光分

析的主要区别是能获得激发波长和发射波长同时变化时的荧（磷）光强度信息。三维光谱技术能获得完整的光谱信息，是一种很有价值的光谱指纹技术。可在石油勘采中用于油气显示和矿源判定；在环境监测和法庭判证中用于类似可疑物的鉴别；临床医学中用于癌细胞的辅助诊断，不同细菌的表征和鉴别；另外，作为一种快速检测技术，对化学反应的多组分动力学研究具有独特的优点。

3.2.2.4 荧光强度的影响因素

分子结构和化学环境是影响物质发射荧光和荧光强度的重要因素。

（1）分子结构对荧光强度的影响

① 共轭效应：物质分子必须具有能吸收一定频率紫外线的特定结构才能产生荧光。至少具有一个芳环或具有多个共轭双键的有机化合物容易产生荧光，稠环化合物也会产生荧光。因为这些化合物都具有易发生 $\pi \rightarrow \pi^*$ 或 $n \rightarrow \pi^*$ 跃迁的电子共轭结构，π 电子的非定域性越大，就越容易被激发，分子的荧光效率越大，因此凡能提高 π 电子共轭程度的结构，如对一苯基化、间一苯基化、乙烯化的作用都会增大荧光的强度。饱和的或只有一个双键的化合物，不呈现显著的荧光。最简单的杂环化合物，如吡啶、呋喃、噻吩和吡咯等，不产生荧光。

② 苯环上取代基的影响：取代基的性质对荧光体的荧光特性和强度均有强烈影响。苯环仁的取代基会引起最大吸收波长的位移及相应荧光峰的改变。通常给电子基团，如—NH_2、—OH、—OCH_3、—$NHCH_3$ 和—$N(CH_3)_2$ 等，使荧光增强，吸电子基团，如—Cl、—Br、—I、—$NHCOCH_3$、—$N=N$—、—CHO、—NO_2 和—COOH，使荧光减弱甚至熄灭；与 π 电子体系互相作用较小的取代基，如—SO_3H 对分子荧光影响不明显；高原子序数原子，增加体系间跨越的发生，使荧光减弱甚至熄灭，如 Br、I。

③ 刚性结构和平面效应：刚性的不饱和的平面结构具有较高的荧光效率，分子刚性及共平面性越大，荧光效率越高。例如：将酚酞和荧光素进行比较，荧光素中多一个氧桥，使分子的三个环成一个平面，其共平面性增加，使打电子的共轭度增加，因而荧光素有强烈荧光，而酚酞分子由于不易保持平面结构，故而荧光很弱。大多数无机盐类金属离子不能产生荧光，而在某些情况下，金属螯合物却能产生很强的荧光。

④ 高的荧光效率 Φ：物质分子在吸收了一定频率的紫外能之后，必须具有较高的荧光效率。效率越高，荧光发射强度越大，无辐射跃迁的几率就越小；荧光效率等于零时就意味着不能发出荧光。

（2）化学环境对荧光强度的影响

① 激发光源：一般选用最大激发波长。但对某些易感光、易分解的荧光物质，尽量采用长波长、低电流及短时间光照，防止发生光漂白现象。

② 温度：温度改变并不影响辐射过程，但非辐射去活的效率将随温度升高而增强，因此当温度升高时，荧光强度通常会下降。大多数分子在温度升高时，分子与分子之间，分子与溶剂分子之间的碰撞频率升高，非辐射能量转移过程升高，Φ 降低，因此，降低温度，有利于提高荧光效率。一般说来，温度升高 1℃，荧光强度下降 1%～10%。因此测定时，温度必须保持恒定。

③ 溶液的 pH 值：当荧光物质是弱酸或弱碱时，溶液的 pH 值对荧光强度有较大影响。因为弱酸或弱碱在不同酸度中，分子和离子的电离平衡会发生改变，而荧光物质的荧光强度会因其离解状态发生改变。以苯胺为例，在 pH 值为 7～12 的溶液中会产生蓝色荧光，在 pH< 2 或 pH>13 的溶液中都不产生荧光。

④ 溶剂：随溶剂极性的增加，荧光物质的 π-π* 跃迁几率增加，荧光强度将增加。溶剂黏度减小，可以增加分子间的碰撞机会，使无辐射跃迁几率增加而使荧光强度减弱。若溶剂和荧光物质形成氢键或溶剂使荧光物质的电离状态改变，则荧光波长与荧光强度也会发生改变。

⑤ 内滤：当荧光波长与荧光物质或其他物质的吸收峰相重叠时，将发生自吸收使荧光物质的荧光强度下降，此现象称"内滤"。

⑥ 散射光的影响（溶剂的两种散射）：物质（溶剂或其他分子）分子吸收光能后，跃迁到基态的较高振动能级，在极短时间（10^{-2}s）内返回到原来的振动能级，并发出和原来吸收光相同波长的光，这种光称为瑞利散射光。物质分子吸收光能后，若电子返回到比原来能级稍高（或稍低）的振动能级而发射的光称为拉曼散射光。瑞利散射光波长与激发光波长相同，拉曼散射与激发光波长不同，而荧光物质波长与激发光波长无关，因此可以通过选择适当的激发波长将拉曼散射光与荧光分开。

⑦ 荧光猝灭剂的影响：荧光分子与溶剂或其他溶质分子之间互相作用，使荧光强度减弱的现象，称作荧光猝灭。引起荧光强度降低的物质称为荧光猝灭剂，如卤素、重金属离子、氧分子、硝基化物质、重氮化合物等。尤其是溶液中的溶解氧能引起几乎所有的荧光物质产生不同程度的荧光猝灭现象，因此，在较严格的荧光实验中必须除 O_2。当荧光物质浓度过大时，会产生自猝灭现象。

⑧ 表面活性剂的影响：表面活性剂形成的胶束使发色团所处的微环境发生改变，可以对荧光强度起到增敏、增稳的作用，可提高荧光强度。

⑨ 光分解对荧光测定的影响：荧光物质吸收紫外-可见光后，发生光化学反应，导致荧光强度下降。因此，荧光分析仪要采用高灵敏度的检测器，而不是用增强光源来提高灵敏度。测定时用较窄的激发光部分的狭缝，以减弱激发光。同时，用较宽的发射狭缝引导荧光。荧光分析应尽量在暗环境中进行。

3.2.3 常用仪器的操作规程与日常维护

3.2.3.1 970CRT 荧光分光光度计操作规程

（1）开机：接通稳压电源，打开氙灯开关，氙灯点亮后，依次打开主机开关、打印机电源和计算机电源，启动工作站，系统初始化（约需 5min）。

（2）测量：初始化后进入操作界面。上行为开始菜单，下行为快捷操作键。将待测溶液装入处理好的荧光液池，放入试样室，将拉盖拉好。用鼠标点击屏幕开始菜单的"定性分析"、再点击"图谱扫描"→"参数设定"→"扫描范围"，然后点击"确定"→"开始扫描"（绿灯灭，红灯亮）。扫描结束后，点"保存"，设定需保存图谱的文件名后，再点"保存"或键盘上的"Enter"键，"退出"。

（3）数据处理：点击"定性分析"→"图谱分析"→"打开图谱"，查找并点击保存的图谱文件名，点"选中"→"确定"，进入图谱分析功能，拉动指示线，对图谱的波长及其相对荧光强度进行具体分析，确定最佳激发光波长。依此操作步骤，可以设定最佳发射波长等参数，测绘、分析并打印荧光光谱。

（4）定量分析：根据波谱曲线分析确定的最佳激发波长和最佳发射波长等参数，设置合适的波长和测量方式。将待测溶液放入样品池即可进行测量。

（5）关机：实验完毕，依次关闭计算机、主机、氙灯和稳压电源。填写仪器使用记录。

3.2.3.2 日立 F-2700 荧光分光光度计操作规程

（1）开机：先开启计算机，再开启仪器主机电源，观察主机正面面板右侧的 Xe LAMP 和 RUN 指示灯依次亮起来，都显示绿色为正常。双击桌面图标（FL Solutions 4.1 for F-7000），主机自行初始化，初始化结束后，须预热 15～20min，出现操作主界面（界面右下角出现 Ready）。

（2）测量：进行测量模式、仪器参数和扫描参数、波长扫描范围的参数设置，然后进行扫描荧光激发光谱（Excitation）和扫描荧光发射光谱（Emission）参数设置好后，点击"确定"。设置文件存储路径，点击扫描界面右侧"Sample"，样品名可自行命名。或者选中"Auto File"，可以自动保存原始文件和 TXT 格式文本文档数据。参数设置好后，点击"OK"。放入待测样品后，点击扫描界面右侧"Measure"，窗口在线出现扫描谱图。

（3）数据处理：选中自动弹出的数据窗口，右键"Trace"，进行读数并寻峰等操作，"File"→"Save as"对数据进行保存。

（4）关机：先关闭工作站软件，选中"Close the lamp, then close the monitor windows?"点击"Yes"窗口自动关闭，约 10min 后，关闭仪器主机电源和计算机。填写仪器使用记录。

3.2.3.3 荧光分光光度计的日常维护

（1）定期打扫仪器室和仪器，保持仪器的清洁（每周打扫一次）。

（2）仪器长时间不用，每隔一月要启动一次仪器。

（3）注意开关机的顺序步骤，否则可能出现程序抓取不到主机信号现象。

（4）使用前后需检查试样室以及仪器表面是否有遗漏溶液，如果有请立即擦拭干净。

（5）比色皿的使用及清洗：荧光分光光度计的比色皿为四面透光的石英池，拿取时用手指掐住池体棱边，不能用手触摸样品池的光学面。用后应立即清洗，依次用溶剂（自己测试样品时的溶剂）、自来水、去离子水（如果所用溶剂不亲水，则此步可以省略），然后放在比色杯盒内，不用盖上让其自然挥干，洗好的比色皿应当是透明、没有水迹的。如果常规方法洗不干净，则可以选用盐酸：乙醇（2：1）或者乙酸浸泡一段时间，然后再按上面的方法依次清洗。

3.2.4 实验

实验 3-7　荧光分光光度法测定维生素 B₂ 的含量

【实验目的】

（1）了解荧光分析法的基本原理。

（2）熟悉荧光分光光度计的结构、性能及操作。

【实验原理】

某些物质被某种波长的光（如紫外线）照射后，会在极短时间内，发射出较入射光波长更长的光，这种光称为荧光。吸收什么波长范围的光和发射什么波长范围的光，与被照射的物质有关。在稀溶液中，当实验条件一定时（入射光强度、样品池厚度、仪器工作条件等），荧光强度与荧光物质的浓度成线性关系，这是荧光光谱法定量分析的理论依据。

维生素 B_2（又名核黄素）是橘黄色无臭的针状结晶，维生素 B_2 易溶于水而不溶于乙醚等有机溶剂，在中性或酸性溶液中稳定，光照易分解，对热稳定。在 $230\sim490\mathrm{nm}$ 范围波长的光照下，激发出峰值在 $526\mathrm{nm}$ 左右的绿色荧光，在 $\mathrm{pH}=6\sim7$ 范围内荧光强度最大，在 $\mathrm{pH}=11$ 时荧光消失。基于上述性质建立核黄素的荧光分析法，选择合适的激发波长、荧光波长和实验条件，即可进行定量测定。维生素 B_2 在碱性溶液中经光线照射会发生分解而转化为光黄素，光黄素的荧光比核黄素的荧光强得多，故测维生素 B_2 的荧光时，溶液要控制在酸性范围内、且在避光条件下进行。

【仪器与试剂】

（1）仪器：荧光分光光度计。

（2）试剂：维生素 B_2 标样，乙酸。

$10.0\mu\mathrm{g/mL}$ 维生素 B_2 标准溶液：称取 $10.0\mathrm{mg}$ 维生素 B_2，1% 乙酸溶液溶解，并定容至 $1000\mathrm{mL}$。溶液应该保存在棕色瓶中，置于阴凉处。

【实验步骤】

（1）标准系列溶液的配置：取 6 个 $25\mathrm{mL}$ 容量瓶，分别加入 0、$0.50\mathrm{mL}$、$1.00\mathrm{mL}$、$1.50\mathrm{mL}$、$2.00\mathrm{mL}$ 及 $2.50\mathrm{mL}$ 维生素 B_2 标准溶液（$10.0\mu\mathrm{g/mL}$），蒸馏水稀释至刻度，摇匀，浓度从低到高依次编号 $1\sim6$。

（2）激发波长和发射波长的选择：取上述第 3 号标准系列溶液，测定激发光谱和发射光谱。先固定发射波长为 $525\mathrm{nm}$，在 $400\sim500\mathrm{nm}$ 区间进行激发波长扫描，获得溶液的激发光谱和荧光最大激发波长 λ_{ex}；再固定激发波长为 λ_{ex}，在 $480\sim600\mathrm{nm}$ 区间进行发射波长扫描，获得溶液的发射光谱和荧光最大发射波长 λ_{em}。

（3）标准曲线的绘制：根据激发波长和发射波长扫描确定的 λ_{ex} 和 λ_{em} 值。用 1 号标准溶液将荧光强度"调零"，然后分别测定 $2\sim6$ 号标准溶液的荧光强度。然后由荧光强度与样品浓度做标准曲线。

（4）未知试样的测定：取维生素 B_2 药片 $5\sim10$ 片，研细。准确称取维生素 B_2 药片粉末约 $10\mathrm{mg}$，置于 $100\mathrm{mL}$ 容量瓶中，用 1% 乙酸溶液溶解（若有不溶杂质，过滤即可）。吸取滤液 $10.00\mathrm{mL}$ 于 $50\mathrm{mL}$ 容量瓶中，用 1% 乙酸溶液稀释至刻度，摇匀。测定此溶液的荧光强度。

（5）酸度的影响：于一组 $25\mathrm{mL}$ 容量瓶中各加入 $1.00\mathrm{mL}$ 维生素 B_2 标准溶液（$10.0\mu\mathrm{g/mL}$），然后分别用 $1:1$ 盐酸、1% 乙酸、5% 乙酸和 10% 氢氧化钠溶液稀释至刻度，摇匀后用酸度计或 pH 试纸测定溶液的 pH 值，并于荧光分光光度计上测出相应的荧光强度，考察酸度对荧光强度的影响，从中确定最佳调节 pH 值的溶液。

【数据处理】

（1）根据维生素 B_2 的激发光谱和发射光谱曲线，确定其最大激发波长 λ_{ex} 和最大发射波长 λ_{em}。

（2）绘制维生素 B_2 的标准曲线，并从标准曲线上确定原始样品中维生素 B_2 的含量。

（3）测定不同溶液的 pH 值及相应的荧光强度，分析酸度对荧光强度的影响。

【注意事项】

（1）维生素 B_2 水溶液遇光易变质，标准溶液应新鲜配制，维生素 B_2 的碱性水溶液亦易变质。

（2）测定顺序要从稀到浓，以减少测量误差。

（3）实验所用的样品池是四面透光的石英池，拿取时用手指掐住池体棱边，不能接触到透光面，清洗样品池后应用擦镜纸对其四个面进行轻轻擦拭。

（4）在测试样品时，应注意样品的浓度不能太高，否则由于存在荧光猝灭效应，样品浓度与荧光强度不呈线性关系，造成定量工作出现误差。

【思考题】
（1）什么是荧光激发光谱和荧光发射光谱？如何绘制？
（2）维生素 B_2 在 pH＝6～7 时荧光强度最强，本实验为何在酸性溶液中测定？
（3）测定荧光强度时，为什么不需要参比溶液？

实验 3-8　荧光分光光度法测定乙酰水杨酸和水杨酸

【实验目的】
（1）掌握用荧光法测定药物中乙酰水杨酸和水杨酸的方法。
（2）掌握荧光分光光度计的使用方法。

【实验原理】
乙酰水杨酸（ASA，阿司匹林）水解能生成水杨酸（SA），而在阿司匹林中，都或多或少存在一些水杨酸。以氯仿作溶剂，用荧光法可以分别测定它们。加少许乙酸可以增加二者的荧光强度。在 1％乙酸-氯仿中，乙酰水杨酸和水杨酸的激发光谱和荧光光谱如图 3-10 所示。

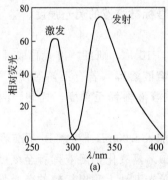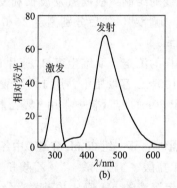

图 3-10　1％乙酸-氯仿中乙酰水杨酸（a）和水杨酸（b）的激发光谱和荧光光谱

为了消除药片之间的差异，可以取几片药片一起研磨成粉末，然后取一定量的粉末试样用于分析。

【仪器与试剂】
（1）仪器：荧光分光光度计。
（2）试剂：乙酰水杨酸，水杨酸，乙酸，氯仿，阿司匹林药片。

乙酰水杨酸储备液（400μg/mL）：称取 0.4000g 乙酰水杨酸溶于 1％乙酸-氯仿溶液中，用 1％乙酸-氯仿溶液定容于 1000mL 容量瓶中，摇匀。

水杨酸储备液（750μg/mL）：称取 0.7500g 水杨酸溶于 1％乙酸-氯仿溶液中，用 1％乙酸-氯仿溶液定容于 1000mL 容量瓶中，摇匀。

【实验步骤】

(1) 标准溶液的配制：实验前分别将乙酰水杨酸储备液（400μg/mL）和水杨酸储备液（750μg/mL）稀释 100 倍（每次稀释 10 倍，分二次完成）得到乙酰水杨酸标准溶液（4.00μg/mL）和水杨酸标准溶液（7.50μg/mL）。

(2) ASA 和 SA 的荧光激发光谱和发射光谱的绘制：用 ASA 标准溶液（4.00μg/mL）和 SA 标准溶液（7.50μg/mL）分别绘制 ASA 和 SA 的荧光激发光谱和发射光谱曲线，并分别找到它们的最大激发波长和最大发射波长。

(3) 标准曲线的绘制

① 乙酰水杨酸标准曲线：在 5 只 50mL 容量瓶中，分别加入 2.00mL、4.00mL、6.00mL、8.00mL、10.00mL ASA 标准溶液，用 1‰乙酸-氯仿溶液稀释至刻度，摇匀。在确定的最佳条件下测量荧光强度。

② 水杨酸标准曲线：在 5 只 50mL 容量瓶中，分别加入 2.00mL、4.00mL、6.00mL、8.00mL、10.00mL SA 标准溶液，用 1‰乙酸-氯仿溶液稀释至刻度，摇匀。在确定的最佳条件下测量荧光强度。

(4) 阿司匹林药片中乙酰水杨酸和水杨酸的测定：将 5 片阿司匹林药片称量后磨成粉末，称取 400.0mg 用 1‰乙酸-氯仿溶液溶解，全部转移至 100mL 容量瓶中，用 1‰乙酸-氯仿溶液稀释至刻度。迅速通过定量滤纸过滤，用该滤液在与标准溶液同样条件下测量 SA 荧光强度。再将滤液稀释 1000 倍（用三次稀释来完成），与标准溶液同样条件测量 ASA 荧光强度。

【数据处理】

(1) 根据 ASA 和 SA 的激发光谱和发射光谱曲线，确定它们的最大激发波长和最大发射波长。

(2) 分别绘制乙酰水杨酸和水杨酸的标准曲线。

(3) 根据标准曲线上确定试样溶液中 ASA 和 SA 的浓度，同时计算每片阿司匹林药片中的含量，并与说明书上的值比较。

【注意事项】

阿司匹林药片溶解后，1h 内要完成测定，否则乙酰水杨酸的量将会降低。

【思考题】

(1) 标准曲线是直线吗？若不是，从何处开始弯曲？请解释原因。

(2) 如何绘制激发光谱和荧光光谱？

(3) 从 ASA 和 SA 的激发光谱和发射光谱曲线，解释这种分析方法可行的原因。

实验 3-9　荧光分光光度法测定药物中奎宁的含量

【实验目的】

(1) 学习测绘奎宁的激发光谱和荧光光谱。

(2) 了解溶液的 pH 值和卤化物对奎宁荧光的影响及荧光法测定奎宁的含量。

【实验原理】

奎宁在稀酸溶液中是强的荧光物质，它有两个激发波长 250nm 和 350nm，荧光发射峰在 450nm 处。奎宁的荧光强度随着溶液酸度的改变，发生明显改变。除了酸度对它有显著的影响外，卤素等重原子也对其荧光强度有明显的猝灭作用。因此，奎宁样品浓度的测定，必须固定其他的实验条件，在低浓度时，荧光强度与荧光物质浓度成正比。采用标准曲线法，即以已知量的标准物质，经过和试样同样处理后，配制一系列标准溶液，测定这些溶液的荧光后，用荧光强度对标准溶液浓度绘制标准曲线，再根据试样溶液的荧光强度，在标准曲线上求出试样中荧光物质的含量。

激发光波长与发射荧光波长一般为定量分析中所选用的最灵敏的波长。λ_{em} 和 λ_{ex} 的选择是本实验的关键。

【仪器与试剂】

(1) 仪器：荧光分光光度计。

(2) 试剂：硫酸奎宁，硫酸，溴化钠，柠檬酸氢二钠。

奎宁贮备溶液（100.0μg/mL）：在 120.7mg 硫酸奎宁二水合物中加 50mL 1mol/L H_2SO_4。溶解并用重蒸水定容至 1000mL。将此溶液稀释 10 倍，得 10.00μg/mL 奎宁标准溶液。

缓冲溶液：配制 0.10mol/L 柠檬酸氢二钠溶液 500mL。分别取 50mL 该溶液，用 0.05mol/L H_2SO_4 溶液在 pH 计上分别调至 pH 值为 1.0、2.0、3.0、4.0、5.0、6.0。

【实验步骤】

(1) 未知液中奎宁含量的测定

① 系列标准溶液的配制：取 6 只 50mL 容量瓶，分别加入 10.0μg/mL 奎宁标准溶液 0、2.00mL、4.00mL、6.00 mL、8.00mL、10.00mL，用 0.05mol/L H_2SO_4 稀释至刻度，摇匀。

② 绘制激发光谱和荧光光谱：以 $\lambda_{em}=450nm$，在 200～400nm 范围扫描激发光谱，以 $\lambda_{ex}=250nm$ 和 350nm，在 400～600nm 范围扫描荧光光谱。

③ 绘制标准曲线：将激发波长固定在 350mm（或 250nm），发射波长为 450nm，测量系列标准溶液的荧光强度。

④ 未知样品的测定：取 5.00mL 药品试样置于 50mL 容量瓶中，用 0.05mol/L H_2SO_4 溶液稀释至刻度，摇匀。与标准系列溶液同样条件，测量试样溶液的荧光强度，在标准曲线上查出奎宁的浓度，计算药品试样中奎宁的含量。

(2) pH 值与奎宁荧光强度的关系：取 6 只 50mL 容量瓶，分别加入 10.00μg/mL 奎宁溶液 4.00mL，并分别用 pH 值为 1.0、2.0、3.0、4.0、5.0、6.0 的缓冲溶液稀释至刻度，摇匀。测定 6 个溶液的荧光强度。

(3) 卤化物猝灭奎宁荧光试验：取 10.00μg/mL 奎宁溶液 4.00mL 于 5 只 50mL 容量瓶中，分别加入 0.05mol/L NaBr 溶液 1.00mL、2.00mL、4.00mL、8.00mL、16.00mL，用 0.05mol/L H_2SO_4 稀释至刻度，摇匀。测量它们的荧光强度。

【数据处理】

(1) 绘制荧光强度对奎宁溶液浓度的标准曲线，并由标准曲线确定未知试样的浓度，计算药片中的奎宁含量。

(2) 以荧光强度对 pH 值作图，并得出奎宁荧光与 pH 值关系的结论。

(3) 以荧光强度对溴离子浓度作图，并解释结果。

【注意事项】

(1) 荧光分析是高灵敏度分析方法，溶液浓度一般在 $1×10^{-6}$ mol/L 量级，很稀。实验中应注意保持器皿洁净，溶剂纯度应为分析纯。实验用水需要使用二次重蒸水。应注意杂质荧光的影响。

(2) 奎宁溶液必须每天配制并避光保存。

(3) 使用石英皿时，应手持其棱，不能接触光面，用完后将其清洗干净。

【思考题】

(1) 为什么测量荧光必须和激发光的方向成直角？

(2) 能用 0.05mol/L 的盐酸来代替 0.05mol/L H_2SO_4 稀释溶液吗？为什么？

(3) 荧光相对强度与哪些因素有关？为什么？

3.3 红外光谱法

红外光谱（infrared spectrometry，IR）是分子振动转动光谱，也是一种分子吸收光谱。当样品受到频率连续变化的红外光照射时，分子吸收了某些频率的辐射，并由其振动或转动运动引起偶极矩的净变化，产生分子振动和转动能级从基态到激发态的跃迁，使相应于这些吸收区域的透射光强度减弱。记录红外光的百分透射比与波数或波长关系的曲线，就得到红外光谱。从分子的特征吸收可以鉴定化合物和分子结构，进行定性和定量分析。红外光谱法在有机化学、高分子材料化学、食品分析、环境化学、药物化学等学科有着广泛的应用。

3.3.1 仪器组成与结构

红外光谱仪主要分两种：色散型红外光谱仪和傅里叶变换红外光谱仪。目前傅里叶红外光谱仪已逐渐取代色散型红外光谱仪，且有着微型化、模块化的发展趋势。

3.3.1.1 色散型红外光谱仪

色散型红外光谱仪的组成部件与紫外-可见分光光度计相似，但它们的排列顺序略有不同，红外光谱仪的样品是放在光源和单色器之间，而紫外-可见分光光度计的样品是放在单色器之后。

(1) 仪器结构

① 光源：红外光谱仪中所用的光源通常是一种惰性固体，通电加热使之发射出高强度的连续红外辐射。常用的是 Nernst 灯或硅碳棒。

② 吸收池：因玻璃、石英等材料不能透过红外光，红外吸收池要用可透过红外光的 NaCl、KBr、CsI、KRS-5（TiI58%，TiBr42%）等晶体材料制成窗片。

③ 单色器：单色器由色散元件，准直镜和狭缝构成。色散元件常用复制的闪耀光栅。由于闪耀光栅存在次级光谱的干扰，因此需要将光栅和用来分离次光谱的滤光器或前置棱镜结合起来使用。

④ 检测器：常用的红外检测器有高真空热电偶，热释电检测器和碲镉汞检测器。高真空热电偶是利用不同导体构成回路时的温差电现象，将温差转变为电位差。热释电检测器是利用硫酸三甘肽（TGS）的单晶片作为检测元件。当红外辐射光照射到 TGS 薄片上时，引

起温度升高，TGS极化度改变，表面电荷减少，相当于"释放"了部分电荷，经放大转变成电压或电流方式进行测量。碲镉汞检测器（MCT检测器）是由宽频带的半导体碲化镉和半金属化合物碲化汞混合形成，其组成为 $Hg_{1-x}Cd_xTe$，$x \approx 0.2$，改变 x 值，可获得测量波段不同、灵敏度各异的各种 MCT 检测器。

（2）工作原理

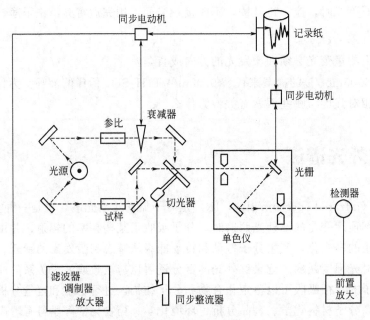

图 3-11　色散型红外分光光度计工作原理

　　如图 3-11 所示，从光源发出的红外辐射，分成两束，一束通过试样池，另一束通过参比池，然后进入单色器。在单色器内先通过以一定频率转动的扇形镜（折光器），使试样光束和参比光束交替地进入单色器中的色散棱镜或光栅，最后进入检测器。随着扇形镜的转动，检测器就交替地接受这两束光。假定从单色器发出的为某波数的单色光，而该单色光不被试样吸收，此时两束光的强度相等，检测器不产生交流信号；改变波数，若试样对该波数的光产生吸收，则两束光的强度有差异，此时就在检测器上产生一定频率的交流信号（其频率决定于折光器的转动频率）。通过交流放大器放大，此信号即可通过伺服系统驱动参比光路上的光楔（光学衰减器）进行补偿，此时减弱参比光路的光强，使投射在检测器上的光强度等于试样光路的光强度。试样对某一波数的红外光吸收越多，光楔也就越多地遮住参比光路以使参比光强同样程度地减弱，使二束光重新处于平衡。试样对各种不同波数的红外辐射的吸收有多有少，参比光路上的光楔也相应地按比例移动进行补偿。记录笔与光楔同步，因而光楔部位的改变相当于试样的透射比，它作为纵坐标直接被描绘在记录纸上。由于单色器内棱镜或光栅的转动，使单色光的波数连续地发生改变，并与记录纸的移动同步，这就是横坐标。这样在记录纸上就描绘出透射比 T 对波数（或波长）的红外光谱吸收曲线。

3.3.1.2　傅里叶变换红外光谱仪

（1）仪器结构

　　傅里叶变换红外光谱仪没有色散元件，主要由光源（硅碳棒、高压汞灯）、迈克尔逊（Michelson）干涉仪、检测器、计算机和记录仪组成。核心部分为 Michelson 干涉仪，它将光源发来的信号以干涉图的形式送往计算机进行傅里叶变换的数学处理，最后将干涉图还原成光谱图。它与色散型红外光度计的主要区别在于干涉仪和电子计算机两部分。

（2）工作原理

傅里叶变换红外（FTIR）光谱仪是根据光的相干性原理设计的，因此是一种干涉型光谱仪，它主要由光源（硅碳棒，高压汞灯）、干涉仪、检测器、计算机和记录系统组成，大多傅里叶变换红外光谱仪使用了迈克尔逊（Michelson）干涉仪，因此实验测量的原始光谱图是光源的干涉图，需要通过计算机对干涉图进行快速傅里叶变换计算，从而得到以波长或波数为函数的光谱图，因此，该谱图称为傅里叶变换红外光谱，该仪器称为傅里叶变换红外光谱仪。

图3-12是傅里叶变换红外光谱仪的典型光路系统，来自红外光源的辐射，经过凹面反射镜使成平行光后进入迈克尔逊干涉仪，离开干涉仪的脉动光束投射到一摆动的反射镜B，使光束交替通过样品池或参比池，再经摆动反射镜C（与B同步），使光束聚焦到检测器上。

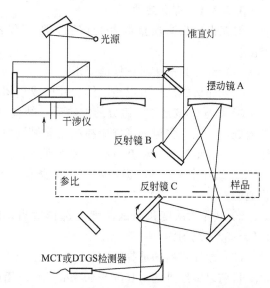

图3-12　傅里叶变换红外光谱仪的典型光路系统

傅里叶变换红外光谱仪无色散元件，没有夹缝，故来自光源的光有足够的能量经过干涉后照射到样品上然后到达检测器，傅里叶变换红外光谱仪测量部分的主要核心部件是干涉仪，图3-13是单束光照射迈克尔逊干涉仪时的工作原理图。干涉仪是由固定不动的反射镜 M_1（定镜），可移动的反射镜 M_2（动镜）及分光束器B组成，M_1 和 M_2 是互相垂直的平面反射镜。B以45°角置于 M_1 和 M_2 之间，B能将来自光源的光束分成相等的两部分，一半光束经B后被反射，另一半光束则透射通过B。在迈克尔逊干涉仪中，当来自光源的入射光经光分束器分成两束光，经过两

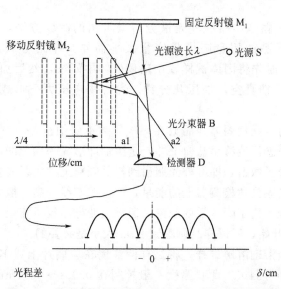

图3-13　单束光照射迈克尔逊干涉仪时的工作原理图

反射镜反射后又汇聚在一起，再投射到检测器上，由于动镜的移动，使两束光产生了光程差，当光程差为半波长的偶数倍时，发生相长干涉，产生明线；为半波长的奇数倍时，发生相消干涉，产生暗线，若光程差既不是半波长的偶数倍，也不是奇数倍时，则相干光强度介于前两种情况之间，当动镜连续移动，在检测器上记录的信号余弦变化，每移动四分之一波长的距离，信号则从明到暗周期性的改变一次。

3.3.2 实验技术

3.3.2.1 样品处理

要获得一张高质量红外光谱图，除了仪器本身的因素外，还必须有合适的样品制备方法。

(1) 红外光谱法对试样的要求

红外光谱的试样可以是液体、固体或气体，一般应有如下要求。

① 试样应该是单一组分的纯物质，纯度＞98％或符合商业规格才便于与纯物质的标准光谱进行对照。多组分试样应在测定前尽量预先用分馏、萃取、重结晶或色谱法进行分离提纯，否则各组分光谱相互重叠，难于判断。

② 试样中不应含有游离水。水本身有红外吸收，会严重干扰样品图谱，而且会侵蚀吸收池的盐窗。

③ 试样的浓度和测试厚度应选择适当，以使光谱图中的大多数吸收峰的透射比处于10％～80％范围内。

(2) 载样材料的选择

目前以中红外区（4000～400cm^{-1}）应用最为广泛，一般的光学材料为氯化钠（4000～600cm^{-1}）、溴化钾（4000～40cm^{-1}）；这些晶体很容易吸水使表面发乌，影响红外光的透过。因此，所用的载样材料应放在干燥器内，要在湿度小的环境下操作。

(3) 样品制样

① 固体样品：针对不同的固体样品制样方法可以分为压片法、粉末法、薄膜法、糊剂法等。

压片法：压片法是固体样品红外光谱分析最常用的制样方法，凡易于粉碎的固体试样都可以采用此法。样品的用量随模具容量大小而异，样品与 KBr 的混合比例一般为(0.5～2)：100。压片时先将固体试样置于玛瑙研钵中研细，然后加 KBr 粉末，研磨混合均匀后移入压片模具，抽真空，加压几分钟。混合物在压力下形成一透明小圆片，便可进行测试。

粉末法：粉末法通常是把固体样品放在玛瑙研钵中研细至 2μm 左右。然后把粉末悬浮在易挥发的液体中。把悬浮液移至盐窗上并赶走溶剂即形成一均匀的薄层，再进行扫描。粉末法常出现的问题是粒子散射，即红外光照射到样品颗粒上，入射光发生散射。这种杂乱无章的散射降低了样品光束到达检测器上的能量，使谱图基线升高。散射现象在短波区尤为严重，甚至无吸收峰出现。为了降低散射现象，通常应使样品粒子直径小于入射光的波长。由于中红外区是从 2μm 开始，所以样品研磨到 2μm 大小是必要的。

薄膜法：选择适当溶剂溶解试样，将试样溶液倒在玻璃片上或 KBr 窗片上，待溶剂挥发后生成一均匀薄膜即可测试。薄膜厚度一般控制在 0.001～0.01mm。薄膜法要求溶剂对试样溶解度好，挥发性适当。若溶剂难挥发则不易从试样膜中去除干净，若挥发性太大，则会使试样在成膜过程中变得不透明。

糊剂法：对于无适当溶剂又不能成膜的固体样品可采用此法。将 2～5mg 试样研磨成粉末（颗粒<20μm），加一滴液体分散剂，研成糊状，类似牙膏状，然后将其均匀涂于 KBr 盐片上。常用液体分散介质有液体石蜡、氟油和六氯丁二烯三种。由于液体分散介质在 4000～400cm⁻¹ 光谱范围内有吸收，所以采用此法应注意到分散介质的干扰。其次，此法虽然简单迅速，能适用于大多数固体试样，但是由于分散介质的干扰，尤其是试样和分散介质折光系数相差很大或试样颗粒不够细时，会严重影响光谱质量，故此不适于用作定量分析。

② 液体样品：液体样品分为纯液体和溶液两种。一般尽量不用溶液，以免带入溶剂的吸收干扰。只有试样的吸收很强，液膜法无法制成很薄的吸收层，或为了要避免试样分子间相互缔合的影响，才采用溶液法测试。选用溶液测试时，常用的溶剂为四氯化碳、二硫化碳、二氯甲烷、丙酮等。各种溶剂本身在红外区域内或多或少有吸收，所以要得到一张光谱较宽的试样溶液光谱图，必须选用两种或两种以上溶剂分段联用。

配制溶液浓度一般在 3%～5%。根据不同用途和试样量的多少，选用不同类型的液体试样池。在定量分析时，液体试样池的厚度必须进行校正。常用的校正方法有两种：干涉条纹法和光密度比较法。在进行固体池操作过程中，要注意以下几点：灌样时要防止气泡，样品要充分溶解，不应有不溶物进入池内、池的清洗过程中或清洗完毕时，不要因溶剂挥发而使窗片受潮、装池时不要将样品溶液溢到窗片上。对于纯液体试样，通常是制成 0.001～0.05mm 极薄的膜。只有这样小的光程才能获得满意的光谱。一般将一滴纯液体压在两块盐窗片之间，然后放入光路中测试。这种方法简单、快速又无溶剂干扰，但对易挥发液体试样不适用，而且这种方法不能获得很重复的光谱数据，所以不适用于定量分析。

3.3.2.2 影响红外光谱谱图质量的因素

（1）扫描次数对红外谱图的影响

傅里叶变换红外光谱仪测量物质的光谱时，检测器在接受样品光谱信号的同时也接收了噪声信号，输出的光谱既包括样品的信号，也包括噪声信号。信噪比与扫描次数的平方成正比。增加扫描次数可以减少噪声、增加谱图的光滑性。

（2）扫描速度对红外谱图的影响

扫描速度减慢，检测器接收能量增加；反之，扫描速度加快，检测器接收能量减小。当测量信号小时（包括使用某些附件时）应降低动镜移动速度，而在需要快速测量时，提高速度。扫描速度降低，对操作环境要求更高，因此应选择适当的值。采用某一动镜移动速度下的背景，测定不同扫描速度下样品的吸收谱图，随扫描速度的加快，谱图基线向上位移。用透射谱图表示时，趋势相反。所以在实验中测量背景的扫描速度与测量样品的扫描速度要一致。

（3）分辨率对红外谱图的影响

红外光谱的分辨率等于最大光程差的倒数，是由干涉仪动镜移动的距离决定的，确切地说是由光程差计算出来的。分辨率提高可改善峰形，但达到一定数值后，再提高分辨率峰形变化不大，反而使噪声增加。分辨率降低可提高光谱的信噪比，降低水汽吸收峰的影响，使谱图的光滑性增加。样品对红外光的吸收与样品的吸光系数有关，如果样品对红外光有很强的吸收，就需要用较高的分辨率以获得较丰富的光谱信息；如果样品对红光外有较弱的吸收，就必须降低光谱的分辨率、提高扫描次数以便得到较好的信噪比。

（4）数据处理对红外谱图质量的影响

① 平滑处理：红外光谱实验中谱图常常不光滑，影响谱图质量。不光滑的原因除了样品吸潮以外还有环境的潮湿和噪声。平滑是减少来自各方面因素所产生的噪声信号，但实际是降低了分辨率，会影响峰位和峰强，在定量分析时需特别注意。

② 基线校正：在溴化钾压片制样中由于颗粒研磨得不够细或者不够均匀，压出的锭片不够透明而出现红外光散射，所以不管是用透射法测得的红外光谱，还是用反射法测得的光谱，其光谱基线不可能在零基线上，使光谱的基线出现漂移和倾斜现象。需要基线校正时，首先判断引起基线变化的原因，能否进行校正。基线校正后会影响峰面积，定量分析要慎重。

（5）影响吸收谱带的因素还有分子外和分子内的因素：如溶剂，振动频率等。溶剂的极性会引起溶剂和溶质的缔合，从而改变吸收带的频率和强度。氢键的形成使振动频率向低波数移动，谱带加宽，强度增强（分子间氢键可以用稀释的办法消除，分子内氢键不随溶液的浓度而改变）。

（6）影响吸收谱带的其他因素还有：共轭效应、张力效应、诱导效应和振动耦合效应。

共轭效应：由于大π键的形成，使振动频率降低。

张力效应：当环状化合物的环中有张力时，环内伸缩振动降低，环外增强。

诱导效应：由于取代基具有不同的电负性，通过静电诱导作用，引起分子中电子分布的变化及键力常数的变化，从而改变了基团的特征频率。

振动耦合效应：当两个相邻的基团振动频率相等或接近时，两个基团发生共振，结果使一个频率升高，另一个频率降低。

3.3.3 红外光谱仪的操作规程与日常维护

3.3.3.1 Bruker ALPHA 红外光谱仪的操作规程

（1）准备：开机前检查实验室电源，温度和湿度等环境条件，当电压稳定，室温在15~25℃，湿度≤60%才能开机。

（2）开机：首先打开仪器的外置电源，稳定半小时，使得仪器能量达到最佳状态。开启电源，并打开仪器操作平台软件（OPUS红外光谱工作站，密码为OPUS），运行诊断菜单，检查仪器稳定性。

（3）制样：根据样品特性以及状态，指定相应的制样方法，并制样。固体粉末样品用溴化钾压片法制成透明的薄片；液体样品用液膜法、涂膜法或直接注入液体池内进行测定。

（4）扫描和输出红外光谱图：将制好的溴化钾薄片轻轻放在样品架内，插入样品池并拉紧盖子，在软件设置好的模式和参数下测试红外光谱图。先扫描空光路背景信号（扫描或不放样品时的溴化钾薄片，有4个可扣除空气背景的方法可供选择），再扫描样品信号，经傅里叶变换样品红外光谱图。根据需要，打印或者保存红外光谱图。

（5）关机：先关闭软件，再关闭仪器电源，盖上仪器防尘罩。使用后在记录本上如实填写使用记录。

（6）清洗压片磨具和玛瑙研钵：溴化钾对钢制磨具的平滑表面会产生极强的腐蚀性，因此模具用后应立即用水冲洗，再用去离子水冲洗三遍，用脱脂棉蘸乙醇或丙酮擦洗各个部分，然后用电吹风吹干，保存在干燥箱内备用。玛瑙研钵的清洗与模具相同。

3.3.3.2 压片机的操作规程

（1）使用方法

如图 3-14 所示，先将注油孔螺钉 13 旋松，顺时针拧紧放油阀 7，将模具置于工作台 5 的中央，用丝杠 2 拧紧后，前后摇动手动压把 11，达到所需压力，保压后，逆时针松开放油阀 7，取下模具即可。

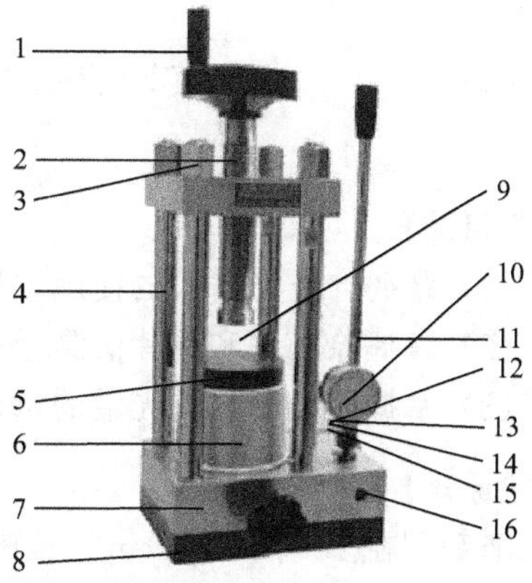

（2）使用注意事项

① 使用前必须先松开注油孔螺钉 13，压片机才能正常工作。

② 定期在丝杠 2 及柱塞泵 12 处加润滑油，使用清洁的 46 号机油为宜。

③ 加压决不允许超过机器的压力范围，否则会发生危险。

④ 加压时感觉手动压把 11 有力，但压力表 10 无指示时，应立即卸荷检查压力表 10。

⑤ 新仪器或较长一段时间没有使用时，在用之前稍紧放油阀，加压到 20～25MPa 时即卸荷，连续重复 2～3 次，即可正常使用。

⑥ 大活塞 6 不要超过行程 20mm。

图 3-14　（769YP-15A 型）手动压片机及各部件的名称

1—手轮；2—丝杠；3—螺母；4—立柱；
5—工作台；6—大活塞；7—放油阀；8—油池；
9—工作空间；10—压力表；11—手动压把；
12—柱塞泵；13—注油孔螺钉；14—限位螺钉；
15—吸油阀；16—出油阀

3.3.3.3 红外光谱仪的日常维护

（1）室温保持在 15～25℃ 之间，湿度≤60%，仪器才能开机使用，温度可以利用空调来控制，湿度利用除湿机来控制，定期将除湿机中的水倒掉并定期清洗除湿机的滤网，否则影响除湿机的正常工作。

（2）干燥剂的更换。从 H_2O 的红外光谱图中可以看出光谱仪内部的湿度。如果在仪器内部放置干燥剂，可以降低 H_2O 的红外吸收。ALPHA 光谱仪的样品腔及光学腔的干燥可以依靠反复使用的小包干燥剂维持。当性能检测时出现"Humidity is out of range"时，先检查是否是仪器所处的环境的湿度超过 60%，如果不是则需要更换干燥剂，更换干燥剂的具体步骤如下。

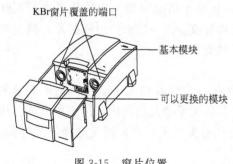

KBr窗片覆盖的端口

基本模块

可以更换的模块

图 3-15　窗片位置

①切断供电电源；②旋松光谱仪后盖的 4 个 TORX 螺丝，取下后盖，旋松螺丝需要 TORXTX20 起子；③取下后盖；④取出失活的干燥剂，更换活化的干燥剂；⑤盖上光谱仪的后盖，并用 4 个 TORX 螺丝固定住；⑥插上电源线，打开仪器开关。

（3）清洁和更换窗片。如图 3-15 所示，ALPHA 基本模块有两个端口：一个是红外光的入口，一个是红外光的出口。红外光从出口处进入到测量模块，而光是经过入口进入到基本模块内。这两个端口用可更换的透明窗片覆盖。清洁两块窗片时只能选用干燥的脱脂棉。擦拭时要小心以免损坏窗片。

⟩ 3.3.4 实验

实验 3-10 常见有机物的红外光谱分析

【实验目的】
(1) 掌握红外光谱仪的使用方法。
(2) 掌握涂膜法和压片法测量液体和固体样品红外光谱的方法。
(3) 掌握醛、酮红外光谱的特征吸收频率及与分子结构的关系。

【实验原理】
醛和酮在 $1870\sim1540cm^{-1}$ 范围内出现强吸收峰，这是 $C\!=\!O$ 的伸缩振动吸收带。其位置相对较固定且强度大，很容易识别。而 $C\!=\!O$ 的伸缩振动受到样品的状态、相邻取代基团、共轭效应、氢键、环张力等因素的影响，其吸收带实际位置有所差别。

脂肪醛在 $1740\sim1720cm^{-1}$ 范围有吸收。电负性取代基会增加谱带吸收频率。例如，乙醛在 $1730cm^{-1}$ 处吸收，而三氯乙醛在 $1768cm^{-1}$ 处吸收。双键与羰基的共轭效应，会降低 $C\!=\!O$ 的吸收频率。芳香醛在低频处吸收，分子内氢键也使吸收向低频方向移动。

酮的羰基比相应的醛的羰基在稍低的频率处吸收。饱和脂肪酮在 $1715cm^{-1}$ 左右有吸收。同样，双键的共轭会造成吸收向低频移动。酮与溶剂之间的氢键也将降低羰基的吸收频率。

【仪器与试剂】
(1) 仪器：傅里叶变换红外光谱仪，压片机（包括压模）。
(2) 试剂：苯甲醛、肉桂醛、正丁醛、香草醛，环己酮、苯乙酮等均为分析纯。

【实验步骤】
(1) 准备：检查实验室电源、温度和湿度等环境条件，当电压稳定，室温在 $15\sim25℃$，湿度$\leqslant60\%$才能开机。

(2) 开机：首先打开仪器的外置电源，稳定 20min 后，使得仪器能量达到最佳状态。开启电脑，打开红外操作软件，运行诊断菜单，检查仪器稳定性。

(3) 背景扫描：将 $200\sim400mg$ 干燥的 KBr 放入研钵中研磨至细。用压片机进行压片（压力 15MPa 左右维持 1min）。放气卸压后，取出模具脱模，得一圆形空白样品片。将空白样品片放于样品支架上并盖上盖子，点击测量选择扫描背景。

(4) 醛类化合物红外光谱的测定

① 固体压片法：将 $2\sim4mg$ 香草醛放在玛瑙研钵内，然后加入 $200\sim400mg$ 干燥的 KBr，研磨至颗粒直径小于 $2\mu m$。将适量研磨好的样品装于干净的模具内，用压片机进行压片。样品压好后，将样品片快速放于样品支架上并迅速盖上盖子，点击测量选择测量样品。得到香草醛的红外光谱图。

② 液体涂膜法：按照步骤 3 压制一空白样品片，然后用毛细管取出少量的苯甲醛滴到空白样品片上，待样品渗入空白片以后，将样品片快速放于样品支架上并迅速盖上盖子，点击测量选择测量样品。得到苯甲醛的红外吸收光谱图。

将研钵、模具清洗净烘干后，再用同样的制样方法测得肉桂醛和正丁醛的红外光谱图。

（5）酮类化合物红外光谱的测定

采用液体涂膜法操作方法，分别测量环己酮和苯乙酮的红外光谱图。

（6）清洗：测量完毕后，收拾整理仪器，用蘸有乙醇的脱脂棉擦洗压模和玛瑙研钵，干燥后放入干燥器内。填写仪器使用记录。

【数据处理】

（1）确定各化合物的羰基吸收频率，根据各化合物的光谱写出它们的结构式。

（2）比较苯甲醛、肉桂醛、正丁醛、香草醛的红外谱图，分析取代基对羰基吸收频率的影响。

（3）比较环己酮、苯乙酮的红外谱图，分析差异及其原因。

【思考题】

（1）用氯原子取代烷基，羰基频率会发生位移的原因？

（2）红外光谱中，影响羰基位移的因素主要有哪些？各因素对羰基的吸收位移产生怎样的影响？

实验 3-11　红外光谱法分析未知化合物的官能团

【实验目的】

（1）掌握两种基本样品制备技术及傅里叶变换光谱仪器的使用方法。

（2）学习通过红外光谱鉴定未知物的一般步骤及方法。

【实验原理】

红外光谱是研究结构与性能关系的基本手段之一，可用于研究有机物和部分无机化合物，具有分析速度快、试样用量少，能分析各种状态下试样的特点，主要用于定性分析和准确度不高的定量研究。现将分析红外光谱图中涉及的知识简单介绍如下。

（1）红外谱图的分析步骤

①首先依据谱图推出化合物碳架类型，根据分子式计算不饱和度。公式如下：

$$不饱和度＝F＋1＋（T－O）/2$$

式中，F 为化合价为 4 的原子个数（主要是 C 原子）；T 为化合价为 3 的原子个数（主要是 N 原子）；O 为化合价为 1 的原子个数（主要是 H 原子）。例如苯（C_6H_6）不饱和度＝$6＋1＋（0－6）/2＝4$，3 个双键加一个环，正好为 4 个不饱和度。

② 分析 3300～2800cm^{-1} 区域 C—H 伸缩振动吸收，以 3000cm^{-1} 为界，高于 3000cm^{-1} 为不饱和碳 C—H 伸缩振动吸收，有可能为烯、炔、芳香化合物，而低于 3000cm^{-1} 一般为饱和 C—H 伸缩振动吸收。若在稍高于 3000cm^{-1} 有吸收，则应在 2250～1450cm^{-1} 频区，分析不饱和碳键的伸缩振动吸收特征峰，其中：炔 C≡C 伸缩振动吸收特征谱带为 2200～2100cm^{-1}；烯的为 1680～1640cm^{-1}；芳环的为 1600cm^{-1}，1580cm^{-1}，1500cm^{-1}，1450cm^{-1}。

若已确定为烯或芳香化合物，则应进一步解析指纹区，即 1000～650cm^{-1} 的频区，以确定取代基个数和位置（顺反，邻、间、对）。

③ 碳骨架类型确定后，再依据其他官能团，如 C=O，O—H，C—N 等特征吸收来判定化合物的官能团。

④ 解析时应注意把描述各官能团的相关峰联系起来，以准确判定官能团的存在。如 $2820cm^{-1}$，$2720cm^{-1}$ 和 $1750\sim1700cm^{-1}$ 的三个峰，说明醛基的存在。

（2）主要官能团的特征吸收范围

① 烷烃：$3000\sim2850cm^{-1}$ C—H 伸缩振动吸收带；$1465\sim1340cm^{-1}$ C—H 弯曲振动吸收带。一般饱和 C—H 伸缩吸收带均在 $3000cm^{-1}$ 以下，接近 $3000cm^{-1}$ 的频率吸收。

② 烯烃：$3100\sim3010cm^{-1}$ 烯烃 C—H 伸缩振动吸收带；$1675\sim1640cm^{-1}$ C═C 伸缩振动吸收带；$1000\sim675cm^{-1}$ 烯烃 C—H 面外弯曲振动吸收带。

③ 炔烃：$2250\sim2100cm^{-1}$ 为 C═C 伸缩振动吸收带；$3300cm^{-1}$ 附近为炔烃 C—II 伸缩振动吸收带。

④ 芳烃：$3100\sim3000cm^{-1}$ 为芳环上 C—H 伸缩振动吸收；$1600\sim1450cm^{-1}$ 为 C═C 骨架振动吸收带。芳香化合物重要特征：一般在 $1600cm^{-1}$，$1580cm^{-1}$，$1500cm^{-1}$ 和 $1450cm^{-1}$ 可能出现强度不等的 4 个峰；$880\sim680cm^{-1}$ 为 C—H 面外弯曲振动吸收带，依苯环上取代基个数和位置不同而发生变化，在芳香化合物红外谱图分析中，常常用此频区的吸收判别异构体。

⑤ 醇和酚：主要特征吸收是 O—H 和 C—O 的伸缩振动吸收。$3650\sim3600cm^{-1}$ 为自由羟基 O—H 尖锐的伸缩振动吸收峰；$3500\sim3200cm^{-1}$ 为分子间氢键 O—H 伸缩振动，为宽的吸收峰；$1300\sim1000cm^{-1}$ 为 C—O 伸缩振动吸收带；$769\sim659cm^{-1}$ 为 O—H 面外弯曲吸收带。

⑥ 醚：特征吸收是 $1300\sim1000cm^{-1}$ 为 C—O—C 的不对称伸缩振动吸收带；$1150\sim1060cm^{-1}$ 处有一个强的吸收峰为脂肪醚；$1270\sim1230cm^{-1}$ 为 Ar—O 伸缩振动；$1050\sim1000cm^{-1}$ 为 R—O 伸缩振动吸收带。

⑦ 醛和酮：$1750\sim1700cm^{-1}$ 醛基 C═O 的伸缩振动吸收带（特征吸收）；$2820cm^{-1}$，$2720cm^{-1}$ 两处为醛基 C—H 的伸缩振动吸收带；$1715cm^{-1}$ 为强的 C═O 伸缩振动吸收则为脂肪酮，如果羰基与烯键或芳环共轭会使吸收频率降低。

⑧ 羧酸：$3300\sim2500cm^{-1}$（宽且强）为 O—H 伸缩振动吸收带；$1720\sim1706cm^{-1}$ 为 C═O 的伸缩振动吸收带；$1320\sim1210cm^{-1}$ 为 C—O 的伸缩振动吸收带；$920cm^{-1}$ 为 O—H 键的面外弯曲振动吸收带。

⑨ 酯：$1750\sim1735cm^{-1}$ 为饱和脂肪族酯（除甲酸酯外）的 C═O 伸缩振动吸收带；$1210\sim1163cm^{-1}$ 为饱和酯 $—\overset{\overset{\text{O}}{\|}}{\text{C}}—\text{O}—$ 的伸缩振动吸收带（为强吸收）。

⑩ 胺：$3500\sim3100cm^{-1}$ 为 N—H 伸缩振动吸收带；$1350\sim1000cm^{-1}$ 为 C—N 伸缩振动吸收；N—H 变形振动相当于 CH_2 的剪式振动方式，其吸收带在 $1640\sim1560cm^{-1}$；面外弯曲振动吸收带在 $900\sim650cm^{-1}$。

⑪ 腈：腈类的光谱特征为 C≡N 三键伸缩振动区域，有弱到中等的吸收。脂肪族腈 C≡N 的伸缩振动吸收带为 $2260\sim2240cm^{-1}$；芳香族腈 C≡N 的伸缩振动吸收带为 $2240\sim2222cm^{-1}$。

⑫ 酰胺：$3500\sim3100cm^{-1}$ 为 N—H 伸缩振动；$1680\sim1630cm^{-1}$ 为 C═O 伸缩振动；$1655\sim1590cm^{-1}$ 为 N—H 弯曲振动；$1420\sim1400cm^{-1}$ 为 C—N 伸缩。

⑬ 有机卤化物：脂肪族 C—X 伸缩，C—F 的伸缩振动吸收带为 $1400\sim730cm^{-1}$；C—Cl 的伸缩振动吸收带为 $850\sim800cm^{-1}$；C—Br 的伸缩振动吸收带为 $690\sim515cm^{-1}$；C—I 的伸缩振动吸收带为 $600\sim500cm^{-1}$。

【仪器与试剂】

(1) 仪器：傅里叶变换红外光谱仪，压片机（包括压模），玛瑙研钵，红外烤箱。

(2) 试剂：水杨酸、水杨醛等（分析纯）。

【实验步骤】

(1) 固体样品水杨酸红外光谱的测定：取已干燥的水杨酸 1～2mg，在玛瑙研钵中充分磨细后，再加入 200mg 的 KBr，继续研磨至完全混匀。颗粒的直径约为 2μm，取出约 100mg 混合物装于干净的压模内（均匀铺洒在压模内），于压片机上在 10MPa 压力下压制 10s，制成透明薄片。先用空白 KBr 扫描背景后，将此薄片装于样品架上，置于红外光谱仪的样品池中。即可进行扫谱。

(2) 纯液体样品水杨醛红外光谱的测定：加入 200mg 的 KBr，继续研磨至完全混匀。颗粒的直径约为 2μm，取出约 100mg 装于干净的压模内（均匀铺洒在压模内），于压片机上在 10MPa 压力下压制 10s，制成透明薄片。然后用毛细管蘸取少量水杨醛液体，小心均匀地涂在 KBr 薄片上。先用空白 KBr 扫描背景后，将此薄片装于样品架上，置于红外光谱仪的样品池处，即可进行扫谱。

(3) 未知样品的红外光谱的测定：按照上述方法，测定未知样品的红外光谱，打印图谱，进行图谱分析，推测未知样品的结构。

【数据处理】

(1) 归属出水杨醛和水杨酸中—CHO 和—COOH 的特征吸收峰。

(2) 根据已学知识判断未知化合物的结构。

【思考题】

(1) 在制样过程中，样品的加入质量对红外光谱的测量有哪些影响？

(2) 简述官能团区和指纹区的主要区别？

实验 3-12 红外光谱法分析高分子材料聚乙烯

【实验目的】

(1) 学习并掌握利用红外光谱仪分析高分子材料聚乙烯材料的实验方法。

(2) 掌握高分子材料聚乙烯的红外光谱的解析。

【实验原理】

一般高聚物的红外光谱中谱带的数目很多，而且不同种类的物质其光谱不相同，故特征性很强。此外，红外光谱法的制样和实验技术相对比较简单，它适用于各种物理状态的样品。因此，目前红外光谱法已经成为高聚物材料分析和鉴定工作中最重要的手段之一。

根据红外光谱的位置、形状、相对强度等特征对样品进行分析，由于各种高聚物是由其各种小分子单体构成的，因此对高聚物的光谱解析，必须对基团的光谱和各种高聚物所特有的光谱非常熟悉，同时对各种高聚物的结构也要非常了解，这样在观察到有关光谱信息后才能与对应的高聚物结构迅速联系起来。这就要求我们熟记各种高聚物的特征吸收谱带。为了便于查找和记忆，通常把一些常用的高聚物光谱按最强吸收谱带位置分为如下六个区域：Ⅰ区最强吸收带在 1800～1700cm^{-1}，主要是聚酯类、聚羧酸类和聚酰亚胺类等高聚物；Ⅱ区最强吸收带在 1700～1500cm^{-1}，主要是聚酰胺类、聚和天然的多肽等高聚物；Ⅲ区最强吸

收带在 $1500 \sim 1300 \mathrm{cm}^{-1}$，主要是饱和聚烃基和一些具有极性基团取代的聚烃类；Ⅳ区最强吸收带在 $1300 \sim 1200 \mathrm{cm}^{-1}$，主要是芳香族聚醚类、聚砜类和一些含氯的高聚物；Ⅴ区最强吸收带在 $1200 \sim 1000 \mathrm{cm}^{-1}$，主要是脂肪族的聚醚类、醇类和含硅、含氟高聚物；Ⅵ区最强吸收带在 $1000 \sim 600 \mathrm{cm}^{-1}$，主要是含有取代苯、不饱和双键和一些含氯的高聚物。应用以上的分类来综合分析样品高聚物的红外谱图。

【仪器与试剂】

(1) 仪器：傅里叶变换红外光谱仪，压片机（包括压模），玛瑙研钵，红外烤箱。

(2) 试剂：聚乙烯薄膜。

【实验步骤】

测绘聚乙烯的红外吸收光谱，将聚乙烯薄膜展平并铺于固体样品架上，将样品架插入红外光谱仪的样品池处，从 $4000 \sim 400 \mathrm{cm}^{-1}$ 进行波数扫描，得到吸收光谱。

【数据处理】

解析聚乙烯红外吸收光谱图，指出各谱图上主要吸收峰的归属。

【思考题】

(1) 试样含有水分及其他杂质时，对红外吸收光谱分析有何影响？如何消除？

(2) 红外分光光度计与紫外-可见分光光度计在光路设计上有何不同？为什么？

(3) 在压片法对 KBr 有哪些要求？为什么研磨后的粉末颗粒直径不能大于 $2 \mu \mathrm{m}$？

实验 3-13　红外光谱法分析不同种类食用油

【实验目的】

(1) 掌握利用红外光谱仪分析食用油的方法。

(2) 初步了解利用红外光谱仪分析食用油品质的方法。

【实验原理】

目前对食用油的成分分析主要是采用化学的方法。而通常的成分分析需要对样品分离提取，各种化学提取的方法总会改变样品，不能准确地反映出样品所含成分的化学信息，且操作复杂。傅里叶变换红外光谱技术具有不破坏样品、用量少、操作简单的特点，已经广泛地用于许多领域。脂肪是食用油的主要成分。各种食用油含的脂肪酸品种不同，但都分别属于饱和脂肪酸、单不饱和脂肪酸及多不饱和脂肪酸三类。其红外吸收峰的主要特点包括以下几方面：游离脂肪酸羟基伸缩振动吸收峰、芳环的 C—H 伸缩振动区、亚甲基的 C—H 伸缩振动、亚甲基的 C—H 不对称伸缩振动，亚甲基的 C—H 对称伸缩振动吸收峰都在 $3000 \mathrm{cm}^{-1}$ 左右具有吸收；$2700 \mathrm{cm}^{-1}$ 附近有中等强度的吸收峰，是含有 P—OH 基的有机膦酸中的羟基伸缩振动区（由于较强的氢键作用）；在 $1100 \sim 950 \mathrm{cm}^{-1}$ 是 P—O 的伸缩振动区；在 $1747 \mathrm{cm}^{-1}$ 处存在的吸收是羧酸中 C＝O 的伸缩振动吸收；在 $1400 \mathrm{cm}^{-1}$ 附近分别是甲基弯曲振动区、C—H 非对称弯曲振动、脂肪烃基的 C—H 弯曲振动、甲基的 C—H 对称弯曲振动；亚磺酸酯的 S＝O 基的振动在 $1100 \mathrm{cm}^{-1}$ 左右出现强峰；在 $700 \mathrm{cm}^{-1}$ 附近有一个强峰，是只有一个取代基的苯环的 C—H 面外弯曲振动，氟原子与芳环直接相接时 C—F 伸缩振动在 $1163 \mathrm{cm}^{-1}$ 处出现一个强峰；顺式—O—NO—在 $586 \mathrm{cm}^{-1}$ 附近出现的中峰。

【仪器与试剂】

(1) 仪器：傅里叶变换红外光谱仪，压片机（包括压模），玛瑙研钵，红外烤箱。

(2) 试剂：溴化钾（分析纯）。

(3) 样品：花生油，芝麻油，橄榄油，调和油。

【实验步骤】

(1) 将干燥的溴化钾压片后，用毛细管滴 1~2 滴油在溴化钾压片上。

(2) 用同样的方法制得样品后，利用红外光谱仪扫出不同种类的食用油的红外光谱图。

【数据处理】

归属出不同种类油的红外吸收中 C—C、C≡C 伸缩振动吸收峰的位置，并比较差异。

【思考题】

简述饱和脂肪酸、单不饱和脂肪酸及多不饱和脂肪酸的红外吸收的差异？

实验 3-14 红外光谱法分析燕麦片的品质

【实验目的】

(1) 掌握利用红外光谱仪分析燕麦片的方法。

(2) 初步了解利用红外光谱仪分析燕麦片品质的方法。

【实验原理】

燕麦片的红外光谱主要体现在脂肪、蛋白质和碳水化合物这三大营养物质方面。脂肪的特征峰为 (2926 ± 1) cm^{-1} 处 CH_2 的伸缩振动吸收峰和 (1746 ± 1) cm^{-1} 处 $C=O$ 的伸缩振动吸收峰，蛋白质的特征峰为 $1680\sim1630cm^{-1}$ 对应的酰胺带 $C=O$ 吸收峰和 $1570\sim1510cm^{-1}$ 对应的酰胺带的 N—H 和 C—N 吸收峰；碳水化合物的特征峰为 $3800\sim3200cm^{-1}$ 区的 O—H 伸缩振动吸收峰，$1200\sim1030cm^{-1}$ 处 C—O 伸缩振动吸收峰以及 $930\sim900cm^{-1}$ 处和 $785\sim755cm^{-1}$ 处的环振动吸收峰。

【仪器与试剂】

(1) 仪器：傅里叶变换红外光谱仪，压片机（包括压模），玛瑙研钵，红外烤箱。

(2) 试剂：溴化钾（分析纯）。

(3) 样品：多种品牌的燕麦片。

【实验步骤】

(1) 称取干燥的燕麦片 20mg 与 1.2g KBr 混合研磨后，取出 120mg 样品研磨至细后压片。

(2) 用同样的方法压片后，利用红外光谱仪扫出不同品种燕麦片的红外光谱图。

【数据处理】

(1) 在不同品牌燕麦片的图谱中标出脂肪、蛋白质、碳水化合物的红外特征吸收峰。

(2) 根据朗伯-比尔定律指出三种燕麦片中脂肪、蛋白质、碳水化合物的含量情况。

【思考题】

实验中为什么要称取准确量的燕麦片？

4 原子光谱分析法

4.1 原子发射光谱法

原子发射光谱法（atomic emission spectroscopy，AES）是利用物质受电能或热能作用，产生气态的原子或离子，利用其价电子跃迁所产生的特征光谱线来研究物质组成的分析方法。不同物质由不同元素的原子所组成，原子被激发后，其外层电子有不同的跃迁，但这些跃迁遵循"光谱选律"，因此特定元素的原子产生一系列不同波长的特征光谱线。识别这些元素的特征光谱线即可鉴别元素的存在；由于这些光谱线的强度与该元素的含量有关，利用其谱线强度即可测定元素的含量。一般情况下，适用于1%以下含量的组分测定，检出限可达10^{-6}，精密度为$\pm10\%$左右，线性范围约2个数量级。

4.1.1 仪器组成与结构

原子发射光谱仪主要包括光源、光谱仪和光谱观测设备。

（1）光源

光源使试样蒸发、解离、原子化、激发、跃迁产生光辐射的作用。目前常用的光源有直流电弧、交流电弧、电火花及电感耦合等离子体（inductively coupled plasma，ICP）。

① 直流电弧：电源一般为可控硅整流器。常用高频电压引燃直流电弧。直流电弧的最大优点是电极头温度高，蒸发能力强，缺点是放电不稳定，且弧较厚，自吸现象严重，故不适宜用于高含量定量分析，但可很好地应用于矿石等的定性、半定量及痕量元素的定量分析。

② 交流电弧：因为电极间没有导电的电子和离子，普通的220V交流电直接连接在两个电极间是不可能形成弧焰的，可以采用高频高压引火装置。交流电弧是介于直流电弧和电火花之间的一种光源，与直流相比，交流电弧的电极头温度稍低一些，但由于有控制放电装置，故电弧较稳定。这种电源常用于金属、合金中低含量元素的定量分析。

③ 电火花：通常使用10000V以上的高压交流电，通过间隙放电，产生电火花。由于高压火花放电时间极短，故在这一瞬间内通过分析间隙的电流密度很大，因此弧焰瞬间温度很高，可达10000K以上，故激发能量大，可激发电离电位高的元素。由于电火花是以间隙方式进行工作的，平均电流密度并不高，所以电极头温度较低，且弧焰半径较小。这种光源主要用于易熔金属合金试样的分析及高含量元素的定量分析。

④ 电感耦合等离子体：是指由电子、离子、原子、分子组成的在总体上显中性的物质状态，当有高频电流通过线圈时，产生轴向磁场，这时若用高频点火装置产生火花，形成的载流子（离子与电子）在电磁场作用下，与原子碰撞并使之电离，形成更多的载流子，当载流子多到足以使气体有足够的导电率时，在垂直于磁场方向的截面上就会感生出流经闭合圆形路径的涡流，强大的电流产生高热又将气体加热，瞬间使气体形成最高温度可达 10000K 的稳定的等离子炬。感应线圈将能量耦合给等离子体，并维持等离子炬。当载气载带试样气溶胶通过等离子体时，被后者加热至 6000～7000K，并被原子化和激发产生发射光谱。

（2）光谱仪

光谱仪通常由光源、分光仪和检测器组成。其工作过程是：由光源发出的光，经照明系统后均匀地照在狭缝上，然后经准光系统的准直物镜变成平行光，照射到色散原件上，色散后各种波长的平行光由聚焦物镜聚焦投影在其焦面上，获得按波长次序排列的光谱，并进行记录或检测。光谱仪根据使用色散元件的不同，分为棱镜光谱仪和光栅光谱仪；按照检测方法的不同，又可以分为照相式摄谱仪和光电直读光谱仪。

（3）光谱观测设备

光谱投影仪是发射光谱定性和半定量分析的主要工具。它把光谱感光板上的谱线放大，以便查找元素的特征谱线。

4.1.2 实验技术

4.1.2.1 样品预处理

（1）固体金属及合金等导电材料的处理

① 块状金属及合金试样的处理：用金刚砂纸将金属表面打磨成均匀光滑表面。表面不应有氧化层，试样应有足够的质量和大小（至少应大于燃斑的直径 3～5mm）。

② 棒状金属及合金试样处理：用车床加工成直径 8～10mm 的棒，顶端成直径 2mm 的平面。若加工成锥体，放电更加稳定。圆柱形棒状金属也不应有氧化层，以免影响导电。

③ 丝状金属及合金试样处理：细金属丝可作卷置于石墨电极孔中，或者重新熔化成金属块，较粗的金属丝可卷成直径 8～10nm 的棒状。

④ 碎金属屑试样处理：首先用酸或丙酮洗去表面污物，烘干后磨成粉状，用石墨电极全燃烧法测定，或者将粉末混入石墨粉末后压成片状进行分析。

（2）非导电固体试样

非金属氧化物、陶瓷、土壤等试样在 400℃烧 20～30min 后，磨细，加入缓冲剂及内标，置于石墨电极孔用电弧激发。

（3）等离子体光源法的试样前处理

电感耦合等离子体光谱法一般采用溶液样品。各类样品均应转化为溶液进行分析（个别仪器有固体进样器，可分析块状金属试样）。转化成液体样品的方法常用酸溶解法，极个别用碱熔融法。等离子体光谱用试样处理的原则是尽量不引入盐类或其他成盐的试剂，以免增加溶液中固体物的量，含盐量高会造成进样雾化器的堵塞及雾化效率的改变，引入误差。一般尽量采用硝酸或盐酸等处理，尽量不用硫酸或高氯酸等黏稠度较大的浓酸溶解样品。处理后的试样中残余酸不宜过高，一般为 5%～10%。样品溶液的酸度和标准溶液的酸度应一致。

4.1.2.2 测定方法

（1）光谱定性分析

在光源的激发作用下，试样中每种元素都发射自己的特征光谱。试样中所含元素只要达到一定的含量，都可以有谱线摄谱在感光板上，是元素定性检出的常用方法。

（2）光谱半定量分析

光谱半定量分析常采用摄谱法中的比较黑度法，配制一个基体与试样组成近似的被测元素的标准系列。在相同条件下，在同一块感光板上标准系列与试样并列摄谱，然后在映谱仪上用目视法直接比较试样与标准系列中被测元素分析线的黑度。

（3）光谱定量分析

光谱定量分析主要是根据谱线强度与被测元素浓度的关系来进行的。当温度一定时谱线强度，与被测元素浓度 c 成正比，即

$$I = ac$$

当考虑到谱线自吸时，有如下关系式：

$$I = ac^b$$

此式为光谱定量分析的基本关系式。式中，b 为自吸系数，b 随浓度 c 增加而减小，当浓度很小无自吸时，$b=1$。因此，在定量分析中，选择合适的分析线十分重要。a 值受试样组成、形态及放电条件等的影响，在实验中很难保持为常数，故通常不采用谱线的绝对强度来进行光谱定量分析，而采用"内标法"。

4.1.2.3 背景干扰及扣除

光谱背景是指在线状光谱上，叠加着由于连续光谱和分子带状光谱等造成的谱线强度。

（1）光谱背景来源。分子辐射是指在光源作用下，试样与空气作用生成的分子氧化物、氮化物等分子发射的带状光谱。连续辐射是指在经典光源中炽热的电极头，或蒸发过程中被带到弧焰中去的固体质点等炽热的固体发射的连续光谱。分析线附近有其他元素的强扩散性谱线（即谱线宽度较大），如 Zn、Sb、Pb、Bi、Mg 等元素含量较高时，会有很强的扩散线。仪器的杂散光也会造成不同程度的背景。

（2）背景的扣除。可以用摄谱法扣除。测出背景的黑度 S_B，然后测出被测元素谱线黑度为分析线与背景相加的黑度 $S_{(L+B)}$。由乳剂特征曲线查出 $\lg I_{(L+B)}$ 与 $\lg I_B$，再计算出谱线的表观强度 $I_{(L+B)}$ 与背景强度 I_B，两者相减，即可得出被测元素的谱线强度 I_L，同样方法可得出内标线谱线强度 $I_{(IS)}$。注意：背景的扣除不能用黑度值直接相减，必须用谱线强度相减。光电直读光谱仪由于光电直读光谱仪检测器将谱线强度积分的同时也将背景积分，因此需要扣除背景。ICP 光电直读光谱仪中都带有自动校正背景的装置。

4.1.2.4 光谱定量分析测定条件的选择

（1）光源。可根据被测元素的含量、元素的特征及分析要求等选择合适的光源。

（2）内标元素和内标线。金属光谱分析中的内标元素，一般采用基体元素。对于组分变化很大的样品，一般不用基体元素作内标，而是加入定量的其他元素。加入的内标元素应符合下列几个条件：内标元素与被测元素在光源作用下应有相近的蒸发性质；内标元素若是外加的，必须是试样中不含或含量极少可以忽略的；分析线对选择需匹配，分析线对两条谱线的激发电位相近，分析线对波长应尽可能接近，分析线对两条谱线应没有自吸或自吸很小，并不受其他谱线的干扰；内标元素含量一定。

（3）光谱缓冲剂。为了减少试样成分对弧焰温度的影响，使弧焰温度稳定，试样中加入一种或几种辅助物质，用来抵偿试样组成变化的影响，这种物质称为光谱缓冲剂。此外，缓

冲剂还可以稀释试样，这样可减少试样与标样在组成及性质上的差别。

（4）光谱载体。进行光谱定量分析时，在样品中加入一些有利于分析的高纯度物质称为光谱载体。它们多为一些化合物、盐类、碳粉等。载体的作用主要是增加谱线强度，提高分析的灵敏度，并且提高准确度和消除干扰等。

4.1.3 常用仪器的操作规程与日常维护

4.1.3.1 Optima 7300DV 型电感耦合等离子体发射光谱仪操作规程

（1）观察氩气钢瓶压力是否能满足此次检测的用量需求（1MPa 大约可以支持 24min）；开启水冷机，观察水冷机运行情况。

（2）打开排风设备，如做样时间较长，必须开启窗户。

（3）安装进样管和废液管。点击等离子体图标，点击泵，检查进液、排液是否正常。

（4）点击等离子体气，观察氩气压力表上压力是否发生变化；如无法维持稳定压力，检查气路。

（5）点燃等离子体，等离子体点燃后观察等离子情况。

（6）根据试样情况，首先在方法选择界面选择合适的方法。

（7）方法选择好后，点击标准曲线观察曲线是否与方法对应。如不对应，需重新校准曲线。

（8）点击手动检测，在出现界面中，根据空白、质控顺序看结果是否在接受范围内。

（9）准备就绪后，开始样品分析。

（10）样品检测完成后，吸入去离子水 5min 对进样系统及矩管进行清洗。

（11）关闭等离子体火焰。注意，火焰虽然熄灭但氩气仍然不断，大约 1min 后氩气关闭。

（12）开启泵，将进样系统中液体排尽。松开泵管，关闭循环水冷机，关闭排风设备。

4.1.3.2 原子发射光谱仪日常维护

（1）等离子体无法点燃，80% 与氩气有直接关系。

（2）检测样品必须是无悬浮物的清澈透明水溶液；如无法判断样品中是否有颗粒，必须使用 0.45μm 滤膜进行过滤后检测。

（3）样品最好是微酸性样品，检测顺序最好是从低到高，避免记忆效应造成分析结果不准确。如无法确定含量，检测下一个样品后通入去离子水 5min 以上，以保证把进样系统清洗干净。

（4）同一样品多次检测结果漂移过大时，观察进样泵管是否已老化；观察矩管洁净程度。

（5）废液桶废液不得超过 1/2。

（6）当仪器出现故障时，一定要注意截屏保存故障画面。

（7）仪器进样系统及矩管的清洗周期为三个月，日常维护为一月一次。

4.1.4 实验

实验 4-1 原子发射光谱法定性分析金属或合金中的杂质元素

【实验目的】

（1）学习原子发射光谱分析的基本原理和定性分析方法。

（2）掌握发射光谱分析方法的电极制作、摄谱、冲洗感光板等基本操作。

（3）学会正确使用摄谱仪和投影仪。

（4）掌握铁光谱比较法定性判别未知试样中所含杂质元素。

【实验原理】

各种元素的原子被激发后，因原子结构不同，可发射许多波长不同的特征光谱谱线，因此可根据特征光谱线是否出现，来确定某种元素是否存在。但在光谱定性分析中，不必检查所有谱线，而只需根据待测元素 2～3 条最后线或特征谱线组，即可判断该元素存在与否。所谓元素的最后线是指当试样中元素含量降低至最低可检出量时，仍能观察到的少数几条谱线。元素的最后线往往也是该元素的最灵敏线。而特征线组往往是一些元素的双重线、三重线、四重线或五重线等，它们并不是最后线。例如，镁的最后线是一条 285.2nm 谱线，而最易于辨认的却是在 277.6～278.2nm 之间的五重线。此五重线由于不是最后线，在低含量时，在光谱中不能找到。但由于特征谱线组易于辨认，当试样中某些元素含量较高时，就不一定依靠其最后线，而只用它特征谱线组就足以判断了。但必须注意，判定某元素时，如果最后线不出现，而较次灵敏线反而出现，则可能是由其他元素谱线的干扰而引起的。

在光谱定性分析中，除了需要元素分析谱线表外，还需要一套与所用的摄谱仪具有相同色散率的元素标准光谱图。图 4-1 为波长范围在 301.0～312.4nm 的元素标准光谱图。在该图下方，标有按已知波长顺序排列的标准铁线和波长标尺，图的上方是各元素在此波段范围内可能出现的分析线。

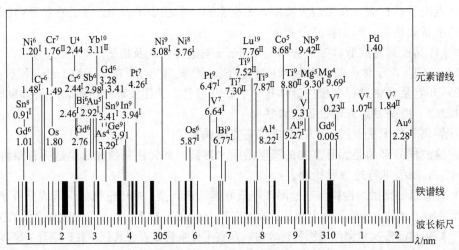

图 4-1 元素标准光谱图

在元素符号下方标有该元素谱线波长，在元素符号的右上角，标有灵敏度的强度级别。灵敏度的强度一般分为 10 级，数字越大，表示灵敏度越高，通常可利用灵敏度的强度级别来估计元素含量（表 4-1）和判别有无干扰存在。

表 4-1 定性分析结果的表示方法

谱线强度级别	含量(估计范围)/%	含量等级
1	100～10	主
2～3	10～1	大
4～5	1～0.1	中
6～7	0.1～0.01	小
8～9	0.01～0.001	微
10	<0.001	痕

实验时用哈特曼（hartman）光栏把试样和纯铁并列摄谱于感光板上，感光板经显影、定影、阴干后，置于光谱投影仪工作台上，并投影于投影屏，谱线被放大 20 倍，然后用元素标准光谱图进行对照比较，判定试样中有哪些元素存在，并通过其谱线强度级别，估计该元素的百分含量。若仅需了解某个或某几个元素是否存在时，可先查出这些元素的分析线波长，再在光谱投影仪上与元素标准光谱图对照判断是否有指定元素存在。

【仪器与试剂】

（1）仪器：平面光栅摄谱仪，光谱投影仪，光谱纯石墨电极，铁电极，紫外Ⅱ型感光板。

（2）试剂：显影液（按感光板附配方配制），F5 酸性坚膜定影液，稀乙酸溶液，粉末试样。

【实验步骤】

（1）准备电极与试样

① 一对铁电极：将棒状铁电极在砂轮上打磨成顶端带直径为 2mm 的平面锥体，要求表面光滑、无氧化层。

② 四对光谱纯石墨电极：将直径为 6mm 的光谱纯石墨棒切成约 40mm 长的小段，四支上电极用卷铅笔刀制成圆锥形，四支下电极在专用车具上制成孔穴内径为 3.5mm，深 4mm，壁厚 1mm 凹形状。加工后的电极应直立在电极盒内。

③ 试样：把屑状的低合金钢试样、丝状锡合金试样、铝粉（或镁粉）试样分别装入下电极孔穴中，试样应压紧并露出碳孔边缘。

（2）装感光板：在暗室红灯下（勿直接光照感光板）取出感光板，找出其乳剂面（粗糙面）。如需裁制，将乳剂面朝下，放在洁净纸上，以金刚刀刻划玻璃面，然后上下对板。将裁好的感光板乳剂面朝下放入暗盒内，盖上后盖并拧紧后盖固定，装到摄谱仪上。

（3）设置摄谱仪工作条件：狭缝 5μm；中间光栏 5mm；狭缝调焦、狭缝倾角、光栅转角置于仪器说明书规定数据。

（4）安装电极：分别将电极插入电板架上调整电极间距（3mm 左右）。对光，点燃电弧，调节电极头成像在中间光栏两侧，光线均匀照明狭缝前的十字对中盖，电极安装完毕。

（5）准备摄谱：选择适当光源；抽开暗盒挡板使感光板乳剂面对准光路；板移至合适高度；选择哈特曼光栏；拿掉狭缝前的对中盖，准备摄谱。

（6）摄谱顺序：采用哈特曼光栏摄谱。

① 摄铁谱：将哈特曼光栏置 2，5，8 处，控制电流 5A 左右，曝光约 5s。

② 摄试样光谱：将哈特曼光栏置 1 处，控制电流 6A 左右，曝光 30s，然后升高电流至 8～10A，至试样烧完为止（弧焰呈紫色，电流下降，发出吱吱声）。移动光栏在 3（或 4，6，7，9）位置依次增加曝光时间拍摄试样光谱。金属自电极试样用火花光源激发，曝光 2～3min；石墨电极孔穴中粉末试样用交流电弧激发，应使试样烧完为止。注意观察电弧颜色变化，并随时调整电极间距。作好摄谱记录，包括感光板移动位置、光栏、试样、光源种类、电流大小及曝光时间等。

（7）暗室处理：摄谱完毕后，推上挡板，取下暗盒，在暗室里用红色安全灯下取出感光板进行显影、停影、定影、水洗、干燥、备用。

① 显影：显影液按天津外Ⅱ型感光板附方配制。18～20℃时，显影 4～6min。显影操作时先将适量的显影液倒入瓷盘，把感光板先在水中稍加润湿。然后，乳剂面向上浸没在显影液中，并轻轻晃动瓷盘，以克服局部浓度的不均匀。

② 停影：为了保护定影液，显影后的感光板可先在稀乙酸溶液（每升含冰乙酸 15mL）中漂洗，或用清水漂洗，使显影停止。然后，浸入定影液中。停影操作也应在暗灯下进行。在 18～20℃时，漂洗 1min 左右。

③ 定影：用 F5 酸性坚膜定影液，(20±4)℃。将适量的定影液倒入另一瓷盘，乳剂面向上浸入其中。定影开始应在暗红灯下进行，15s 后可开白炽灯观察。新鲜配制的定影液约 5min 就能观察到乳剂通透（即感光板变得透明）。

④ 水洗：定影后的感光板需在室温的流水中淋洗 15min 以上。淋洗时，乳剂面向上，充分洗除残留的定影液。否则谱片在保存过程中会发黄而损坏。

⑤ 干燥：谱片应在干净架上自然晾干。如果快速干燥，可在酒精中浸一下，再用冷风机吹干，乳剂面不宜用热风吹，30℃以上的温度会使乳剂软化起皱而损坏。

⑥ 显影、定影完毕后，随即把显影液和定影液倒回储存瓶内。

（8）识谱

① 将待观察的感光板乳剂面朝上（短波在右边，长波在左边）置于光谱投影仪上，调整投影仪手轮使谱线达到清晰，然后用"标准谱线图"进行比较。

② 认识铁光谱，将谱板从短波向长波移动，即自 240nm 左右，每隔 10nm 记忆铁光谱的特征线。

③ 大量元素的检查，凡试样谱带上的粗黑谱线，均用"谱线图"查对，以确定试样中哪些元素大量存在。

④ 杂质元素的检查，在波长表上查出待测元素的分析线，根据其分析线所在的波段用图谱与谱板进行比较。如果某元素的分析线出现，则可确定该元素存在。但应注意试样中大量元素和其他杂质元素谱线的干扰。一般应找 2～3 条分析线进行检查，根据这 2～3 条分析线均已出现，才能确定此元素的存在。实验数据记录到表 4-2。

【结果处理】

表 4-2　元素分析结果

所含元素	所查波长/nm	含量级别

【注意事项】

（1）激发光源为高压高电流装置，应注意操作安全。

（2）实验中使用的光学仪器不能用手擦拭光学表面，室内应保持干燥、清洁。

（3）开始摄谱前先打开通风设备。

（4）定性分析时用哈特曼光栏实验并列摄谱。

（5）粉末样品必须燃尽。

【思考题】

（1）在定性分析中，拍摄铁光谱及试样光谱为什么要固定感光板的板移位置而移动光栏，而不是固定光栏而移动感光板？

（2）试样光谱旁为什么要摄一条铁光谱？

（3）你是如何确定样品组成的？样品中有哪些可疑元素？为什么可疑？举例说明。

实验 4-2　原子发射光谱法测定蜂蜜中钾、钠、钙、铁、锌、铝、镁等元素的含量

【实验目的】

(1) 掌握电感耦合等离子体光谱仪光谱定量、定性过程。

(2) 进一步熟悉电感耦合等离子体光谱仪的操作过程。

(3) 了解国家标准方法中原子发射光谱法测定的一般过程。

【实验原理】

原子发射光谱法是根据处于激发态的待测元素原子回到基态时发射的特征谱线对待测元素进行分析的方法。在室温下，物质中的原子处于基态（E_0）当受外能（热能、电能）作用时，核外电子跃迁至较高的能级（E_n），即处于激发态，激发态原子是十分不稳定的，其寿命大约为 10^{-8}s。当原子从高能级跃迁至较低能级或基态时，多余的能量以辐射形式释放出来。

其能量差与辐射波长之间的关系符合普朗克公式：

$$\Delta E = E_2 - E_1 = hc/\lambda$$

由于各种元素的原子能级结构不同，因此受激发后只能发射特征谱线，据此可对样品进行定性分析；光谱定量分析的基础是谱线强度和元素浓度符合罗马金公式：

$$I = ac^b$$

式中，I 是谱线强度；c 是元素含量；b 是自吸系数；a 是发射系数，与试样的蒸发、激发和发射的整个过程有关。在经典光源中自吸收比较显著，一般用其对数形式绘制校正曲线，而在等离子体光源中，在很宽的浓度范围内 $b=1$，所以谱线强度与浓度成正比。

电感耦合等离子体（ICP）是原子发射光谱的重要高效光源，在 ICP-AES 中，试液被雾化后形成气溶胶，由氩载气携带进入等离子体焰炬，在焰炬的高温下，溶质的气溶胶经历多种物理化学过程而被迅速原子化，成为原子蒸汽，并进而被激发，发射出元素特征光谱，经分光后进入摄谱仪而被记录下来，从而对待测元素进行定量分析。

蜂蜜中含有丰富的有机营养物质及多种微量元素，是营养价值较高的滋补佳品。本实验利用 ICP-AES 法测定蜂蜜中的多种微量元素。试样以硝酸-过氧化氢在微波消化罐内消化分解，稀释至确定的体积后测量，采用标准曲线法计算元素的含量。

【仪器与试剂】

(1) 仪器：电感耦合等离子体光谱仪（ICP-AES），氩气，微波消解器。

(2) 试剂：各测定单元素（钾、磷、铁、钙、锌、铝、钠、镁）的标准储备液（1.0mg/mL），硝酸、过氧化氢、盐酸均为优级纯，水为煮沸蒸馏水。

【实验步骤】

(1) 标准混合使用液配制：准确移取 5.00mL 钙、锌、铝、钠、镁标准储备液，7.50mL 铁标准储备液，20.00mL 磷标准储备液于 100mL 容量瓶中，加 5%硝酸稀释至刻度，摇匀备用。

(2) 混合标准系列溶液配制：分别移取 0、2.00mL、4.00mL、6.00mL、10.00mL 混合标准使用液于 5 只 100mL 容量瓶中，并按表 4-3 数据计算加入所需钾元素标准储备液的体积于该容量瓶中，以 5%硝酸稀释至刻度，摇匀备用。

表 4-3　标准溶液系列

元素	标准系列溶液浓度/(mg/mL)				
	N_1	N_2	N_3	N_4	N_5
K	0	14	28	56	70
P	0	4	8	16	20
Fe	0	1.5	3	6	7.5
Ca	0	1	2	4	5
Zn	0	1	2	4	5
Al	0	1	2	4	5
Na	0	1	2	4	5
Mg	0	1	2	4	5

(3) 样品制备：准确称取 1.0～1.2g 未结晶的蜂蜜样品，精确至 0.1mg。置于微波消化罐内，分别加入 3.00mL 的浓硝酸和过氧化氢，摇动消化罐混匀，放置 24h 以上，其间不定时摇动消化罐 3～4 次。将微波消化罐放入微波消化装置中，设定消化程序：240W 消化 1min，360W 消化 3min，600W 消化 5min。待消化罐冷却到室温后，将溶液定量转入到 25mL 容量瓶中，5% 硝酸稀释至刻度，混匀备用。

(4) 平行实验：按步骤 3，对同一试样进行平行实验测定。

(5) 空白实验：除不称取样品外，均按步骤 3 进行。

(6) 进行标准系列样品测定，绘制标准曲线。

(7) 测定样品，打印分析报告。

(8) 结果计算。

【数据处理】

按下式计算元素的含量：

$$X = \frac{(c_1 - c_0) \times V}{M}$$

式中，X 为被测元素的含量，mg/kg；c_1 为从标准曲线上查得的试样溶液中被测元素的浓度，$\mu g/mL$；c_0 为从标准曲线上查得的空白溶液中被测元素的浓度，$\mu g/mL$；V 为被测试液的体积，mL；M 为试样质量，g。

【思考题】

(1) 微波消化样品中应注意什么问题？

(2) 如何确定标准溶液中各元素的浓度？

4.2　原子吸收光谱法

原子吸收光谱法（atomic absorption spectroscopy，AAS）是 20 世纪 50 年代出现的一种仪器分析方法，是基于气态的基态原子外层电子对紫外线和可见光范围的相对应原子共振辐射线的吸收强度来定量被测元素含量为基础的分析方法，是一种测量特定气态原子对光辐射的吸收的方法。不需要进行复杂的分离操作就可以用来测定 70 余种金属和类金属元素的含量，既可以进行痕量分析，也可以进行微量甚至常量的测定，广泛应用于化学、物理、地质、环境、食品等领域。

4.2.1 仪器组成与结构

原子吸收分光谱仪的基本结构如图 4-2 所示。

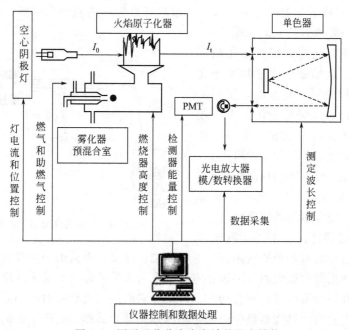

图 4-2 原子吸收分光光度计的基本结构

（1）光源

光源的作用是发射被测元素的特征共振辐射。基本要求：发射的共振辐射的半宽度要明显小于吸收线的半宽度；辐射线的强度大，背景低于特征共振辐射强度的 1%；辐射光强度稳定，30min 之内漂移不超过 1%，且噪声小于 0.1%；使用寿命长等。

① 空心阴极放电灯：空心阴极灯是符合上述要求的理想光源，应用最为广泛。包含一个由被测元素材料制成的空心阴极和一个由钛、锆、钽或其他材料制作的阳极，阴极和阳极封闭在带有光学窗口的硬质玻璃管内，管内充有压强为 267～1333Pa 的惰性气体氖或氩，其作用是产生离子撞击阴极，使阴极材料发光。空心阴极灯发射的光谱主要是阴极元素的光谱。

空心阴极灯放电是一种特殊形式的低压辉光放电，放电集中于阴极空腔内。常采用脉冲供电方式以改善放电特性，同时便于使原子吸收信号与原子化器的直流发射信号区分开，称为光源调制。在实际工作中，应选择合适的工作电流。如果使用的灯电流过小，放电不稳定；灯电流过大，溅射作用增加，原子蒸气密度增大，谱线变宽，甚至引起自吸，导致测定灵敏度降低，灯寿命缩短。

由于原子吸收分析中每测一种元素需换一种灯，很不方便，现亦制成多元素空心阴极灯，但发射强度低于单元素灯，且如果金属组合不当，易产生光谱干扰，因此，使用尚不普遍。

② 无极放电灯：对于 As、Sb 等元素的分析，为提高灵敏度，亦常用无极放电灯做光源。无极放电灯是由一个数厘米长、直径 5～12cm 的石英玻璃圆管制成。管内装入数毫克待测元素或挥发性盐类，如金属、金属氯化物或碘化物等，抽成真空并充入压力为 67～

200Pa 的惰性气体氩或氖，制成放电管，将此管装在一个高频发生器的线圈内，并装在一个绝缘的外套里，然后放在一个微波发生器的同步空腔谐振器中。这种灯的强度比空心阴极灯大几个数量级，没有自吸，谱线更纯，但是需要与微波发生器同时使用，操作较为繁琐。

（2）原子化器

原子化器的功能是提供能量使试样干燥、蒸发和原子化。原子吸收分析中，试样中被测元素的原子化是整个分析过程的关键环节。入射光束在这里被基态原子吸收，因此也可把它视为"吸收池"。对原子化器的基本要求：必须具有足够高的原子化效率，具有良好的稳定性和重现性，操作简单而且干扰少等。

原子化最常用方法有火焰原子化法和非火焰原子化法。火焰原子化法是原子光谱分析中最早使用的原子化方法，至今仍在广泛地被应用；非火焰原子化法中应用最广的是石墨炉电热原子化法。另外，还有低温原子化器，仅限于某些元素可用。

① 火焰原子化器：常用的有预混合型原子化器，其结构如图 4-3 所示。这种原子化器由雾化器、混合室和燃烧器组成。

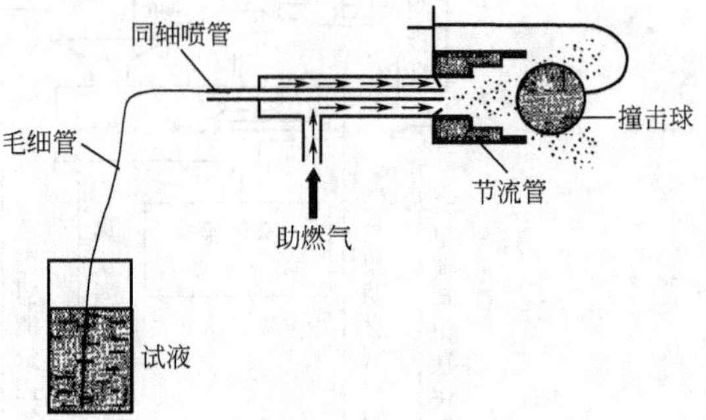

雾化器是关键部件，其作用是将试液

图 4-3 预混合型原子化器结构

雾化，使之形成直径为微米级的气溶胶，雾粒越细、越多，在火焰中生成的基态自由原子就越多。混合室的作用是使较大的气溶胶在室内凝聚为大的溶珠沿室壁流入废液管排走，使进入火焰的气溶胶在混合室内充分混合均匀，以减少它们进入火焰时对火焰的扰动，并让气溶胶在室内部分蒸发脱溶。燃烧器最常用的是单缝燃烧器，其作用是产生火焰，使进入火焰的气溶胶蒸发和原子化。因此，原子吸收分析的火焰应有足够高的温度，能有效地蒸发和分解试样，并使被测元素原子化。此外，火焰应该稳定，背景发射和噪声低，燃烧安全。

原子吸收测定中最常用的火焰是乙炔-空气火焰，还有氢气-空气火焰和乙炔-氧化亚氮高温火焰。乙炔-空气火焰燃烧稳定、重现性好、噪声低，燃烧速度不是很快，温度足够高（约 2300℃），对大多数元素有足够的灵敏度；氢气-空气火焰是氧化性火焰，燃烧速度较乙炔-空气火焰快，但温度较低（约 2050℃），优点是背景发射较弱，透射性能好；乙炔-氧化亚氮火焰的特点是火焰温度高（约 2955℃），而燃烧速度并不快，是目前应用较为广泛的一种高温火焰，用它可测定 70 多种元素。

② 非火焰原子化器：最常用的是管式石墨炉原子化器，如图 4-4 所示。

石墨炉原子化的过程是将试样注入石墨管的中间位置，用大电流通过石墨管以产生高达 2000～3000℃的高温使试样经过干燥、灰化和原子化。与火焰原子化法相比，石墨炉原子化法的试样原子化是在惰性气体保护下于强还原性介质内进行的，有利于氧化物分解和自由原子的生成；原子化效率高，几乎可达到 100%；样品利用率高，原子在吸收区内平均停留时间较长，绝对灵敏度高，液体和固体试样均可直接进样。缺点是试样组成不均匀性影响较大，有较强的背景吸收，测定精密度不如火焰原子化法。

③ 低温原子化器：利用某些元素（如 Hg）本身或元素的氢化物（如 AsH_3）在低温下的易挥发性，将其导入气体流动吸收池内进行原子化。目前通过该原子化方式测定的元素有 Hg、As、Sb、Se、Sn、Bi、Ge、Pb、Te 等。生成氢化物是一个氧化还原过程，所生成的氢化物是共价分子型化合物，沸点低、易挥发、分离和分解。以 As 为例，反应

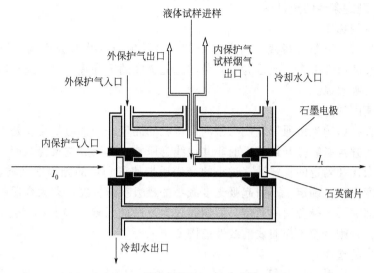

液体试样进样

外保护气出口　内保护气
试样烟气
出口

外保护气入口　　　　　　冷却水入口

内保护气入口　　　　　　　　石墨电极

I_0　　　　　　　　　　　　　　　I_t

石英窗片

冷却水出口

图 4-4　管式石墨炉原子化器结构

过程可表示如下：

$$AsCl_3 + 4NaBH_4 + HCl + 8H_2O \Longrightarrow AsH_3 \uparrow + 4NaCl + 4HBO_2 + 13H_2$$

AsH_3 在热力学上是不稳定的，950℃就能分解析出自由 As 原子，实现快速原子化。

（3）分光系统

原子吸收光谱仪中，元素灯发射的光谱，除了含有待测原子的共振线外，还包含有待测原子的其他谱线、元素灯填充其他材料发射的谱线，灯内杂质气体发射的分子光谱和其他杂质谱线等。分光系统的作用就是要把待测元素的共振线和其他谱线分开，以便进行测定。其中最关键部件是色散元件，现在普遍使用光栅。光栅放置在原子化器之后，以阻止来自原子化器内的所有不需要的辐射进入检测器。

（4）检测系统

检测系统包括光电转换元件、放大器和读数装置。广泛使用的检测器是光电倍增管，最近一些仪器也有采用电感耦合器件作为检测器的。

4.2.2　实验技术

4.2.2.1　样品预处理

原子吸收光谱分析通常是溶液进样，被测样品需要事先转化为溶液样品。样品的处理方法和通常的化学分析相同，要求试样分解完全，在分解过程中不能引入污染和造成待测组分的损失，所用试剂及反应产物对后续测定应无干扰。

分解试样最常采用的方法是用酸溶解或碱熔融，近年来微波溶样法获得了广泛的应用。有机试样通常先进行灰化处理，以除去有机物基体。灰化处理主要有干法灰化和湿法消化两种。干法灰化是在较高的温度下将样品氧化，然后再用酸溶解，溶解时务必将残渣溶解完全，最后将溶液转移到容量瓶中定容。对于易挥发的元素（如 Hg，As，Pb，Sb，Se 等），不能采用干法灰化，因为这些元素在灰化过程中损失严重。湿法消化是将样品用合适的酸升温氧化溶解。最常采用的是盐酸＋硝酸法、硝酸＋高氯酸法或硫酸＋硝酸法等混合酸法。微波溶样技术，可将样品放在聚四氟乙烯高压反应罐中，于专用微波炉中加热消化样品。至于采用何种混合酸消化样品，需要视样品类型来确定。

4.2.2.2 测定条件的选择

（1）吸收线的选择

每种元素都有若干条分析线，通常选择其中最灵敏线（共振吸收线）作为吸收线。但是，当测定元素的浓度很高，或是为了避免邻近光谱线的干扰等，也可选择次灵敏线（非共振吸收线）作为吸收线。

（2）通带宽度的选择

狭缝宽度直接影响光谱通带宽度与检测器接收的能量。选择通带宽度是以吸收线附近无干扰谱线存在，并且能够分开最靠近的非共振线为原则。适当放宽狭缝宽度，以增加检测的能量，提高信噪比和测定的稳定性。过小的光谱通带使可利用的光强度减弱，不利于测定。合适的狭缝宽度由实验确定。不引起吸光度减小的最大狭缝宽度，即为合适的狭缝宽度。测定每一种元素都需要选择合适的通带，而谱线较为复杂的元素，如 Fe、Co、Ni 等，就要采用较窄的通带，否则会使工作曲线的线性范围变窄。

（3）灯电流的选择

空心阴极灯的发射特征与灯电流有关，一般要预热 $10 \sim 30min$ 才能达到稳定的输出。灯电流小，发射线半峰宽窄，放电不稳定，光谱输出强度小，灵敏度高；灯电流大，发射线强度大，发射线变宽，但谱线轮廓变坏，导致灵敏度下降，信噪比小，灯寿命缩短。因此必须选择合适的灯电流，其原则是在保证有足够强且稳定的光强输出条件下，尽量使用较低的工作电流。通常以空心阴极灯上标明的最大灯电流的一半至三分之二为工作电流。

（4）原子化条件

① 火焰原子化法。选择适宜的火焰条件是一项重要的工作，可根据试样的具体情况，通过实验或查阅有关的文献确定。一般选择火焰的温度应使待测元素恰能分解成基态自由原子为宜。若温度过高，会增加原子电离或激发，而使基态自由原子减少，导致分析灵敏度降低，如 K、Na 等易电离元素。选择火焰时，还应考虑火焰本身对光的吸收，如烃类火焰在短波区有较大的吸收，而氢火焰的透射性能则好得多。因此，对于分析线位于短波区的元素的测定，在选择火焰时应考虑火焰透射性能的影响。

测定不同的元素选择不同类型的火焰。对于低温、中温火焰，适合的元素可使用乙炔-空气火焰；在火焰中易生成难离解的化合物及难溶氧化物的元素，宜用乙炔-氧化亚氮高温火焰；分析线在 220nm 以下的元素，可选用氢气-空气火焰。

燃气和助燃气的比例不同，火焰的特点也不同。易生成难离解氧化物的元素，用富燃火焰；氧化物不稳定的元素，宜用化学计量火焰或贫燃火焰。合适的燃助比应通过实验确定。

燃烧器高度也是影响火焰原子化效率的因素。调节燃烧器的高度，使测量光束从自由原子浓度大的区域内通过，可以得到较高的灵敏度。

② 石墨炉原子化法。影响石墨炉原子化效率的因素较多，主要包括干燥、灰化、原子化及净化等阶段的温度和时间。干燥的主要作用是去除溶剂成分的干扰，一般在 $105 \sim 125℃$ 的条件下进行，干燥时间一般 $10 \sim 30s$。灰化阶段温度和时间的选择要以尽可能除去试样中基体与其他组分而被测元素不损失为前提。原子化阶段是要使待测元素尽可能多地被原子化，应选择能使待测元素原子化的最低温度，原子化时间为 $5 \sim 10s$。净化阶段，温度应高于原子化温度，以便消除试样的残留物产生的记忆效应，一般时间为 $5 \sim 10s$。

4.2.2.3 干扰及其消除技术

原子吸收光谱分析中的干扰可分为四种类型：物理干扰、化学干扰、电离干扰和光谱干扰。

（1）物理干扰的消除

物理干扰是由于试样溶液和标准溶液不同的物理性质如黏度、表面张力、密度等，以及试样在转移、蒸发和原子化过程中的物理性质的变化而引起的原子吸收强度的变化，为非选择性干扰。消除物理干扰的主要方法是配制与试样溶液相似组成的标准溶液。在不知道试样组成和无法匹配试样时，可以采用标准加入法或稀释法来减小和消除物理干扰。

（2）化学干扰的消除

原子吸收分析中最普遍的干扰是化学干扰，它是一种选择性干扰，是由于液相或气相中被测原子与干扰物质的组分之间形成热力学更稳定的化合物，从而影响元素化合物的解离及其原子化。另外化学干扰与雾化器的性能、燃烧器的类型、火焰的性质，以及观测点的位置都有关系，所以原子吸收分析中的干扰对条件的依赖性很强，一定要具体情况具体分析，不能一概而论。

通常可以采用几种方法来克服或抑制化学干扰，如采用化学分离，使用高温火焰，在试液中加入释放剂、保护剂或基体改进剂等。

化学分离干扰物质，可以使用离子交换、沉淀分离、萃取等方法。

高温火焰具有更高的能量，会使在较低温度火焰中稳定的化合物解离。例如在乙炔-空气火焰中测定钙时，存在 PO_4^{3-} 和 SO_4^{2-} 有时会有显著的干扰，但是，如果采用乙炔-氧化亚氮高温火焰，这种干扰就被消除了。

当一些元素生成热稳定或难解离的化合物时，可以加入一种试剂（释放剂），这种试剂优先与干扰组分反应，把待测元素释放出来，使之有利于原子化，从而消除干扰。例如，磷酸根的存在对钙的测定有严重干扰，当加入 $LaCl_3$ 或 $SrCl_2$ 后，干扰就会被消除。但是当加入过多的释放剂时，由于释放剂形成某种难熔的化合物，起到包裹作用，会使吸收信号下降。所以，在选择释放剂时，既要考虑置换反应中热化学的有利条件，又要考虑质量作用定律，还要避免包裹作用的发生。这往往需要通过反复试验，才能找到合适条件。

在以上这些方法中，有时可以单独使用，有时需要几种方法联用。

（3）电离干扰的消除

当火焰温度较高，能提供足够的能量使原子电离而形成离子时，就会发生电离干扰。电离干扰主要发生在电离电动势较低的元素上，如碱金属和部分碱土金属，因为这些元素被离解成基态原子之后，在火焰中还可以继续电离为正离子和自由电子，这样，就会使基态原子数减少，降低吸光度，导致灵敏度降低。通常可以采用加入电离电位更低的碱金属盐抑制此种干扰。例如，测定钙时，加入适量的钾盐可以消除钙的电离干扰。

（4）光谱干扰的消除

光谱干扰是由于分析元素的吸收线与其他吸收线或辐射不能完全分离所引起的一种干扰，包括谱线重叠，在光谱通带内多于一条吸收线，光谱通带内存在非吸收线、分子吸收、光散射等。其中，分子吸收和光散射是形成光谱背景的主要原因。由于引起光谱干扰的原因各不相同，所以消除其干扰的方法也不太一样，具体方法可参考有关资料。

4.2.3 常用仪器的操作规程与日常维护

4.2.3.1 TAS-990AFG 型火焰原子吸收分光光度计操作规程

（1）开机：依次打开抽风设备、稳压电源和仪器主机电源。运行 TAS-990 软件

"AAwin"，选择"联机"，单击"确定"，进入仪器初始化画面。等待仪器各项初始化"确定"后进行测量操作。

（2）设置参数

① 选择元素灯及测量参数：选择"工作灯（W）"和"预热灯（R）"后单击"下一步"；设置元素测量参数，直接单击"下一步"；进入"设置波长"步骤，单击"寻峰"，等待仪器寻找工作灯最大能量谱线的波长。寻峰完成后，单击"关闭"。单击"下一步"，进入完成画面，单击"完成"。预热 20～30min。

② 设置测量样品和标准样品：单击"样品"，进入"样品设置向导"，选择"浓度单位"；单击"下一步"，进入标准样品画面，设置标准样品的数目及浓度；单击"下一步"，进入辅助参数选项，可直接单击"下一步"，单击"完成"，结束样品设置。

（3）点火

① 打开空压机（先开风机开关，再开工作开关），使压力位于 0.20～0.25MPa。

② 检查水封是否有水，否则加水。

③ 打开乙炔钢瓶（逆时针打开乙炔钢瓶总开关），使压力为 0.05～0.08MPa。

④ 点击"仪器"、"燃烧器参数"，设置燃气流量（一般为 1500mL/min），检查光斑位置是否合适，再点击"确定"。

⑤ 单击"点火"键，观察火焰是否点燃。

⑥ 火焰点燃后，把进样吸管放入去离子水中，单击"能量"，选择"自动能量平衡"调整能量到 100%左右，再点击"关闭"，用水冲洗 5min 后开始样品分析。

（4）测定

① 标准样品测量：把进样吸管放入空白溶液，单击"测量"键，进入测量画面（在屏幕右上角），单击"校零"键 2～3 次，调整吸光度为零。点击"开始"，自动读数 3 次完成空白溶液测量。吸入第一个标准样品点击"开始"，自动读数 3 次完成一个标样测量，再吸入下一个标样，再点击"开始"，依次测完所有标样后，把进样吸管放入去离子水中，单击"终止"按键。

② 样品测量：进样吸管放入空白溶液，单击"测量"键，进入测量画面后单击"校零"键较零。吸入第一个样品，单击"开始"键测量，自动读数 3 次完成一个样品测量。一个样品测量完毕后需把进样管放入去离子水中清洗 5～10s 再测下一个样品。测量超过 5 个样品时用去离子水清洗后，重新在空白溶液中校零再测。

测量完成后用去离子水冲洗 5～10min，单击"保存"，根据提示输入文件名称，单击"保存"按钮。以后可以单击"打开"调出此文件，也可通过"文件"→"输出文件"保存为 Word 或 Excel 文件。

需要测量其他元素时，可先关闭乙炔钢瓶，火焰熄灭，单击"元素灯"切换元素灯，操作同上。

（5）关机：完成测量后，先关闭乙炔钢瓶（顺时针拧紧乙炔钢瓶总开关），等到乙炔钢瓶两个表指针都为零，火焰熄灭；再关闭空压机和工作开关，按下放水阀放水直到压力为零，关闭风机。

退出 TAS-990 程序，关闭主机电源，罩上原子吸收仪器罩。关闭计算机电源，稳压器电源。15min 后再关闭抽风设备。填写仪器使用记录。

4.2.3.2 TAS-990AFG 型石墨炉原子吸收分光光度计操作规程

（1）开机：依次打开抽风设备、稳压电源、循环水电源和仪器主机电源。运行 TAS-

990软件"AAwin"，选择"联机"，单击"确定"，进入仪器初始化画面。等待仪器各项初始化"确定"后进行测量操作。

（2）设置参数

① 选择元素灯及测量参数：如果当天第一次开机，最好在火焰状态下寻峰后再转换到石墨炉法。其他参数同火焰法操作。

② 转换石墨炉测量方法：取出石墨炉和火焰燃烧头之间的挡板，打开仪器上下盖板。单击"仪器"，出现下拉菜单，选择"测量方法"弹出测量方法设置窗口，选择"石墨炉"，单击"确定"。等待3~4min将石墨炉移到光路，测量方法设置窗口消失。打开石墨炉电源，打开氩气，调节分表压力为0.5MPa；打开水管（缓慢打开水龙头），观察水压是否正常。装石墨管：单击按钮，仪器自动打开石墨炉锁紧装置，同时计算机提示"石墨炉炉体已经打开"。请在装上石墨管后，按"确定"键。

③ 调节原子化器位置及能量：单击"仪器"，出现下拉菜单选择"原子化器位置"，弹出原子化器位置调节窗口，左右移动调节滚动条，单击"执行"按钮，观察显示屏下面位置能量显示，尽量调节能量到最大，一般调节在50%以上就可以。调节完成后单击"确定"。调节石墨炉体的高低位置使能量最大（手动调），此时可用小纸片观察元素灯光斑是否在石墨炉炉体光路小孔中间位置通过，通过石墨炉体后光斑完整且较实。在"能量调试"窗口单击"自动能量平衡"，调节能量到100%左右。

④ 设置加热程序及参数：单击"参数设置"按钮，弹出"测量参数"窗口，在"常规"窗口设置测量重复次数，（一般设置2~3次即可）；单击"显示"按钮设置吸光度范围，（一般在-0.01~1.0）；单击"信号处理"按钮，单击"确定"完成参数设置。单击"加热程序"按钮，弹出"石墨炉加热程序"设置窗口，根据不同元素及参考资料设置加热程序，冷却时间一般设为40~60s（温度2000℃以下40s，2000℃以上60s）。

⑤ 设置测量样品和标准样品：单击"样品"，进入"样品设置向导"，选择"浓度单位"。单击"下一步"，进入标准样品画面，根据所配制的标准样品设置标准样品的数目及浓度。单击"下一步"；进入辅助参数选项，可以直接单击"下一步"；单击"完成"，结束样品设置。

（3）测定：先空烧烧干净石墨管，单击"测量按钮"，用微量进样器吸入10μL样品注入石墨管中，单击"开始"按钮进入石墨炉测量，等待读数完成。同一个样品测量的重复次数与参数设置有关，一般一个样品测量3次后再测量下一个样品。测量不同浓度的样品一定要洗3次进样管。

完成测量后，如果需要打印，单击"打印"，根据提示选择需要打印的结果；如果保存结果，单击"保存"，根据提示输入文件名称，单击"保存"按钮。以后可单击"打开"调出此文件。

如果需要测量其他元素，单击"元素灯"切换元素灯，操作同上。

（4）关机：完成测量后，关闭氩气、水源。关闭石墨炉电源。退出TAS-990程序。依次关闭主机电源、计算机电源和稳压器电源。15min后再关闭抽风设备。填写仪器使用记录。

4.2.3.3 原子吸收光谱仪的维护与保养

（1）燃烧器缝隙的清洗：点火后，燃烧器的整个缝隙上应是一片燃烧均匀的火焰。火焰若出现锯齿状，表明缝隙需要清洗了。清洗时应先熄灭火焰，用滤纸插入缝隙仔细擦洗。如无效可取下燃烧头在水中用细软毛刷洗。如已形成溶珠，可用细金相砂纸或单面刀片仔细磨刮清洗，严禁用酸浸泡。

（2）燃烧器清洗：可以吸喷有机样品进行清洗。

（3）雾化器和进样毛细管清洗：清洗过燃烧器及燃烧头缝隙后，吸光度读数仍低，可能是由于在雾化器或进样毛细管局部堵塞而引起。喷吸纯净的溶剂直至随后测量的标样有较满意的吸光度值。

（4）气路检查：气路如经修理或装拆，应进行泄漏检查，特别是乙炔气路。

（5）可能故障分析

① 分析结果偏高：没有用空白试剂调零；存在电离干扰；标准溶液已污染或配制不当；存在背景吸收等。

② 分析结果偏低：存在化学干扰或基质干扰；标准溶液配制不当；空白溶液已被污染。

③ 不能达到规定的检测极限：使用不适当的标尺扩展和积分时间；由于火焰条件不当或波长选择不当，导致灵敏度太低；灯电流太小影响其稳定性。

④ 不能达到预定灵敏度：在错误的谱线上进行分析操作，许多元素有非常邻近的谱线；各有不同的灵敏度；不同雾化器的灵敏度有所不同；金属雾化器的灵敏度要比玻璃雾化器低一些；使用的火焰不当，许多元素对不同类型火焰有很大的灵敏性；检查火焰条件，许多元素对燃气与助燃气的比例有很大的灵敏性。

⑤ 静态噪声过大：仪器内未装灯；测量条件选择时标尺扩展过大；电源电压过高或过低；灯发射强度弱或放电不正常或灯电流太小。

⑥ 动态噪声过大：由火焰的高度吸收造成，可以采用背景校正。灯能量不足伴随从火焰或溶液组分来的强发射，引起光电倍增管的高度噪声。可以采取以下解决方法：在允许的最大电流值内，增大空心阴极灯的工作电流；换用能量足的新灯；试用一个其他吸收线进行分析；用化学方法去除溶液中能通过火焰产生强发射的主要组分。

⑦ 动态漂移：在实际测量状态下的零点漂移可能是由以下原因：燃烧器没有预热；吸样毛细管可能被堵塞；空心阴极灯在灯架上的位置不当；过大的标尺扩展使零点漂移扩展。

⑧ 读数漂移或重现性差：燃烧器预热时间不够；燃烧器缝隙或雾化器毛细管有堵塞；雾化器毛细管有漏洞；雾化器毛细管有污染；废液排泄口不畅通，浸在废液中，造成燃烧室内积水、气体工作压力变化、被测样品温度改变等。

⑨ 点火困难：可能是由于乙炔气压力或流量过小、辅助气流量过大。

⑩ 燃烧器回火：可能是由于废液排放管的水封安装不当。

4.2.4 实验

实验 4-3 火焰原子吸收光谱法测定天然水中钙、镁的含量

【实验目的】

（1）学习原子吸收光谱法的基本原理。

（2）了解原子吸收分光光度计的基本结构及其使用方法。

（3）掌握应用标准曲线法测天然水（自来水）中的钙、镁含量。

【实验原理】

原子吸收定律：仪器光源辐射出待测元素的特征谱线，经火焰原子化区被待测元素基态原子所吸收。特征谱线被吸收的程度，可用郎伯-比尔定律表示：

$$A = \lg \frac{I_0}{I} = K L N_0$$

式中，A 为原子吸收分光光度计所测吸光度；I_0 为入射光强；I 为透射光强；K 为被测组分对某一波长光的吸收系数；L 为吸收层厚度即燃烧器的长度，在实验中为一定值；N_0 为待测元素的基态原子数，由于在火焰温度下待测元素原子蒸气中的基态原子数的分布占绝对优势，因此可用 N_0 代表在火焰吸收层中的原子总数。当试液原子化效率一定时，待测元素在火焰吸收层中的原子总数与试液中待测元素的浓度 c 成正比，因此上式可写作：

$$A = K' \times c$$

式中，K' 在一定实验条件下是一个常数，即吸光度 A 与浓度 C 成正比，遵循比耳定律。

【仪器与试剂】

（1）仪器：原子吸收分光光度计，钙、镁空心阴极灯，空气压缩机，高纯乙炔钢瓶。

（2）试剂：钙、镁标准储备液（1000mg/L），超纯水。

钙、镁标准使用液（100mg/L）：准确吸取 10.00mL 镁标准储备液（1000mg/L）于 100mL 容量瓶中，超纯水稀释至刻度，摇匀备用。

【实验步骤】

（1）钙、镁标准溶液的配制：准确吸取 2.00mL、4.00mL、6.00mL、8.00mL、10.00mL 钙、镁标准使用液（100mg/L），分别置于 5 只 100mL 容量瓶中，超纯水定容，摇匀备用，该标准溶液系列钙、镁的浓度分别为：2.00mg/L、4.00mg/L、6.00mg/L、8.00mg/L、10.00mg/L。

（2）测定参数的设置：Ca 空心阴极灯工作波长 422.7nm；Mg 空心阴极灯工作波长 285.2nm；光谱带宽 0.4nm，灯电流 3.0mA，燃烧头高度 6.0mm，燃烧器参数 1800mL/min，空压机压力 0.25MPa，乙炔压力 0.05～0.07MPa。

（3）钙的测定：准确吸取 5.00mL 自来水样于 100mL 容量瓶中，超纯水定容，摇匀。根据测定条件，测定系列标准溶液和自来水样中钙的吸光度。

（4）镁的测定：准确吸取 1.00mL 自来水样于 100mL 容量瓶中，用超纯水定容，摇匀。根据测定条件，测定系列标准溶液和自来水样中镁的吸光度。

【数据处理】

（1）以标准溶液的浓度为横坐标，吸光度为纵坐标，绘制标准曲线。

（2）在绘制的标准曲线上求出样品吸光度对应的浓度，再乘以稀释倍数，分别求出自来水中的钙、镁含量。

【思考题】

（1）为什么用于测定的天然水要被稀释，稀释的倍数是怎么确定的？

（2）原子吸收光谱分析的优点是什么？

（3）如果标准系列溶液浓度范围过大，则标准曲线会弯曲，为什么会有这种情况？

（4）原子吸收光谱分析的理论依据是什么？

（5）原子吸收分析为何要用待测元素的空心阴极灯做光源？能否用氢灯或钨灯代替，为什么？

实验 4-4 石墨炉原子吸收光谱法测定牛奶中微量铜的含量

【实验目的】

(1) 了解石墨炉原子吸收分光光度计的结构组成。

(2) 学会石墨炉原子吸收分光光度法的操作技术和测定方法。

(3) 学习使用标准加入法进行定量分析。

(4) 了解石墨炉原子吸收分光光度法测定食品中微量金属元素的分析过程与特点。

【实验原理】

石墨炉原子吸收分光光度法是将试样（液体或固体）置于石墨管中，用大电流通过石墨管，此时石墨管经过干燥、灰化、原子化三个升温程序将试样加热至高温使试样原子化。为了防止试样及石墨管氧化，需要在不断通入惰性气体（氩气）的情况下进行升温。其最大优点是试样的原子化效率高（几乎全部原子化）。特别是对于易形成耐熔氧化物的元素，由于没有大量氧的存在，并有石墨提供了大量的碳，所以能够得到较好的原子化效率。因此，通常石墨炉原子吸收光谱法的灵敏度是火焰原子吸收光谱法的 $10 \sim 200$ 倍。

铜作为微量营养元素存在于各种食品中，牛奶中的金属元素含量，不但随牛奶的产地和奶牛饲料不同而异，还受牛奶加工过程的影响。牛奶中的铜含量一般较低，常用石墨炉原子吸收分光光度法测定，但由于牛奶样品的基体，且在通常情况下又很难配制不含铜的基体，因此常用标准加入法进行分析。

在使用标准加入法时应注意：为了得到较为准确的外推结果，至少要配制四种不同比例加入量的待测元素标准溶液，以提高测量准确度；绘制的工作曲线斜率不能太小，否则外延后将引入较大误差，为此第一次加入量应与未知量尽量接近；待测元素的浓度与对应的吸光度应呈线性关系。

【仪器与试剂】

(1) 仪器：原子吸收分光光度计，铜空心阴极灯，氩气，自动控制循环冷却水系统。

(2) 试剂：铜标准溶液（0.1mg/mL），超纯水。

【实验步骤】

(1) 牛奶样品的配制：吸取 20.00mL 牛奶于 100mL 容量瓶中，超纯水定容，摇匀备用。

(2) 标准溶液的配制：在 5 只 50mL 干净、干燥的烧杯中，各加入 20.00mL 牛奶稀释液，用微量进样器分别加入铜标准溶液 0、10.00μL、20.00μL、30.00μL、40.00μL，摇匀。则该系列的外加铜浓度依次为 0、50.00ng/mL、100.00ng/mL、150.00ng/mL、200.00ng/mL（铜标准溶液体积忽略不计）。

(3) 测量：按表 4-4 所示的仪器条件测量。

表 4-4 石墨炉原子吸收分光光度法测 Cu 元素加温程序

阶段	Cu 元素加温程序		
	温度/℃	升温/s	保持时间/s
干燥	120	10	10
灰化	450	10	20
原子化	2000	0	3
清洗	2100	1	1

【数据处理】

(1) 以所测得的吸光度为纵坐标，相应的外加铜浓度为横坐标，绘制标准曲线。

(2) 将绘制的标准曲线延长，交横坐标于 c_x，再乘以样品稀释的倍数，即求得牛奶中铜的含量（浓度）。即：牛奶中铜的含量 $=5 \times c_x$。

【思考题】

(1) 采用标准加入法定量应注意那些问题？

(2) 为什么标准加入法中工作曲线外推与浓度轴相交点，就是试样中待测元素的浓度？

(3) 石墨炉原子吸收分光光度法测定中为什么要通水和通氩气？

(4) 为什么石墨炉原子吸收分光光度法比火焰原子吸收分光光度法的灵敏度高？

实验 4-5 食品中钙、铜、铁、锌等金属离子的测定

【实验目的】

(1) 学习食品试样的预处理方法。

(2) 掌握原子吸收测定食品中微量元素的方法。

【实验原理】

原子吸收法是测定多种试样中金属元素的常用方法。测定食品中微量金属元素，首先要处理样品，将其中的金属元素以可溶的状态存在。试样可以用湿法处理，即试样在酸中消化制成溶液；也可以用干法灰化处理，即将试样置于马弗炉中，在 $400 \sim 500℃$ 高温下灰化，再将灰分溶解在盐酸或硝酸中制成溶液。然后测定其中 Ca、Cu、Fe、Zn 等元素。此法可用于食品，如糕点、豆类、水果、蔬菜等中微量元素的测定。

【仪器与试剂】

(1) 仪器：原子吸收光谱仪，Ca、Cu、Fe、Zn 空心阴极灯，马弗炉，电炉等。

(2) 试剂：Ca、Cu、Fe、Zn 标准储备液（1mg/mL），硝酸、高氯酸、氯化锶均为分析纯。

【实验步骤】

(1) 试样的制备

① 湿法样品的前处理：取少量大米，用研钵磨成细小颗粒，在电子天平上称取 1.0g 左右试样于 250mL 三角瓶中。用移液管移取 $15 \sim 20mL$ 硝酸-高氯酸混合酸消化液（体积比 4∶1）于三角瓶中，再将其放入通风橱中加热消化，直到冒白烟，液体成无色或黄绿色为止；若消化不完全，则加几毫升混酸。消化完后，待凉，加 5mL 去离子水，继续加热，直到三角瓶中剩 2mL 左右液体，取下，放凉，在 10mL 容量瓶中用去离子水定容，同样做样品空白消化。

② 干法样品的前处理：取大米研细，称取 1.0g 左右试样于瓷坩埚中，于低温电热板上炭化至无烟。将处理后的样品于马弗炉中，500℃加热 $5 \sim 6h$，至样品为灰白色。取出样品，用 1∶1 硝酸将其完全转移（用硝酸冲洗器壁 $2 \sim 3$ 次）至 10mL 容量瓶，用去离子水定容。以硝酸为空白。

(2) 铜、铁、锌的测定

① 标准混合工作溶液的配制：将各储备液逐级稀释配制含 Cu、Fe 100μg/mL，含 Zn

$10\mu g/mL$ 混标液。

在 6 只 100mL 容量瓶中分别加入 0、1.00mL、2.00mL、3.00mL、4.00mL、5.00mL 混标液，用 0.2％HNO_3 稀释定容，摇匀，其 Cu、Fe 浓度为 0、$1.00\mu g/mL$、$2.00\mu g/mL$、$3.00\mu g/mL$、$4.00\mu g/mL$、$5.00\mu g/mL$，Zn 浓度为 0、$0.10\mu g/mL$、$0.20\mu g/mL$、$0.30\mu g/mL$、$0.40\mu g/mL$、$0.50\mu g/mL$。

② 标准曲线：根据仪器工作条件，分别测量 Cu、Fe 和 Zn 的吸光度。

③ 试样液的分析：与标准曲线同样条件，测量 Cu、Fe、Zn 的吸光度。

（3）钙的测定

①标准系列溶液配制：将 Ca 的储备液稀释成 $100\mu g/mL$ 的 Ca 标准液，然后在 6 个 100mL 容量瓶中分别加入 Ca 标准液 0、2.00mL、4.00mL、6.00mL、8.00mL、10.00mL，再各加入 2.0mL 1∶1 HNO_3 和 2.0mL 20％氯化锶溶液后，超纯水稀释定容，摇匀。此溶液中 Ca 的浓度为 0、$2.00\mu g/mL$、$4.00\mu g/mL$、$6.00\mu g/mL$、$8.00\mu g/mL$、$10.00\mu g/mL$。

② 标准曲线：根据仪器工作条件分别测 Ca 的吸光度。

③ 试样溶液的分析：吸取步骤（1）中制备的试样液 2.00mL 于 100mL 容量瓶中，分别加入 2.0mL 锶盐溶液和 2.0mL 1∶1 HNO_3 后超纯水稀释定容，摇匀。与标准曲线同样条件测其吸光度。

【数据处理】

（1）绘制 Ca、Cu、Fe、Zn 的标准曲线。

（2）根据各元素在标准曲线上求出的浓度及样品的稀释倍数，确定这些元素的含量。

【注意事项】

（1）若样品一次灰化不完全，则可以二次灰化，即坩埚从马弗炉取出冷却后加入 1mL 1∶1 HNO_3，在调温电热板上蒸干，再送进马弗炉 500℃下灰化 1h。再做以后的操作。

（2）如果样品中这些元素的含量较低，可以增加取样量。若这些元素含量较高可以采取燃烧器转角或溶液稀释。

（3）处理好的试样溶液若浑浊，可用离心机离心，或用定量滤纸过滤。

【思考题】

（1）为什么稀释后的标准溶液只能放置较短的时间，而储备液可以放置较长时间？

（2）测定 Ca 时为什么要加入锶盐溶液？

实验 4-6　火焰原子吸收法测定钙时磷酸根的干扰及其消除

【实验目的】

（1）熟悉原子吸收光谱仪的使用。

（2）掌握火焰原子吸收法中化学干扰及消除方法。

【实验原理】

火焰原子吸收法测定钙时，由于溶液中存在的磷酸根与钙形成热力学更稳定的磷酸钙，在空气-乙炔火焰中磷酸钙不能解离，随磷酸根浓度的增高，钙的吸收下降。为了消除这种化学干扰，可以加入高浓度的锶盐或镧盐，锶盐或镧盐会优先与磷酸根反应，释放被测元素，从而消除干扰。

【仪器与试剂】

(1) 仪器：原子吸收光谱仪（附钙空心阴极灯）。

(2) 试剂：标准钙储备液（1000μg/mL），PO_4^{3-}储备液（1000μg/mL），Sr储备液（1000μg/mL）。

【实验步骤】

(1) 溶液的配制：取钙标准储备液（1000μg/mL）10mL，移入100mL容量瓶中，超纯水定容，摇匀备用，即得质量浓度100.00μg/mL的Ca标准溶液。

(2) 测定干扰曲线：在5个50mL容量瓶中移取2.50mL配制好的Ca溶液（100.00μg/mL）和不同量的KH_2PO_4溶液，用体积分数1%的HCl溶液稀释至刻度，稀释后的Ca质量浓度均为5.00μg/mL，PO_4^{3-}质量浓度分别为0、2.00μg/mL、4.00μg/mL、6.00μg/mL、8.00μg/mL。

打开仪器，设定仪器条件，待仪器稳定后，用空白溶液调零，将配制好的溶液浓度由低至高依次测定，读出吸光度值。

(3) 干扰的消除：另取5个50mL容量瓶，配制Sr对PO_4^{3-}消除干扰的试样溶液，Ca的质量浓度仍为5.00μg/mL，PO_4^{3-}的质量浓度分别为0、2.00μg/mL、4.00μg/mL、6.00μg/mL、8.00μg/mL，Sr的质量浓度分别为0、25.00μg/mL、50.00μg/mL、75.00μg/mL、100.00μg/mL，并用上述体积分数为1%的HCl溶液稀释至刻度。用空白溶液调零，将配制好的溶液依次进行测定，读出吸光度值。

【数据处理】

(1) 根据所测吸光度值和溶液质量浓度绘制PO_4^{3-}对Ca的干扰曲线。

(2) 根据所测吸光度值和溶液质量浓度绘制Sr消除干扰的曲线。

【注意事项】

(1) 绘制干扰曲线和消除干扰曲线时，吸入溶液的浓度由低至高，若出现失误，需重新测定。

(2) 点燃乙炔火焰之前，一定要先开空气，然后开乙炔气；结束或暂停实验时，一定要先关闭乙炔气，再关闭空气。

【思考题】

(1) 在原子吸收光度法中为什么要用待测元素的空心阴极灯作为光源？可否用氘灯或钨灯代替？为什么？

(2) 在本实验中如果不采用加入Sr的方法进行消除干扰，还可以采用何种方法进行消除？

4.3 原子荧光光谱法

原子荧光光谱法（atomic fluorescence spectrometry，AFS）是介于原子发射光谱（AES）和原子吸收光谱（AAS）之间的光谱分析技术。基本原理是基态原子（一般蒸汽状态）吸收合适的特定频率的辐射而被激发至高能态，而后激发过程中以光辐射的形式发射出特征波长的荧光。结合了原子吸收光谱和原子发射光谱的一些优势，具有分析灵敏度高、干扰少、线性范围宽、可多元素同时分析等特点，是一种优良的痕量分析技术。

4.3.1　仪器组成与结构

原子荧光由激发光源、原子化器、分光系统、检测系统、信号放大器和数据处理器等部分组成。

（1）激发光源

激发光源是原子荧光光谱仪的主要组成部分，其作用是提供激发待测元素原子的辐射能。理想光源必须具备的条件是：强度大、无自吸、稳定性好、噪声小、辐射光谱重现性好、操作简便、价格低廉、使用寿命长，且各种元素均可制出此类型的灯。

激发光源可以是锐线光源，也可以是连续光源，常用光源有空心阴极灯、无极放电灯、金属蒸气放电灯（目前已应用不多）、电感耦合等离子焰、氙弧灯、二极管激光和可调谐染料激光等。目前应用较多的是空心阴极灯。可调谐染料激光是一种有发展前景的光源。

（2）原子化器

原子化器是提供待测自由原子蒸气的装置。原子荧光分析对原子化器的要求主要有：原子化效率高、猝灭性低、背景辐射弱、稳定性好和操作简便等。与原子吸收相类似，在原子荧光分析中采用的原子化器主要可分为火焰原子化器和电热原子化器两大类，如火焰原子化器，高频电感耦合等离子焰（ICP）石墨炉、汞及可形成氢化物元素用原子化器等。

① 火焰原子化器：空气-乙炔火焰是原子吸收分析中比较理想的火焰原子化器，但是由于它有强烈的燃烧反应，因此具有很强的光谱背景，严重影响到原子荧光分析法的检出限。而氩-氢火焰具有较低的背景发射，能够得到很好的检出限，但是火焰温度太低，只能用于简单样品的分析。因此，原子荧光的使用受到一定的限制。

② 氢化物法原子化器：氢化物发生-原子荧光法得到了较快的发展，这种方法是基于在含As、Sb、Bi、Se、Te 或 Sn 的酸性溶液中加入硼氢化钾，使上述元素形成氢化物，当氢化物引入氢火焰被原子化时，可以得到很高的灵敏度。但是能够进行氢化物发生的元素较少。

（3）分光系统

由于原子荧光光谱比较简单，因而该方法对所采用的分光系统要求有较高集光本领，而对色散率要求不高。由于在原子荧光测量中，激光光源与检测器不在同一光路上（避免激发光源等对原子荧光信号的影响），因而在特殊情况下也可以不用单色器。常用的分光器还是光栅和棱镜。

（4）检测系统

在原子荧光光谱仪中，目前普遍使用的检测器仍以光电倍增管为主，对于无色散系统的仪器来说，为了消除日光的影响，必须采用工作波长为 $160\sim320nm$ 的光电倍增管。此外，也有人用光电摄像管和光电二极阵列作检测器。

（5）显示系统

光电转换所得的电信号经锁定放大器放大后显示出来。目前均采用计算机处理数据，具有实时图像显示、曲线拟合、打印结果等自动功能，使分析工作更为快捷方便。

4.3.2　实验技术

4.3.2.1　样品制备

（1）氢化反应介质条件的选择

对于处理后的样品必须在氢化反应发生之前，将溶液调整到被测元素的最佳反应介质，在不同的酸度条件下其荧光强度不同。

（2）还原剂及其浓度的选择

在原子荧光的测定方法中，常用的还原剂是 KBH 或 NaBH，其浓度对测量结果影响很大。

4.3.2.2　测定条件的选择

（1）空心阴极灯的选择

由于在原子吸收光谱中使用的普通空心阴极灯不能激发出足够强的荧光信号，因此在原子荧光测定中采用了脉冲供电方式的高强度空心阴极灯，可以使谱线强度提高几倍甚至几十倍。在脉冲供电方式下，只要峰值电流不是太高，一般不会产生谱线自吸，且不会严重影响灯的寿命。选择高强度空心阴极灯，在设定灯电流时，应根据不同的灵敏度要求选择其大小，若选择过大会缩短灯的寿命，往往会造成工作曲线的弯曲。同时还必须严格控制灯的位置，使辐射光准确通过石英炉的上方。

（2）观测高度的选择

原子荧光测定的灵敏度随观测高度的变化而改变，如测定 As 时，随观测高度的增加，其信号减小明显。观测高度太低，石英炉的散射光将会造成很高的背景读数，则增加测量噪声；但过高的观测高度会导致灵敏度及测量精度的下降。必须注意，由于燃烧器高度的标尺起点不同以及测定样品的基体不同，使用不同型号的仪器在测定各种样品中的不同元素时，应通过条件试验确定最佳观测高度。在选择时不要忘记扣除本底荧光值。

（3）载气流量的选择

在原子荧光测定中，通过载气流动将反应生成的氢化物载入石英原子化器中。如果载气流量过大，则对氢化物有稀释作用，使信号强度降低；如果载气流量过小，则不能在短时间内将氢化物带入石英炉，不仅使测量信号降低，测量信号峰也会拖尾。此外，载气中的杂质成分对测定结果影响也较大，尤其是氧气等有荧光猝灭效应的气体成分其影响更大。

（4）屏蔽气流量的选择

石英炉原子化器一般具有外屏蔽气，一般使用氩气屏蔽，它可以防止空气进入火焰产生荧光猝火，以保证较高及稳定的荧光效率。

◐ 4.3.3　常用仪器的操作规程与日常维护

4.3.3.1　AFS-3100 原子荧光分光光度计操作规程

（1）开机准备

① 打开灯室，将待测元素的空心阴极灯插头插入灯座。注意：插头凸处对准插座的凹处插入；不能带电拔插空心阴极灯。

② 打开原子化器室的前门，用洗瓶在去水装置的顶部开口处补加少量水保持水封。

③ 检查断续流动系统的泵头和泵管，适当补加硅油，旋转固定块将压块压住泵头。

④ 开启气瓶，调节气瓶减压阀至次级压力在 0.2～0.3MPa 之间。

⑤ 按微机、断续流动、主机，顺序开启电源。

（2）操作

① 用鼠标左键双击桌面"AFS-3100 原子荧光光度计"，进入 AFS-3100 软件操作系统。

② 微机和主机连机通讯正常时，软件自动进入元素灯识别画面，用鼠标左键双击不需

检测的元素灯符号后，按键盘删除键将其删除，确认无误后，用鼠标左键单击"确定"。

③ 在"文件"下拉菜单中，分别选择"气路自检"、"断续流动系统自检"、"空心阴极灯自检"、"串行通信检测"进行系统自检，自检完毕后，用鼠标左键单击"关闭"，退出自检。

④ 在"文件"下拉菜单中，选择"生成新数据库"或"连接数据库"，使本次测试的所有信息及数据以一个或多个文件的形式放在数据库中。

⑤ 鼠标左键单击"条件设置"，进入条件设置对话框，在该对话框中分别对"仪器条件"、"测量条件"、"断续流动程序"、"标准样品参数"、"自动进样器参数"等内容进行相关参数的设定。

⑥ 用鼠标左键单击"运行"菜单中"点火"项，点燃炉丝，仪器预热 30min 后开始测量。

（3）建立标准曲线

① 用鼠标左键单击工具栏中的"模拟监视"、"测量数据结果"、"曲线"，可模拟显示测量过程的荧光信号、测量数据和标准曲线。

② 用鼠标左键单击工具栏中的"空白"，再单击弹出窗口的"标准空白测量"，仪器开始对标准空白进行测量。当连续测量两个标准空白的荧光值的差值小于或等于"测量条件"栏中"空白判别值"所设定值时仪器停止测量，两个标准空白荧光值的平均值为标准空白值。重测空白溶液后，其他测量值均需重测。

③ 用鼠标左键单击工具栏中的"标准测量"，在弹出的文件名窗口输入本次标准测量的文件名，再单击弹出窗口的"标准曲线测量"，仪器开始对标准系列溶液进行测量。需对某个点重测时，可单击"重测标准曲线"，输入该点的序号，点击确定即可。标准系列溶液的测量值显示在"测量数据结果"栏下的"标准测量数据"表中。

（4）样品测量

① 用鼠标左键单击工具栏中的"空白"，再单击弹出窗口的"样品空白测量"，在"样品空白选择"对话框中，选择1号样品空白或2号样品空白单独测量和两个样品空白测量。

② 在工具栏中点击"参数"，弹出"样品参数"对话框，对"样品形态"、"样品单位"、"质量/体积比或体积/体积比"、"样品标识"、"顺序号"等样品信息进行输入，输入完毕，点击"确定"。

③ 在"文件"下拉菜单中，点击"打印条件"、"打印标准曲线"、"打印测试报告"等，即可将样品测量的相关数据打印。

（5）关机

① 测试完成后要吸蒸馏水进行几次测量，对仪器管路进行清洗。

② 退出 AFS-3100 软件操作系统。

③ 按微机、主机、断续测试流动顺序关闭电源。

④ 关闭气瓶阀门，逆时针旋转减压阀，关闭次级压力。

⑤ 旋转固定块，释放压块对泵头的压力。

4.3.3.2　原子荧光分光光度计的日常维护

（1）更换元素等时一定要关闭仪器主机电源，要确保灯头插针和灯座上的插孔完全吻合。

（2）要定期在泵管以及采样臂滑轨、臂升降机构等添加硅油。

（3）长期不使用时，至少每周要开机 1h。

4.3.4 实验

实验 4-7 氢化物-原子荧光光谱法测定水中的铅

【实验目的】

(1) 了解原子荧光光谱分析的基本原理、特点及应用。

(2) 掌握原子荧光光谱仪的基本结构及操作方法。

【实验原理】

在一定条件下，气态原子吸收辐射光后，本身被激发成激发态原子，处于激发态上的原子不稳定，跃迁到基态或低激发态时，以光子的形式释放出多余的能量，根据所产生的原子荧光的强度即可进行物质组成的测定。该方法称为原子荧光分析法。

物质的基态原子受到光的激发后，会释放出具有特征波长的荧光，据此可对物质进行定性分析。物质的定量分析可通过测定原子荧光的强度来实现。

原子荧光定量分析的基本关系式为：

$$I_{fv} = \varphi I_{av} k_v L N_0$$

式中，I_{fv} 为发射原子荧光强度；I_{av} 为激发原子荧光（入射光）强度；φ 为原子荧光量子效率；k_v 为吸收系数；N_0 为单位长度内基态原子数；L 为吸收光程。原子荧光光谱分析仪适用于低含量的测定。测定的灵敏度与峰值吸收系数 K_v、吸收光程长度 L、量子效率 φ 和入射光强度 I_{av} 有关。当仪器条件和测定条件固定时，待测样品浓度 c 与 N_0 成正比。如各种参数都是恒定的，则原子荧光强度仅仅与待测样品中某元素的原子浓度呈简单的线性关系：

$$I_{fv} = ac$$

式中，a 在固定条件下是一个常数。

【仪器与试剂】

(1) 仪器：原子荧光光谱仪。

(2) 试剂：硼氢化钾，氢氧化钾，铁氰化钾，铅标准储备液（1mg/mL）。

【实验步骤】

(1) 硼氢化钾溶液 [硼氢化钾（15g/L）中含 2％$K_3Fe(CN)_6$] 的配制：称取氢氧化钾1g 溶于 500mL 蒸馏水中，溶解后加入 7.5g 硼氢化钾继续溶解，再加入 10g 铁氰化钾，使其溶解完全，过滤后使用。宜现用现配。

(2) 仪器工作条件：光电倍增管负高压 270V，原子化器高度 7mm，灯电流 80mA，载气流量 400mL/min，屏蔽气流量 800mL/min，读数时间 7s，延时 1.5s，测定波长283.3nm，进样量 1mL。仪器分析测量程序设置如表 4-5 所示。

表 4-5 仪器分析测量程序

步骤	时间/s	泵转速/(r/min)	步骤	时间/s	泵转速/(r/min)
采样	8	100	注入	16	120
停	4	0	停	5	0

（3）系列标准溶液的配制：吸取 1mg/mL 铅标准储备液，用 1.5% HCl 逐级稀释至 1μg/mL Pb 标准使用液。在 5 只 50mL 容量瓶中分别加入 1μg/mL Pb 标准使用液 0、0.50mL、1.00mL、2.00mL、4.00mL，用 1.5% HCl 稀释至刻度，摇匀，其浓度为 0、0.01μg/mL、0.02μg/mL、0.04μg/mL、0.08μg/mL。

（4）标准系列溶液测定：按浓度由低到高的顺序分别抽取 5.00mL 标准溶液放入氢化物发生器中，连续滴入配制好的硼氢化钾溶液，生成的 PbH_4 用氩气载入原子化器进行原子化，到出现最大峰为止，并记录信号强度。

（5）样品测定：在相同实验条件下，对待测水样进行测定，记录样品的信号强度。在测定样品的同时用去离子水代替试样做空白实验。

【数据处理】

以信号强度为纵坐标，铅标准溶液浓度为横坐标，绘制标准曲线，并求出待测水样中铅的含量。

【注意事项】

（1）铅的氢化反应只有在氧化剂存在下才有较高的反应效率。铁氰化钾-盐酸是一种很有效的铅烷发生体系。但由于铁氰化钾溶液不太稳定，将其加入标准溶液中，放置时间稍长就会有靛蓝色沉淀生成，不仅会污染器皿，而且还使燃烧发生效率降低。故本法将铁氰化加入硼氢化钾溶液中，然后与铅的酸性溶液进行氢化反应，能获得较好效果。

（2）含有铁氰化钾的硼氢化钾溶液与酸性溶液反应过程中，在气液分离器中废液还产生靛蓝色溶液，因此当测定完毕后应及时将泵管放入去离子水中冲洗。

（3）锥形瓶、容量瓶等玻璃器皿均应及时使用稀硝酸清洗后，用水离子水冲净使用，防止污染。

（4）铅的氢化物发生条件要求比较苛刻，因此要特别注意严格按照建议条件操作。

（5）硼氢化钾是强还原剂，使用时注意勿接触皮肤和眼睛。

【思考题】

（1）比较原子吸收分光光度计和原子荧光光度计在结构上的异同点，并解释其原因。

（2）每次实验时，氢化物发生器中各种溶液总体积是否要严格相同？为什么？

实验 4-8　氢化物-原子荧光光谱法测定食品中的砷

【实验目的】

（1）理解原子荧光光谱分析的基本原理及特点，熟悉仪器的结构，学习仪器的使用。

（2）掌握采用原子荧光光谱法测定砷的实验技术。

【实验原理】

试样经酸溶解，用还原剂将其中五价的砷离子（As^{5+}）还原为三价砷离子（As^{3+}），再与硼氢化钾作用生成相应的金属氢化物，被氩气带入石英炉原子化器中，产生基态的原子，从光源辐射中获得能量后，原子被激发，紧接着受激原子去活化，发射一定波长的原子荧光，其荧光强度与分析元素砷的含量成线性关系，可以此测定砷含量。

【仪器与试剂】

（1）仪器：原子荧光光度计，高强度砷空心阴极灯，氩气。

（2）试剂：硼氢化钾，酒石酸，盐酸，硝酸，三氧化二砷，硫脲，抗坏血酸，三氧化二铁。

砷标准溶液（100μg/mL）：准确称取三氧化二砷 0.1320g，置于 250mL 烧杯中，加入 0.1mol/L 氢氧化钾溶液 40mL 溶解，然后加入 0.1mol/L 盐酸 40mL，将其移入 1000mL 容量瓶内，用去离子水稀释至刻度摇匀。此溶液含砷 100μg/mL。使用时再把它稀释配制为含砷 10μg/mL、5μg/mL 的溶液。

5％硫脲-抗坏血酸还原剂：称取 10g 硫脲溶液于 100mL 水中，得 10％硫脲。称取抗坏血酸 10g 溶于 100mL 去离子水中，得 10％抗坏血酸。然后，将上述两种溶液等体积混合。现用现配。

铁盐稀释液：称 0.3g 三氧化二铁溶于 10mL 盐酸中（加热），然后再加盐酸（1∶1）110mL，最后用去离子水稀释至总体积为 300mL，混合摇匀备用。此溶液含三氧化二铁为 1.0mg/mL。

【实验步骤】

（1）仪器参数设置：空心阴极灯灯电流 70mA，光电倍增管负高压 340V，原子化器高度 8mm，载气流量 600mL/min，原子化温度 700℃，屏蔽气流量 1000mL/min。

（2）工作曲线的制作：吸取含砷 5μg/mL 的溶液 0、0.25mL、0.50mL、1.00mL、1.50mL、2.00mL 分别放于 50mL 容量瓶中，加铁盐稀释液 25mL，5％硫脲-抗坏血酸混合液 10mL，用去离子水稀释至刻度摇匀，放置 10min，倒入干净的小烧杯中，用定量进样器分别每次吸取 2mL 溶液于氢化物发生器中进行测定。则在 2mL 标准溶液中各点 As 的绝对量分别为：0、0.05μg、0.10μg、0.20μg、0.30μg、0.40μg。

（3）试样分析：新鲜扇贝洗净，取肉置于（100±5）℃烘箱中烘干。称干样 0.2g 于微波分解罐中，用少量去离子水将样品湿润，加 1∶1 HNO₃ 5mL 置微波消解器中消解 10min，冷却至室温，用 5％酒石酸水溶液稀释至刻度，摇匀放置使残渣沉下，澄清备用。

用刻度移液管吸取上层清液 10mL 于 50mL 已烘干的烧杯中，加铁盐稀释液 6mL，硫脲-抗坏血酸液 4mL，摇匀放置 10min，用进样器吸取 2mL（相当于 20mg 试样）于氢化物发生器中，用电磁阀控制加入硼氢化钾，加入速度为 0.5mL/s，加入时间 5s，荧光信号由荧光屏显示。

【结果处理】

按仪器上数据处理程序，计算样品中砷的含量。

【注意事项】

（1）氢化物发生器必须绝对密封，因为一旦漏气，氢化物会使人中毒，而且会使测定结果偏低。

（2）砷是较易挥发的元素之一，为防止砷的损失，试样灰化温度以 500℃为宜。

【思考题】

（1）原子荧光法与原子吸收光谱法在测定原理与仪器结构上有何区别？

（2）本实验的主要干扰是什么？如何克服其干扰？

（3）本实验使用铁盐稀释液和硫脲-抗坏血酸混合液各有何作用？

5 色谱分析法

色谱分析法是现代分离分析的一个重要方法。近30年来，色谱学各分支，如气相色谱、液相色谱、薄层色谱和凝胶色谱等都得到了快速的发展，并广泛地应用于石油化工、有机合成、生理生化、医药卫生、食品工业乃至空间探索等众多领域。

5.1 气相色谱法

气相色谱法（gas chromatography，GC）用气体作为流动相的色谱法，是一种多组分混合物的分离、分析方法，它主要利用物质的物理化学性质对混合物进行分离，并对混合物中的各个组分进行定性、定量分析。由于该分析方法有分离效能高、分析速度快、样品用量少等特点，已广泛地应用于石油化工、生物化学、医药卫生、环境保护、食品工业等领域。

5.1.1 仪器组成与结构

气相色谱法是以气体作为流动相（载气），样品被送入进样器后由载气携带进入色谱柱，由于样品中各组分在色谱柱中的流动相（气相）和固定相（液相或固相）之间分配或吸附系数的差异，各组分在两相间作反复多次分配，进而得到分离，由检测器根据各组分的物理化学特性进行检测，最后由色谱工作站记录各组分的检测结果。主要构成包括载气系统、进样系统、分离系统（色谱柱）、检测系统及数据处理系统，如图 5-1 所示。

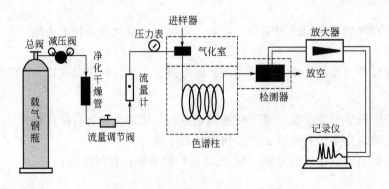

图 5-1　气相色谱仪的基本组成

5.1.2 实验技术

5.1.2.1 样品制备

一般来说，气相色谱法可直接进样分析气体和易于挥发的有机化合物。对于不易挥发的或热不稳定的物质，可通过化学衍生的方法转化成易挥发和热稳定性好的衍生物进行分析；对于一些没有挥发性的物质和高分子样品可采用热裂解的方法对样品进行处理，然后分析裂解后的产物；对于气体、液体和固体基质中的微量气相色谱分析物，采用萃取、顶空、吹扫捕集、固相微萃取、微波辅助萃取、超声波辅助萃取和超临界流体萃取等样品前处理技术进行预处理，然后进行分析。

5.1.2.2 色谱柱填充、老化及评价

(1) 色谱柱的装填

按照图 5-2 装好装置，在柱的一端与带有一漏斗 1 的橡胶管相连，夹上螺旋夹 2，另一端用少量玻璃纤维塞入柱头，并用一橡皮管与抽滤瓶 4 相连，抽滤瓶与真空泵 5 相连，开动真空泵，向漏斗中加入已制备好的固定相。轻轻敲动色谱柱，使固定相均匀地填满柱中。装填好后，取下，两端塞入玻璃纤维并将柱两头密封好，标记好柱的填充方向。

填充时应填充得均匀、紧密，以免留有任何间隙和死空间；填充时不要敲打过猛，以避免造成机械粉碎，降低柱效。

(2) 色谱柱的老化

填充好的色谱柱需要经老化后才能使用。通过老化彻底除去固定相中残留的溶剂及其他易挥发杂质，并促进固定液均匀地、牢固地分布在担体表面。

老化的方法：把色谱柱的进口端接入气相色谱仪进样口，但出口不要接入检测器，以避免检测器被污染。装好后，通入载气，流速为 $5\sim20\text{mL/min}$，老化时的温度应比分析样品时的柱温度高出 $20\sim30℃$，升温速率要平缓，也可以采用程序升温，但是老化温度绝对不能高于所用固定液的最高使用温度。在上述条件下老化 $6\sim8\text{h}$，然后接入检测器，观察基线，基线平直说明老化处理完毕，可用于样品测定。

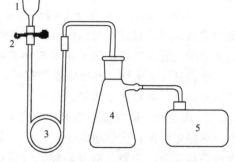

图 5-2 泵抽装柱装置图
1—漏斗；2—螺旋夹；3—色谱柱管；
4—抽滤瓶；5—真空泵

(3) 色谱柱的评价

色谱柱效能的评价指标主要有效理论塔板数（$n_{有效}$）或有效理论塔板高度（$H_{有效}$），通常是有效理论塔板数越多或有效理论塔板高度越小，色谱柱效能越高。它们除与固定相的性质和色谱操作条件有关之外，还与色谱柱的装填效果密切相关。因此，对新装填的色谱柱必须进行性能评价，主要的评价参数是 $n_{有效}$ 和 $H_{有效}$，分别由式（5-1）和式（5-2）计算。

$$n_{有效} = 5.54\left(\frac{t'_R}{y_{1/2}}\right)^2 \tag{5-1}$$

$$H_{有效} = \frac{L}{n_{有效}} \tag{5-2}$$

$$t'_R = t_R - t_M \tag{5-3}$$

式中，$n_{有效}$是有效理论塔板数；$H_{有效}$是有效理论塔板高度；L是色谱柱长；t_R'是组分校正保留时间；t_R是组分保留时间；t_M是空气保留时间；$y_{1/2}$是半峰宽。

由于各组分在固定相和流动相中的分配系数不同，因而对同一色谱柱来说，不同组分的柱效也不相同，所以应该指明是何种物质的分离效能。

5.1.2.3 气相色谱分离条件的选择

色谱分离条件的选择就是寻求实现组分分离的满意条件。已知混合物分离的效果同时取决于组分间分配系数的差异和柱效能的高低。前者由组分及固定相的性质决定，当试样一定时，主要取决于固定相的选择；后者由分离操作条件决定。因此，固定相和分离操作条件的选择，是实现组分分离的重要因素。

（1）固定相及其选择

气-固色谱固定相：气-固色谱一般用表面具有一定活性的吸附剂作固定相。常用的吸附剂有非极性的活性炭、中等极性的氧化铝、强极性的硅胶和分子筛等。由于吸附剂种类不多，不同批制备的吸附剂性能往往不易重现，进样量稍大时色谱峰便不对称以及高温下有催化活性等原因，致使气-固色谱的应用受到很大的局限。

气-液色谱固定相：气-液色谱固定相由担体表面涂固定液构成，真正起分离作用的是固定液。由于担体性能会影响固定液涂渍的均匀性，进而影响色谱柱的分离能力。

① 担体：担体是一种化学惰性的多孔性固体颗粒。其作用是提供一个大的惰性表面，使固定液以膜的状态均匀地分布在其表面上。因为担体表面结构和性质对试样组分的分离有显著影响，所以气相色谱分离对担体有以下要求：较大表面积，孔径分布均匀；化学惰性好，表面没有吸附性，或吸附性能很弱，与被分离组分不起化学反应；热稳定性好，有一定的机械强度；颗粒大小均匀。

② 固定液：固定液基本上都是高沸点的有机物，且必须要符合气相色谱要求：挥发性小，热稳定性高；化学稳定性好，不与待测物质发生不可逆的化学反应；对试样各组分有适当的溶解能力，否则，组分易被载气带走，起不到分配作用；选择性高，即对试样中性质（沸点、极性或结构）最相近的两种组分有尽可能高的分离能力。

③ 固定液用量：固定液用量应以能均匀覆盖担体表面而形成薄膜为宜。液膜薄，传质快，有利于柱效能的提高和分析时间的缩短。各种担体表面积大小不同，固定液配比也不同，一般在5%～25%之间，低的固定液配比，柱效能高，分析速度快，但允许的进样量低。

（2）分离操作条件的选择

固定相选定后，分离条件的选择依据是在较短时间内实现试样中难分离的相邻组分的定量分离。

① 载气及其流速的选择：色谱柱选定以后，针对某一特定物质在不同流速下测得的塔板高度 H 对流速 u 作图，得 H-u 曲线，如图5-3所示，在曲线的最低点 $H_{最小}$，柱效能最高。与该点对应的流速为最佳流速 $u_{最佳}$。在实际工作中，为了缩短分析时间，流速往往稍高于最佳流速。

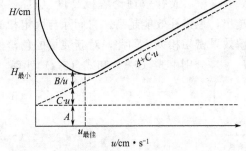

图5-3　H-u 曲线

② 柱温的选择：柱温是一个非常重要的操作变量，在柱温不能高于固定液最高使用温度的前提下，提高柱温，可以提高传质速率，提高柱效。另一方面，柱温高了，会使组分的分

配系数 K 值变小，保留时间 t_R 减小，分离度 R 变小。因此，为使组分分离得好，柱温的选择应使难分离的两相邻组分达到预想的分离效果，以峰形正常而又不太延长分析时间为前提，选择较低些为好。一般所用的柱温接近被分析试样的平均沸点或更低。

③ 进样：进样速度必须很快，否则，会使色谱峰扩张，甚至变形。进样量应保持在使峰面积或峰高与进样量成正比的范围内。检测器性能不同，允许的进样量也不同，液体试样一般在 $0.1 \sim 1\mu L$ 之间，气体试样在 $0.1 \sim 10mL$ 之间。

④ 柱长及柱内径：增加柱长可提高柱效能，分离度 R 随 L 增加而增加，但分析时间则会延长，因此在满足一定分离度的条件下，应尽可能选用短的柱子。柱内径小，柱效能高。

⑤ 气化温度的选择：应以试样能迅速气化且不分解为准。适当提高气化温度对分离及定量有利。一般选择气化温度比柱温高 $20 \sim 70℃$。

⑥ 燃气和助燃气的比例：燃气和助燃气的比例会影响组分的分离，一般两者的比例为 $1:8 \sim 1:15$。

（3）气相色谱检测器的选择

检测器种类很多，尤以氢火焰离子化检测器和热导池检测器应用最多。

① 氢火焰离子化检测器（hydrogen flame ionization detector，FID）。FID 对大多数有机物有很高的灵敏度，因其结构简单、灵敏度高、响应快、稳定性好，是应用广泛的较理想的检测器。FID 对电离势低于 H_2 的有机物产生响应，而对无机物、久性气体和水基本上无响应，所以 FID 适合痕量有机物的分析，不适于分析惰性气体、空气、水、CO、CO_2、CS_2、NO、SO_2 及 H_2S 等。比热导检测器的灵敏度高出近 3 个数量级，检测下限达 $10^{-12}g/g$。

FID 一般用氮气作载气，载气流速的优化主要考虑分离效能。对一定的色谱柱和试样，要找到一个最佳的载气流速，使色谱柱的分离效果最好。氢气流速的选择主要考虑检测的灵敏度，流速过低，不仅火焰温度低，组分分子离子化数目少，检测器的灵敏度低，而且容易熄火。氢气流速过大，基线不稳，一般情况下氢气流速为 $30mL/min$ 左右。N_2 与 H_2 流速有一个最佳比值，在此最佳比值下，检测器灵敏度高、稳定性好。N_2/H_2 最佳比值只能由实验确定，一般在 $1:(1 \sim 1.5)$ 之间。空气流速较低时，离子化信号随空气流速的增加而增大，达一定值后对离子化信号几乎没有影响，一般为 $1:10$ 左右。

② 热导检测器（thermal conductivity detector，TCD）。TCD 是基于不同组分与载气有不同的热导率的原理而工作的热传导检测器，是最早被使用且广泛使用的一种检测器。它具有结构简单、性能稳定、灵敏度适宜、应用范围广（可检测有机物及无机物）、不破坏样品等优点，多用于常量到 $10\mu g/mL$ 以上组分的测定。在分析测试在中，热导检测器不仅用于分析有机污染物，而且用于分析一些用其他检测器无法检测的无机气体，如 H_2、O_2、N_2、CO、CO_2 等。TCD 用峰高定量，适于工厂控制分析，如石油裂解气色谱分析。

影响 TCD 的操作条件有桥路电流、池体温度、载气等。桥路电流增加，使热丝温度增高，热丝和池壁的温差增大，有利于气体的热传导，灵敏度就高，所以增加桥路电流可以迅速提高灵敏度；但是电流也不可过高，否则将引起基线不稳，甚至烧坏热丝。桥路电流一定时，热丝温度一定，若适当降低池体温度，则热丝和池壁的温差增大，从而可提高灵敏度。但池体温度不能低于柱温，否则待测组分会在检测器内冷凝。当样品中含有水分时，温度不能低于 $100℃$。载气与试样的热导系数相差越大，灵敏度就越高，一般物质蒸气的热导系数较小，所以应选择热导系数大的 H_2（或 He）作载气。此外，载气热导系数大，允许的桥路电流可适当提高，从而又可提高热导池的灵敏度。如果选用 N_2 作载气，则由于载气与试样热导系数的差别小，灵敏度较低，在流速增大或温度提高时易出现不正常的色谱峰，如倒峰、W 峰等。

③ 电子捕获检测器（electron capture detector，ECD）。ECD 也是一种离子化检测器，它是一个有选择性的高灵敏度的检测器，它只对具有电负性的物质，如含卤素、硫、磷、氮的物质有信号，物质的电负性越强，也就是电子吸收系数越大，检测器的灵敏度越高，而对电中性（无电负性）的物质，如烷烃等则无信号。它主要用于分析测定卤化物、含磷（硫）化合物以及过氧化物、硝基化合物、金属有机物、金属螯合物、甾族化合物、多环芳烃和共轭羟基化合物等电负性物质。是目前分析痕量电负性有机物最有效的检测器。电子捕获检测器已广泛应用于农药残留量、大气及水质污染分析，以及生物化学、医学、药物学和环境监测等领域中。它的缺点是线性范围窄，只有 10^3 左右，且响应易受操作条件的影响，重现性较差。

④ 氮磷检测器（nitrogen phosphorus detector，NPD）。NPD 是在 FID 的喷嘴和收集极之间放置一个含有硅酸铷的玻璃珠。这样含氮磷化合物受热分解在铷珠的作用下会产生多量电子，使信号值比没有铷珠时大大增加，因而提高了检测器的灵敏度。这种检测器多用于微量氮磷化合物的分析中，被广泛用于环保、医药、临床、生物化学、食品等领域。NPD 的灵敏度和基流还决定于空气和载气的流量，一般来讲它们的流量增加，灵敏度要降低。载气的种类也对灵敏度有一定的影响，用氮做载气要比氢做载气可提高灵敏度 10%。其原因是用氢时使碱金属盐过冷，造成样品分解不完全。极间电压与 FID 一样，在 300V 左右时才能有效地收集正负电荷，与 FID 不同的是 NPD 的收集极必须是负极，其位置必须进行优化调整。碱金属盐的种类对检测器的可靠性和灵敏度有影响，一般来讲对可靠性的优劣次序是 K>Rb>Cs，对 N 的灵敏度为 Rb>K>Cs。

⑤ 火焰光度检测器（flame photometric detector，FPD）。FPD 是对含硫、磷的有机化合物具有高度选择性和高灵敏度的检测器，因此也叫硫磷检测器。它是根据含硫、含磷化合物在富氢-空气火焰中燃烧时，将发射出不同波长的特征辐射的原理设计而成。火焰光度检测器通常用来检测含硫、磷的化合物及有机金属化合物、含卤素的化合物。因此普遍用于分析空气污染、水污染、杀虫剂及煤的氢化产物。其主要优点是可选择特殊元素的特征波长来检测单一元素的辐射。

5.1.3 常用仪器的操作规程与日常维护

5.1.3.1 天美 GC7890 气相色谱仪操作规程

（1）开机准备：根据实验要求选择合适的色谱柱，正确连接气路。打开钢瓶总阀开关（总阀一定要开至最大），调节载气稳压阀至 0.4~0.5MPa。查气路密闭情况。

（2）开机：①开启主机电源开关，等待仪器自检；②调节流量控制器设定气体流量至实验要求；③设定检测器温度、汽化室温度、柱箱温度，按"输入"键，升温；④打开氢气和空气钢瓶或者发生器，调节气体流量至实验要求（一般氢气流量调节旋钮在 4.2~4.5 圈，空气在 5 圈左右），观察仪器右测压力表，氢气压力 0.1MPa 左右，空气压力 0.15MPa 左右。如果比这小很多，表明外流路有泄漏或是发生器输出压力不够；当检测器温度大于 100℃时，按点火键点火，并检查点火是否成功，点火成功后，待基线走稳，即可进样。

（3）样品分析：取样分析，记录色谱峰的保留时间和峰面积，重复 3 次，3 次数据要平行。

（4）关机：实验完成后，关闭氢气与空气发生器。待柱温降至 50℃以下，关闭主机和载气气源。关闭气源时应先关闭钢瓶总阀，待压力指针回零后再关闭稳压阀。填写仪器使用记录。

（5）注意事项：①气体钢瓶总压力表不得低于 1MPa，气瓶压力小于 1MPa 时需更换气瓶；②必须严格检漏；③严禁无载气气压时打开电源；④离开实验室前请确认气源已经完全关闭。

5.1.3.2　福立 GC9790 气相色谱仪操作规程

（1）依次将氮气发生器、空气发生器、氢气发生器打开。10min 后打开气相主机，开启电脑。

（2）调节稳压阀，总压设置为 0.3MPa，柱前压设置为 0.1MPa。

（3）分别设置进样器、检测器、柱箱的温度。进样器和检测器的温度应比待测组分的最高沸点高 20℃，柱箱温度比待测组分最低沸点低 30℃。

（4）升到设置温度后，打开在线工作站，显示基线，并且调整基线的纵坐标在 0 附近。

（5）将氢气的压强调为 0.15MPa，氧气的压强调为 0.05MPa，开始点火，点火成功后将压强恢复至 0.05MPa。

（6）进样分析，记录色谱峰的保留时间和峰面积，每个样品重复 3 次，3 次数据要平行。

（7）完成后停止采集，在离线工作站进行数据处理。

（8）关机。关闭氢气发生器，保留空气和氮气，将进样和检测温度调至 50℃，柱箱温度设置成室温，直至温度下降到设定温度，关闭所有的气体发生器，关闭仪器。填写仪器使用记录。

（9）放气。将位于最外边的造气系统中的气体排放干净。

5.1.3.3　岛津 GC2014A 气相色谱仪操作规程

（1）依次将氮气发生器、空气发生器、氢气发生器打开。

（2）将氮气压力调节为 0.5MPa；氢气压力调节为 50kPa，空气压力调节为 50kPa。

（3）过 10min 后分别将气相主机打开，开启电脑，运行 GC solution 工作站，点击"实时分析"，按"确定"键进入实时分析窗口。

（4）根据待分析的样品，调用或新建分析方法，点击"参数下载"，将数据发送至 GC。点击"开启系统"。

（5）仪器稳定后，点火。待基线平稳后，运行"零点调节"，再运行"斜率测试"。

（6）待系统准备就绪后，点击"单次分析"，再点击样品记录，输入样品信息和保存位置。

（7）进样前点击"开始"，然后进样，同时按 GC 上的"开始"键，进行数据采集。采集完毕，按"停止"结束本次分析。

（8）关机。点击"系统关闭"，待柱箱温度低于 50℃后，依次退出程序、关闭计算机、关闭 GC、关闭载气。填写仪器使用记录。

5.1.3.4　Agilent-7890A 气相色谱仪操作规程

（1）打开氮气瓶总开关，调节氮气输出压力 0.4～0.6MPa；打开氢气钢瓶，调节输出压至 0.2MPa；打开氧气钢瓶，调节输出压至 0.2MPa。

（2）打开 7890A 色谱仪开关，GC 进入自检，自检通过后主机屏幕显示 "power on successul"，进入 Windows 系统后，双击电脑桌面的 "Instrument Online" 图标，使仪器和工作站联接。

（3）根据需要编辑（Edit Entire Method）或调用方法。方法编辑完成，单击 "Method" → "Save Method As"，输入新键方法名称，单击 "OK" 完成方法储存。

（4）样品方法信息编辑及样品运行

① 单个样品运行：从"Run Control"菜单中选择"Sample Info"选项，输入操作者名称，在"Data File"→"Subdirectory"（子目录）输入保存文件夹名称，并选择"Manual"或者"Prefix/Counter"，并输入相应信息；在"Sample Parameters"中输入样品瓶位置，样品名称等信息。完成后单击"OK"。待工作站提示"Ready"，且仪器基线平衡稳定后，从"Run Control"菜单中选择"Run Method"选项，开始做样采集数据。

② 多个样品序列运行：从"Sequence"菜单中选择"Sequence Parameters"选项，输入操作者名称，在"Data File"→"Subdirectory"（子目录）输入保存文件夹名称，并选择"Auto"或者"Prefix/Counter"，并输入相应信息。完成后单击"OK"。从"Sequence"菜单中选择"Sequence Table"选项，编写序列表，包括"Location"（样品瓶位置），"Sample Name"（样品名称），"Method Name"（方法名称），"Inj/Location"（进样针数）。完成后单击"OK"。待工作站提示"Ready"，且仪器基线平衡稳定后，从"Run Control"菜单中选择"Run Sequence"选项，开始做样采集数据。

（5）关机。测定完毕后，将检测器熄火，关闭空气、氢气，待柱箱温度降至50℃以下，依次退出工作站、关闭计算机、关闭主机、关闭载气，切断电源。填写仪器使用记录。

5.1.3.5　全自动氢气发生器的使用

（1）打开仪器的水桶盖，加入去离子水，在上下限水位线之间，拧紧上盖。

（2）接通电源，打开电源开关，电源开关红灯亮，产气灯绿灯亮。输出流量液晶显示屏显示数为200、300、600，压力表指针由0MPa上升到0.4MPa仪器可正常使用。

（3）仪器自带干燥管一套。使用过程中注意观察干燥3/5管中的硅胶是否变色，如变色部分超过整部分的一半时应及时更换变色硅胶。更换时应在无压力情况下进行，打开干燥管顶部上盖，取出内管把变色部分倒掉，加入新的变色硅胶或再生后的硅胶；或者把整个干燥硅胶柱取出干燥。然后把内管放入干燥管中确定放好，拧紧上盖，确保不漏气。

（4）仪器使用一段时间后，储水桶内的纯水会变少，变浑浊时应及时加入或更换纯水。建议：3～6个月水桶内的水全部放掉，清洗水桶后加入新水。仪器运输时将水桶内的水放掉，放水方法：将仪器背后的放水硅胶管拉出，拿掉尼龙堵即可。

5.1.3.6　进样器的使用、进样操作及清洗

气相色谱法中常用进样器手动进样，气体试样一般使用0.25mL、1mL、2mL、5mL等规格的医用进样器。液体试样则使用1μL、10μL、50μL等规格的微量进样器。

（1）微量进样器

微量进样器是由玻璃和不锈钢材料制成，其结构如图5-4所示，容量精度高，误差小于±5%，气密性达到0.2MPa。其中图（a）是有死角的固定针尖式进样器，10～100μL容量

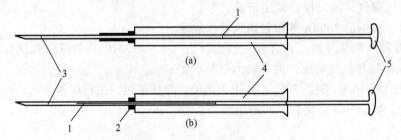

图5-4　微量进样器结构

1—不锈钢丝芯子；2—硅橡胶垫圈；3—针头；4—玻璃管；5—顶盖

的进样器采用这一结构。它的针头有寄存容量，吸取溶液时，容量会比标定值增加 $1.5\mu L$ 左右。图（b）是无死角的进样器，与针尖连接的针尖螺母可旋下，紧靠针尖部位有硅橡胶垫圈，以保证进样器的气密性。进样器芯子是使用直径为 $0.1\sim0.15\mu L$ 的不锈钢丝，直接通到针尖，不会出现寄存容量，$0.5\sim1\mu L$ 的微量进样器采用这一结构。

（2）微量进样器进样的操作要点

用进样器取定量样品，由针刺通过进样器的硅橡胶垫圈，注入样品。此方法进样的优点是使用灵活；缺点是重复性差，相对误差在 $2\%\sim5\%$；硅橡胶密封垫圈在几十次进样后，容易漏气，需及时更换。

用进样器取液体试样，先用少量试样洗涤 5 次以上，之后可将针头插入试样反复抽排几次，再慢慢抽入试样，并多于需要量。如内有气泡，则将针头朝上，使气泡上升排除，再将过量的试样排出，用无棉的纤维纸吸去针头外所沾试样。注意勿使针头内的试样流失。

取气体试样也应先洗涤进样器。取样时，应将进样器插入有一定压力的试样气体容器中，使进样器芯子慢慢自动顶出，直至所需体积，以保证取样正确。

取好样后应立即进样。进样时，进样器应与进样口垂直，针头刺穿硅胶垫圈，插到底，紧接着迅速注入试样，完成后立即拔出进样器，整个动作应进行得稳当、连贯、迅速。针尖在进样器中的位置、插入速度、停留时间和拔出速度等都会影响进样的重复性。

微量进样器进样手势如图 5-5 所示。一只手应扶针头，帮助进针，以防弯曲。试验时，如用医用进样器进气体，应防止进样器芯子位移，可以用拿进样器的右手食指卡在芯子与外管的交界处，以固定它们的相对位置，从而保证进样量的正确。

图 5-5　微量进样器进样
1—微量进样器；2—进样口

（3）微量进样器使用注意事项

① 微量进样器是易碎器械，使用时应多加小心。不用时要洗净放入盒内，不要随便玩弄、来回空抽，特别是不要在将要干燥的情况下来回拉动，否则，会严重磨损，损坏其气密性，降低其准确度。

② 进样器在使用前后都须用丙酮等溶剂清洗。当试样中高沸点物质沾污进样器时，一般可用 5%氢氧化钠水溶液、蒸馏水、丙酮和氯仿依次清洗，最后用泵抽干。不宜用强碱溶液洗涤。

③ 对于有死角的进样器，如果针尖堵塞，应用直径为 0.1mm 的细钢丝穿通，不能用火烧的办法，防止针尖损坏。

④ 若不慎将进样器芯子全部拉出，应根据其结构小心装配。

5.1.3.7　气相色谱仪的日常维护

气相色谱仪经常用于有机物的定量分析，仪器在运行一段时间后，由于静电原因，仪器内部容易吸附较多的灰尘；电路板及电路板插口除吸附有积尘外，还经常和某些有机蒸气吸附在一起；因为部分有机物的凝固点较低，在进样口位置经常发现凝固的有机物，分流管线在使用一段时间后，内径变细，甚至被有机物堵塞；在使用过程中，TCD 检测器很有可能被有机物污染；FID 检测器长时间用于有机物分析，有机物在喷嘴或收集极位置沉积或喷嘴、收集极部分积炭经常发生。

（1）仪器内部的吹扫、清洁

气相色谱仪停机后，打开仪器的侧面和后面面板，用仪表空气或氮气对仪器内部灰尘进行吹扫，对积尘较多或不容易吹扫的地方用软毛刷配合处理。吹扫完成后，对仪器内部存在有机物污染的地方用水或有机溶剂进行擦洗，对水溶性有机物可以先用水进行擦拭，对不能彻底清洁的地方可以再用有机溶剂进行处理，对非水溶性或可能与水发生化学反应的有机物用不与之发生反应的有机溶剂进行清洁，如甲苯、丙酮、四氯化碳等。注意，在擦拭仪器过程中不能对仪器表面或其他部件造成腐蚀或二次污染。

（2）电路板的维护和清洁

气相色谱仪准备检修前，切断仪器电源，首先用仪表空气或氮气对电路板和电路板插槽进行吹扫，吹扫时用软毛刷配合对电路板和插槽中灰尘较多的部分进行仔细清理。操作过程中尽量戴手套操作，防止静电或手上的汗渍等对电路板上的部分元件造成影响。

吹扫工作完成后，应仔细观察电路板的使用情况，看印刷电路板或电子元件是否有明显被腐蚀现象。对电路板上沾染有机物的电子元件和印刷电路用脱脂棉蘸取酒精小心擦拭，电路板接口和插槽部分也要进行擦拭。

（3）进样口的清洗

在检修时，对气相色谱仪进样口的玻璃衬管、分流平板、进样口的分流管线、EPC等部件分别进行清洗是十分必要的。

玻璃衬管和分流平板的清洗：从仪器中小心取出玻璃衬管，用镊子或其他小工具小心移去衬管内的玻璃毛和其他杂质，移取过程不要划伤衬管表面。

如果条件允许，可将初步清理过的玻璃衬管在有机溶剂中用超声波进行清洗，烘干后使用。也可以用丙酮、甲苯等有机溶剂直接清洗，清洗完成后经过干燥即可使用。

分流平板最为理想的清洗方法是在溶剂中超声处理，烘干后使用。也可以选择合适的有机溶剂清洗：从进样口取出分流平板后，首先采用甲苯等惰性溶剂清洗，再用甲醇等醇类溶剂进行清洗，烘干后使用。

分流管线的清洗：气相色谱仪用于有机物和高分子化合物的分析时，许多有机物的凝固点较低，样品从气化室经过分流管线放空的过程中，部分有机物在分流管线凝固。

气相色谱仪经过长时间的使用后，分流管线的内径逐渐变小，甚至完全被堵塞。分流管线被堵塞后，仪器进样口显示压力异常，峰形变差，分析结果异常。在检修过程中，无论事先能否判断分流管线有无堵塞现象，都需要对分流管线进行清洗。分流管线的清洗一般选择丙酮、甲苯等有机溶剂，对堵塞严重的分流管线有时用单纯清洗的方法很难清洗干净，需要采取一些其他辅助的机械方法来完成。可以选取粗细合适的钢丝对分流管线进行简单的疏通，然后再用丙酮、甲苯等有机溶剂进行清洗。由于事先不容易对分流部分的情况作出准确判断，对手动分流的气相色谱仪来说，在检修过程中对分流管线进行清洗是十分必要的。

对于EPC控制分流的气相色谱仪，由于长时间使用，有可能使一些细小的进样垫屑进入EPC与气体管线接口处，随时可能对EPC部分造成堵塞或造成进样口压力变化。所以每次检修过程尽量对仪器EPC部分进行检查，并用甲苯、丙酮等有机溶剂进行清洗，然后烘干处理。

由于进样等原因，进样口的外部随时可能会形成部分有机物凝结，可用脱脂棉蘸取丙酮、甲苯等有机物对进样口进行初步的擦拭，然后对擦不掉的有机物先用机械方法去除，注意在去除凝固有机物的过程中一定要小心操作，不要对仪器部件造成损伤。将凝固的有机物去除后，然后用有机溶剂对仪器部件进行仔细擦拭。

（4）TCD和FID检测器的清洗

TCD 检测器在使用过程中可能会被柱流出的沉积物或样品中夹带的其他物质所污染。TCD 检测器一旦被污染，仪器的基线出现抖动、噪声增加。有必要对检测器进行清洗。

Agilent 的 TCD 检测器可以采用热清洗的方法，具体方法如下：关闭检测器，把柱子从检测器接头上拆下，把柱箱内检测器的接头用死堵堵死，将参考气的流量设置到 20～30mL/min，设置检测器温度为 400℃，热清洗 4～8h，降温后即可使用。

国产或日产 TCD 检测器污染可用以下方法。仪器停机后，将 TCD 的气路进口拆下，用 50mL 进样器依次将丙酮或甲苯（可根据样品的化学性质选用不同的溶剂）、无水乙醇、蒸馏水从进气口反复注入 5～10 次，用洗耳球从进气口处缓慢吹气，吹出杂质和残余液体，然后重新安装好进气接头，开机后将柱温升到 200℃，检测器温度升到 250℃，通入比分析操作气流大 1～2 倍的载气，直到基线稳定为止。

对于严重污染，可将出气口用死堵堵死，从进气口注满丙酮或甲苯（可根据样品的化学性质选用不同的溶剂），保持 8h 左右，排出废液，然后按上述方法处理。

FID 检测器的清洗：FID 检测器在使用中稳定性好，对使用要求相对较低，使用普遍，但在长时间使用过程中，容易出现检测器喷嘴和收集极积炭等问题，或有机物在喷嘴或收集极处沉积等情况。对 FID 积炭或有机物沉积等问题，可以先对检测器喷嘴和收集极用丙酮、甲苯、甲醇等有机溶剂进行清洗。当积炭较厚不能清洗干净的时候，可以对检测器积炭较厚的部分用细砂纸小心打磨。注意在打磨过程中不要对检测器造成损伤。初步打磨完成后，对污染部分进一步用软布进行擦拭，最后再用有机溶剂进行清洗，一般即可消除。

5.1.4 实验

实验 5-1 气相色谱分析条件的选择和色谱峰的定性鉴定

【实验目的】

(1) 了解气相色谱仪的基本结构、工作原理与操作技术。

(2) 学习选择气相色谱分析的最佳条件，了解气相色谱分离样品的基本原理。

(3) 掌握根据保留值，作已知物对照定性的分析方法。

【实验原理】

气相色谱是对气体物质或可以在一定温度下转化为气体的物质进行检测分析。由于物质的物性不同，其试样中各组分在气相和固定相间的分配系数不同，当汽化后的试样被载气带入色谱柱中运行时，组分就在其中的两相间进行反复多次分配，由于固定相对各组分的吸附或溶解能力不同，虽然载气流速相同，各组分在色谱柱中的运行速度就不同，经过一定时间的分离，按顺序离开色谱柱进入检测器，信号经放大后，在记录器上描绘出各组分的色谱峰。根据出峰位置，确定组分的名称，根据峰面积确定浓度大小。

对一个混合试样成功的分离，是气相色谱法完成定性及定量分析的前提和基础。其中最为关键的是色谱柱、柱温、载气及其流速的确定、燃气和助燃气的比例等色谱条件的选择。

衡量气相色谱分离好坏的程度可用分离度 R 表示：$R = \dfrac{t_{R2} - t_{R1}}{(Y_1 + Y_2)/2}$。当 $R \geqslant 1.5$ 时，两峰完全分离；当 $R = 1.0$ 时，98% 的分离。在实际应用下，$R = 1.0$ 时一般可以满足需要。

用色谱法进行定性分析的任务是确定色谱图上每一个峰所代表的物质。在色谱条件确定时，任何一种物质都有确定的保留值、保留时间、保留体积、保留指数及相对保留值等保留参数。因此，在相同的色谱操作条件下，通过比较已知纯样和未知物的保留参数或在固定相上的位置，即可确定未知物为何种物质。

当手头上有待测组分的纯样时，通过与已知物的对照进行定性分析极为简单。实验时，可采用单柱比较法、峰高加入法或双柱比较法。

单柱比较法是在相同的色谱条件下，分别对已知纯样及待测试样进行色谱分析，得到两张色谱图，然后比较其保留参数。当两者的数值相同时，即可认为待测试样中有纯样组分存在。双柱比较法是在两个极性完全不同的色谱柱上，在各自确定的操作条件下，测定纯样和待测组分在其上的保留参数，如果都相同，则可准确地判断试样中有与此纯样相同的物质存在。由于有些不同的化合物会在某一固定相上表现出相向的热力学性质，故双柱法定性比单柱法更为可靠。

【仪器和试剂】

(1) 仪器：气相色谱仪（带 FID 检测器），微量进样器 $10\mu L$。

(2) 试剂：苯、甲苯、乙苯、邻二甲苯、正己烷等均为分析纯。

【实验步骤】

(1) 样品的配制：分别取苯、甲苯、乙苯、邻二甲苯各 $0.10mL$ 于 4 个 $50mL$ 的容量瓶中，用正己烷定容，摇匀得单一标准样品；再分别取苯、甲苯、乙苯、邻二甲苯各 $0.10mL$ 于一个 $50mL$ 的容量瓶中，用正己烷定容，摇匀得混合标准样品。

(2) 色谱条件设置：色谱柱 SE-30 毛细管柱或其他可分析苯系物的色谱柱，进样器温度 $200℃$，检测器温度 $200℃$，柱温 $70℃$，氮气流量 $30mL/min$，空气流量 $400mL/min$，氢气流量 $40mL/min$。

(3) 样品的测定：按照初始条件设定色谱条件，待仪器的电路和气路系统达到平衡，基线平直时既可进样。吸取 $0.2\mu L$ 样品注入汽化室，采集色谱数据，记录色谱图。重复进样两次。注意每做完一种溶液需用后一种待进样溶液洗涤微量进样器 5 次以上。

(4) 柱温的选择：改变柱温：$50℃$、$70℃$、$90℃$，同上测试，判断柱温对分离的影响。

【数据处理】

(1) 记录初始实验条件下的色谱条件及色谱结果。并根据单一标准样的保留时间确定混合样品中各峰的物质名称。记录各色谱图上各组分色谱峰的保留时间值，填入表 5-1，并定性混合样中的色谱峰。

表 5-1　苯系物定性分析结果

编号	$t_苯$				$t_{甲苯}$			
	1	2	3	平均值	1	2	3	平均值
单标								
混合样								

编号	$t_{乙苯}$				$t_{邻二甲苯}$			
	1	2	3	平均值	1	2	3	平均值
单标								
混合样								

（2）采用混合标样作为样品，改变柱温：50℃、70℃、90℃，同上测试，记录各色谱图上各组分色谱峰的保留时间值，并填入表 5-2。分析柱温对色谱分离的影响。

表 5-2　柱温对色谱分离的影响

温度/℃	$t_苯$				$t_甲苯$			
	1	2	3	平均值	1	2	3	平均值
50								
70								
90								

温度/℃	$t_{乙苯}$				$t_{邻二甲苯}$			
	1	2	3	平均值	1	2	3	平均值
50								
70								
90								

（3）如果时间许可，可以混合标样为样品尝试改变不同的载气流速，或改变燃气和助燃气的比例，分析载气流速等因素对色谱分离的影响。

【注意事项】

（1）旋动气相色谱仪的旋钮或阀时要缓慢。

（2）点燃氢火焰时，应将氢气流量开大，以保证顺利点燃。点燃氢火焰后，再将氢气流量缓慢降至规定值。若氢气流量降得过快，会熄火。

（3）判断氢火焰是否点燃的方法：将冷金属物置于出口上方，若有水汽冷凝在金属表面，则表明氢火焰已点燃。

（4）用微量进样器进样时，必须注意排除气泡。抽液时应缓慢上提针芯，若有气泡，可将微量进样器针尖向上，使气泡上浮后推出。

【思考题】

（1）气相色谱定性分析的基本原理是什么？本实验中是怎样定性的？

（2）试讨论各色谱条件（柱温等）对分离的影响。

（3）本实验中的进样量是否需要准确，为什么？

（4）简要分析各组分流出先后的原因。

实验 5-2　气相色谱法测定苯系物混合样品的含量

【实验目的】

（1）学习气相色谱法测定样品的基本原理、特点。

（2）学习外标法定量的基本原理和测定方法。

【实验原理】

用待测组分的纯品作对照物质，以对照物质和样品中待测组分的响应信号相比较进行定量的方法称为外标法。此法可分为工作曲线法及外标一点法等。工作曲线法是用对照物质配制一系列浓度的对照品溶液确定工作曲线，求出斜率、截距。在完全相同的条件下，准确进样与对照品溶液相同体积的样品溶液，根据待测组分的信号，从标准曲线上查出其浓度，或用回归方程计算，工作曲线法也可以用外标二点法代替。通常截距应为零，若不等于零说明存在系统误差。工作曲线的截距为零时，可用外标一点法（直接比较法）定量。

外标法是色谱分析中的一种定量方法，它不是把标准物质加入到被测样品中，而是在与被测样品相同的色谱条件下单独测定，把得到的色谱峰面积与被测组分的色谱峰面积进行比较求得被测组分的含量。外标物与被测组分同为一种物质，但要求它有一定的纯度，分析时外标物的浓度应与被测物浓度相接近，以利于定量分析的准确性。

【仪器与试剂】

（1）仪器：气相色谱仪（带 FID 检测器），微量进样器 $10\mu L$。

（2）试剂：苯、甲苯、乙苯、邻二甲苯、正己烷等均为分析纯。

【实验步骤】

（1）系列标准溶液的配制：分别按下列比例（表 5-3）移取苯、甲苯、乙苯、邻二甲苯于 50mL 容量瓶中，用正己烷稀释定容，摇匀得混合标准样品。

表 5-3　苯系物标准溶液的配制

编号	苯/mL	甲苯/mL	乙苯/mL	邻二甲苯/mL
1	0.1	0.1	0.1	0.1
2	0.2	0.2	0.2	0.2
3	0.3	0.3	0.3	0.3
4	0.4	0.4	0.4	0.4
5	0.5	0.5	0.5	0.5

标准曲线的测定：将色谱仪按仪器操作步骤调节至可进样状态，仪器平衡后进样。吸取 $0.2\mu L$ 标准样品注入汽化室，采集色谱数据，记录色谱图。重复进样 3 次。注意每做完一种标准溶液需用后一种待进样标准溶液洗涤微量进样器 5 次以上。

（2）色谱条件设置：色谱柱 SE-30 毛细管柱或其他可分析苯系物的色谱柱，进样器温度 200℃，检测器温度 200℃，柱温 70℃，氮气流量 30mL/min，空气流量 400mL/min，氢气流量 40mL/min。

（3）样品的测定：将含有苯、甲苯、乙苯、邻二甲苯的样品摇匀后，在与测定标准曲线相同的色谱条件下对样品进行测定，记录样品的色谱图和色谱数据，重复进样 3 次。

【数据处理】

（1）将各组分色谱峰面积 A_i 值，并填入表 5-4。绘制各组分的标准曲线，并求出回归方程。

表 5-4　苯系物定量分析结果

编号	苯 浓度/(mg/mL)	$A_{苯}$ 1	2	3	平均值	甲苯 浓度/(mg/mL)	$A_{甲苯}$ 1	2	3	平均值
1	1.7572					1.7338				
2	3.5144					3.4676				
3	5.2716					5.2014				
4	7.0288					6.9352				
5	8.786					8.669				

编号	乙苯	$A_{乙苯}$				邻二甲苯	$A_{邻二甲苯}$			
	浓度/(mg/mL)	1	2	3	平均值	浓度/(mg/mL)	1	2	3	平均值
1	1.74					1.7604				
2	3.48					3.5208				
3	5.22					5.2812				
4	6.96					7.0416				
5	8.7					8.802				

（2）在相同色谱条件下对样品进行分析。根据回归方程计算样品中各组分的含量，填入表 5-5。

表 5-5　未知物分析结果

编号	$A_{苯}$				$A_{甲苯}$			
	1	2	3	平均值	1	2	3	平均值
未知								

编号	$A_{乙苯}$				$A_{邻二甲苯}$			
	1	2	3	平均值	1	2	3	平均值
未知								

【思考题】

（1）外标法定量分析的基本方法？

（2）外标法定量实验中是否要严格控制进样量，实验条件的变化是否会影响测定结果，为什么？

实验 5-3　气相色谱法测定酒中乙醇的含量

【实验目的】

（1）了解气相色谱法的分离原理和特点。

（2）熟悉气相色谱仪的基本构造和一般使用方法。

（3）掌握内标法进行样品含量分析的方法。

【实验原理】

气相色谱法是一种高效、快速而灵敏的分离分析技术。当样品溶液由进样口注入后立即被汽化，并被载气带入色谱柱，经过多次分配而得以分离的各个组分逐一流出色谱柱进入检测器，检测器把各组分的浓度信号转变成电信号后由记录仪或工作站软件记录下来，得到相应信号大小随时间变化的曲线，即色谱图。利用色谱峰的保留值可以进行定性分析，利用峰面积或峰高可以进行定量分析。

内标法是一种常用的色谱定量分析方法。在一定量（m）的样品中加入一定量（m_{is}）的内标物，根据待测组分和内标物的峰面积及内标物的质量计算待测组分质量（m_i）的方法。被测组分的质量分数可用下式计算：

$$p_i = \frac{m_i}{m} \times 100\% = \frac{A_i f_i}{A_{is}} \times \frac{m_{is}}{m} \times 100\%$$

式中，A_i 为样品溶液中待测组分的峰面积；A_{is} 为样品溶液中内标物的峰面积；m_{is} 为样品溶液中内标物的质量；m 为样品的质量；f_i 为待测组分 i 相对于内标物的相对定量校正因子，由标准溶液计算：

$$f_i = \frac{f_i'}{f_{is}'} = \frac{m_i'}{A_i'} \cdot \frac{A_{is}'}{m_{is}'} = \frac{m_i' A_{is}'}{m_{is}' A_i'}$$

式中，A_i' 为标准溶液中待测组分 i 的峰面积；A_{is}' 为标准溶液中内标物的峰面积；m_{is}' 为标准溶液中内标物的质量；m_i' 为标准溶液中标准物质的质量。

用内标法进行定量分析，必须选定内标物。内标物必须满足以下条件：①应是样品中不存在的、稳定易得的纯物质；②内标峰应在各待测组分之间或与之相近；③能与样品互溶但无化学反应；④内标物浓度应恰当，峰面积与待测组分相差不大。

【仪器与试剂】

(1) 仪器：气相色谱仪（带 FID 检测器），微量进样器 $10\mu L$。

(2) 试剂：无水乙醇、无水正丙醇、丙酮均为分析纯，白酒（市售）。

【实验步骤】

(1) 标准溶液的配制：准确移取 0.50mL 无水乙醇和 0.50mL 无水正丙醇于 10mL 容量瓶中，用丙酮定容，摇匀。

(2) 色谱条件设置：色谱柱 SE-30 毛细管柱或其他可分析苯系物的色谱柱，进样器温度 200℃，检测器温度 200℃，柱温 70℃，氮气流量 30mL/min，空气流量 400mL/min，氢气流量 40mL/min。

(3) 相对校正因子的测定：用微量进样器吸取 $0.5\mu L$ 标准溶液注入色谱仪内，记录各色谱峰保留时间 t_R 和色谱峰面积，重复两次，求出乙醇以正丙醇为内标物的相对校正因子。

(4) 样品溶液的配制：准确移取 1.00mL 酒样品和 0.50mL 无水正丙醇于 10mL 容量瓶中，用丙酮定容，摇匀。

(5) 样品溶液的测定：用微量进样器吸取 $0.5\mu L$ 样品溶液注入色谱仪内，记录各色谱峰的保留时间 t_R，对照比较标准溶液与样品溶液的 t_R，以确定样品中的醇，记录乙醇和正丙醇的色谱峰面积，重复两次。由平均值根据内标法求出样品中乙醇的含量。

【思考题】

(1) 内标物的选择应符合哪些条件？用内标法进行定量分析有何优点？

(2) 用该实验方法能否测定出白酒样品中的水分含量？

实验 5-4　毛细管气相色谱法分离白酒中微量香味化合物

【实验目的】

(1) 掌握毛细管分离的基本原理及其操作技能。

(2) 了解毛细管色谱柱的高分离效率和高选择性。

【实验原理】

白酒是中国传统的蒸馏酒，为世界七大蒸馏酒之一。白酒的主要成分是乙醇和水（占总量的 98%～99%），而溶于其中的酸、酯、醇、醛等种类众多的微量有机化合物作为白酒的呈香呈味物质，却决定着白酒的风格（又称典型性，指酒的香气与口味协调平衡，具有独特的香味）和质量。

国际上，酒类芳香成分的分析技术不断进步，研究成果巨大，鉴定出的成分已达 1000 种以上。白酒中的香味成分一部分来自酿酒所采用的原料和辅料，另一部分则来自微生物的代谢产物。白酒中含量众多的乳酸、乳酸乙酯、乙酸乙酯和己酸乙酯等香味成分，属多菌种发酵，是数量众多的霉菌、酵母菌和细菌等微生物综合作用的结果。

气相色谱法的分离原理是使混合物中的各组分在固定相（固定液）与流动相（载体）间进行分配，由于各组分在性质和结构上的不同，当它们被流动相推动经过固定相时，与固定相发生的相互作用的大小、强弱会有差异，以致各组分在固定相中滞留的时间有长有短，而按顺序流出达到分离的目的。采用毛细管柱直接进样，白酒中的多组分化合物在流动相和涂载体固定相中由于分子扩散作用和传质作用，反复几万次分配使酒中各微量香味组分按其应有的顺序流出，记录信号，得到又窄又尖锐的色谱峰图。对于白酒中那些挥发性极低的物质，气相色谱无法检测，这时需要利用高效液相色谱进行分离和检测。

【仪器与试剂】

（1）仪器：气相色谱仪（带 FID 检测器），微量进样器 10μL。

（2）试剂：乙酸乙酯、正丙醇、异丁醇、异戊醇、己酸乙酯、乙酸异戊酯等均为分析纯，白酒。

【实验步骤】

（1）色谱条件设置：FFAP 柱毛细管柱或其他性能类似的色谱柱，进样器温度 200℃，检测器温度 200℃，柱温 70℃，氮气流量 30mL/min，空气流量 400mL/min，氢气流量 40mL/min。

（2）仪器稳定后，点火，进标样 0.4μL，记录各色谱峰的保留时间。

（3）进白酒样品 0.4μL，观察色谱图，根据保留时间定性分析白酒中含有哪些成分？

【数据处理】

组分的定性主要依靠与标准谱图进行比对、分析。但是，最终确认还需结合白酒的香味化学知识。定量采用内标法测量。要求：利用标准谱图定性分析出 5 种组分。

【思考题】

（1）毛细管气相色谱法分析有什么特点？

（2）为什么要测定白酒中的醇、酯和醛的成分与含量？

实验 5-5　食品中有机磷残留量的气相色谱分析

【实验目的】

（1）掌握气相色谱仪的工作原理及使用方法。

（2）学习食品中有机磷农药残留的气相色谱测定方法。

【实验原理】

食品中残留的有机磷农药经有机溶剂提取并经净化、浓缩后，注入气相色谱仪，气化后在载气携带下于色谱柱中分离，由火焰光度检测器检测。当含有机磷的试样在检测器中的富氢焰上燃烧时，以 HPO 碎片的形式，放射出波长为 526nm 的特性光，这种光经检测器的单色器（滤光片）将非特征光谱滤除后，由光电倍增管接收，产生电信号而被检出。试样的峰面积或峰高与标准品的峰面积或峰高进行比较定量。

【仪器与试剂】

（1）仪器：气相色谱仪（带火焰光度检测器 FPD），微量进样器 10μL，电动振荡器、组织捣碎机、旋转蒸发仪。

（2）试剂：敌敌畏等有机磷农药标准品，二氯甲烷、丙酮、无水硫酸钠、中性氧化铝、硫酸钠等均为分析纯，无水硫酸钠需在 700℃灼烧 4h 后备用，中性氧化铝需在 550℃灼烧 4h 后备用。

【实验步骤】

（1）有机磷农药标准贮备液的配制：分别准确称取有机磷农药标准品敌敌畏、乐果、马拉硫磷、对硫磷、甲拌磷、稻瘟净、倍硫磷、杀螟硫磷及虫螨磷等各 10.0mg（标样数量可根据需要选择其中几种），用苯（或三氯甲烷）溶解并稀释至 100mL，放在冰箱中保存。

（2）有机磷农药标准使用液的配制：临用时用二氯甲烷稀释为使用液，使其浓度分别相当于 1.0μg/mL 敌敌畏、乐果、马拉硫磷、对硫磷、甲拌磷，2.0μg/mL 稻瘟净、倍硫磷、杀螟硫磷及虫螨磷。

（3）样品处理

① 蔬菜：取适量蔬菜擦净，去掉不可食部分后称取蔬菜试样，于组织捣碎机中打成匀浆。称取 10.0g 混匀的试样，置于 250mL 具塞锥形瓶中，加 30～100g 无水硫酸钠脱水，剧烈振摇后如有固体硫酸钠存在，说明所加无水硫酸钠已够。加 0.2～0.8g 活性炭脱色。加 70mL 二氯甲烷，在振荡器上振摇 0.5h，经干滤纸过滤。量取 35mL 滤液，通风柜中自然挥发至近干，二氯甲烷少量多次研洗残渣，移入 10mL 具塞刻度试管中，并定容至 2mL，备用。

② 谷物：将样品磨粉（稻谷先脱壳），过 20 目筛，混匀。称取 10g 置于具塞锥形瓶中，加入 0.5g 中性氧化铝（小麦、玉米再加 0.2g 活性炭）及 20mL 二氯甲烷，振摇 0.5h，过滤，滤液直接进样。若含量过低可再提取 2 次，混合提取液，浓缩，并定容至 2mL 进样。

③ 植物油：称取 5.0g 混匀的试样，用 50mL 丙酮分次溶解并洗入分液漏斗中，摇匀后，加 10mL 水，轻轻旋转振摇 1min，静置 1h 以上，弃去下面析出的油层，上层溶液自分液漏斗上口倾入另一分液漏斗中，尽量不使剩余的油滴倒入（如乳化严重，分层不清，则放入 50mL 离心管中，于 2500r/min 转速下离心 0.5h，用滴管吸出上层清液）。加 30mL 二氯甲烷，100mL 50g/L 硫酸钠溶液，振摇 1min。静置分层后，将二氯甲烷提取液移至蒸发皿中。丙酮水溶液再用 10mL 二氯甲烷提取一次，分层后，合并至蒸发皿中。自然挥发后，如无水，可用二氯甲烷少量多次研洗蒸发皿中残液移入具塞量筒中，并定容至 5mL。加 2g 无水硫酸钠振摇脱水，再加 1g 中性氧化铝、0.2g 活性炭（毛油可加 0.5g）振荡脱油和脱色，过滤，滤液直接进样。如自然挥发后尚有少量水，则需反复抽提后再如上操作。

（4）色谱条件设置：农残专用柱 TM-Pesticides 或其他性能类似的色谱柱，进样器温度 250℃，检测器温度 250℃，柱温 180℃（测定敌敌畏时 130℃；对于多种有机磷农药检测可以采用梯度升温程序：初始温度 130℃保持 9min，以 20℃/min 的升温速率升至 200℃，保持 5min，再以 20℃/min 的升温速率升至 240℃，保持 5min），氮气流量 80mL/min，空气流量160mL/min，氢气流量160mL/min，分流比20:1。

（5）标准曲线的绘制：将有机磷农药标准使用液0.2～1μL分别注入气相色谱仪中，记录各色谱峰保留时间t_R和色谱峰面积，重复3次，根据浓度和峰面积绘制不同有机磷农药的标准曲线。

（6）样品的测定：取试样溶液0.2～1μL注入气相色谱仪中，测得峰面积。

【数据处理】

（1）根据浓度和峰面积绘制不同有机磷农药的标准曲线，并求出回归方程。

（2）由标准曲线计算试样中有机磷农药的含量。

【注意事项】

（1）本法采用毒性较小且价格较为便宜的二氯甲烷作为提取试剂，国际上多用乙腈作为有机磷农药的提取试剂及分配净化试剂，但其毒性较大。

（2）有些稳定性差的有机磷农药如敌敌畏，因稳定性差且易被色谱柱中的担体吸附，故本法采用降低操作温度来克服上述困难。另外，也可采用缩短色谱柱等措施来克服。

【思考题】

（1）本实验的气路系统包括哪些，各有何作用？

（2）电子捕获检测器及火焰光度检测器的原理及适用范围？

（3）如何检验该实验方法的准确度？如何提高检测结果的准确度？

5.2　高效液相色谱法

高效液相色谱法（high performance liquid chromatography，HPLC）是色谱法的一个重要分支，以液体为流动相，采用高压输液系统，将具有不同极性的单一溶剂或不同比例的混合溶剂、缓冲液等流动相泵入装有固定相的色谱柱，在柱内各成分被分离后，进入检测器进行检测，从而实现对试样的分析。该方法已成为化学、医学、工业、农学、商检和法检等学科领域中重要的分离分析技术。

5.2.1　仪器组成与结构

高效液相色谱仪现在通常做成一个个单元组件，然后根据分析要求将各需要的单元组件组合起来，最基本的组件通常包括高压输液泵、进样装置、色谱柱、检测器及数据处理系统五个部分（如图5-6）。高压输液泵的功能是驱动流动相和样品通过色谱分离柱和检测系统，使混合物试样在色谱中完成分离过程；进样器的功能是将待分析样品引入色谱系统，常用的进样方式有4种：进样器隔膜进样、停流进样、阀进样和自动进样器进样；色谱柱的功能是分离样品中的各个物质，一般为10～30cm长，2～5mm内径的内壁抛光的不锈钢管柱，内装5～10μm的高效微粒固定相；检测器的功能是将被分析组分在柱流出液中浓度的变化转化为光学或电学信号，常见的检测器有示差折光检测器、紫外检测器、二极管阵列紫外检测器、荧光检测器和电化学检测器，其中紫外检测器使用最广。现代化的仪器都配有计算机，通过工作站实现数据采集、处理、绘图和打印分析报告等功能。

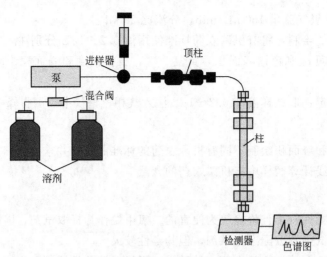

图 5-6　高效液相色谱仪示意图

5.2.2　实验技术

5.2.2.1　溶剂处理技术

（1）有机溶剂的提纯

液相色谱溶剂和水应该尽量达到 HPLC 级。分析纯和优级纯溶剂在很多情况下可以满足色谱分析的要求，但不同的色谱柱和检测方法对溶剂的要求不同，如用紫外检测时溶剂中就不能含有在检测波长下有吸收的杂质，此时要进行除去紫外杂质、脱水、重蒸等纯化操作。通常蒸馏法可除掉大部分有紫外吸收的杂质；氯仿中含有的少量甲醇，可先经水洗再经蒸馏提纯；四氢呋喃由于含抗氧剂丁基甲苯酚而强烈吸收紫外线，可经蒸馏除去。为了防止爆炸，蒸馏终止时，在蒸馏瓶中必须剩余一定量的液体。

（2）流动相的过滤和脱气

流动相溶剂在使用前必须先用 0.45μm 孔径的滤膜过滤，以除去微小颗粒，防止色谱柱堵塞。同时要进行脱气处理，因为溶解在溶剂中的气体会在管道、输液泵或检测池中以气泡形式逸出，影响正常操作的进行。输液泵内的气泡，使活塞动作不稳定，流量变动，严重时无法输液；色谱柱内的气泡，使柱效降低；检测池中的气泡容易引起检测信号的突然变化，在色谱图上出现尖锐的噪声峰（特别是当柱子加温使用时）；溶解氧常和一些溶剂结合生成有紫外吸收的化合物。在荧光检测中，溶解氧还会使荧光猝灭、溶解气体还可能引起某些样品的氧化降解或使溶液 pH 值变化。

溶剂脱气的方法很多，常用的方法有：用惰性气相（如氦气）驱除溶剂中的气体、加热回流、超声波脱气和在线（真空）脱气。其中，以超声波脱气最为方便、安全、效果良好，只需将溶剂瓶放入加有水的超声波发生器槽中，处理 10～15min 即可。在线（真空）脱气的原理为让流动相通过一段由多孔性合成树脂膜制造的输液管，该输液管外有真空容器，真空泵工作时，膜外侧被减压，分子量小的氧气、氮气、二氧化碳就会从膜内进入膜外，而被脱除。

5.2.2.2　样品制备

在某些试样中，常含有多量的蛋白质、脂肪及糖类等物质。它们的存在，将影响组分的分离测定，同时容易堵塞和污染色谱柱，使柱效降低，所以常需对试样预处理。传统的样品预处理方法有溶剂萃取、吸附、超速离心及超过滤等；固相萃取、固相微萃取等更高效、简便的前处理技术应用越来越广泛。

(1)溶剂萃取：适用于待测组件为非极性物质。在试样中加入缓冲溶液调节 pH 值，然后用乙醚或氯仿等有机溶剂萃取。如果待测组分和蛋白质结合，则在大多数情况下难以用萃取操作来进行分离。

(2)吸附：将吸附剂直接加到试样中，或将吸附剂填充于柱内进行吸附。亲水性物质用硅胶吸附，而疏水性物质可用聚苯乙烯-二乙烯基苯等类树脂吸附。

(3)除蛋白质：向试样中加入三氯乙酸或丙酮、乙腈、甲醇等溶剂，蛋白质被沉淀下来，然后经超速离心，吸取上层清液供分离测定用。

(4)超过滤：用孔径为 $10 \times 10^{-10} \sim 500 \times 10^{-10}$ m 的多孔膜过滤，可除去蛋白质等高分子物质。

(5)固相萃取（solid-phase extraction，SPE），由液固萃取和柱液相色谱技术相结合发展而来，主要用于样品的分离、纯化和浓缩，可以提高分析物的回收率，更有效的将分析物与干扰组分分离，减少样品预处理过程，操作简单、省时、省力。

(6)固相微萃取（solid-phase microextraction，SPME）技术是在固相萃取技术上发展起来的一种微萃取分离技术，是一种集采样，萃取，浓缩和进样于一体的无溶剂样品微萃取新技术。SPME 操作更简单，携带更方便；克服了固相萃取回收率低、吸附剂孔道易堵塞的缺点。因此成为目前所采用的样品前处理技术中应用最为广泛的方法之一。

5.2.2.3 分离方式的选择

根据试样的相对分子质量的大小，样品在水中和有机溶剂中的溶解度，样品极性及稳定程度，物理和化学性质等选择选择液相色谱分离方法，如图 5-7 所示。

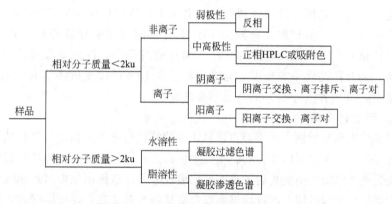

图 5-7 分离方式选择的依据

5.2.2.4 流动相选择与处理

理想的流动相溶剂应具有低黏度，与检测器兼容性好，易于得到纯品和低毒性等特征。

(1)流动相的选择

液相色谱的流动相直接影响组分的分离度，对流动相溶剂的要求是：①溶剂对于待测样品，必须具有合适的极性和良好的选择性。对样品的溶解度要适宜，如果溶解度欠佳，样品会在柱头沉淀，不但影响了纯化分离，也会使柱子性能下降。②溶剂要与检测器匹配。使用 UV 检测器时，所用流动相在检测波长下应没有吸收，或吸收很小。当使用示差折光检测器时，应选择折光系数与样品差别较大的溶剂作流动相，以提高灵敏度。③纯度。由于高效液相灵敏度高，对流动相溶剂的纯度也要求高。不纯的溶剂会引起基线不稳，或产生"伪峰"。痕量杂质的存在，将使截止波长值增加 50~100nm。④化学稳定性好。不能选与样品发生反应或聚合的溶剂。⑤低黏度。若使用高黏度溶剂，势必增高压力，不利于分离。常用的低黏度溶剂有丙酮、乙醇、乙腈等。但黏度过于低的溶剂也不宜采用，如戊烷、乙醚等，它们易在色谱柱或检测器内形成气泡，影响分离。

（2）流动相的 pH 值

采用反相色谱法分离弱酸（$3 \leqslant pK_a \leqslant 7$）或弱碱（$7 \leqslant pK_a \leqslant 8$）样品时，通过调节流动相的 pH 值，以抑制样品组分的解离，增加组分在固定相上的保留，并改善峰形的技术称为反相离子抑制技术。一般在被分析物的 $pK_a \pm 2$ 范围内，有助于获得好的、尖锐的峰。对于弱酸，流动相的 pH 值越小，组分的 k 值越大，当 pH 值远远小于弱酸的 pK_a 值时，弱酸主要以分子形式存在；对弱碱情况相反。分析弱酸样品时，通常在流动相中加入少量弱酸，常用 50mmol/L 磷酸盐缓冲液和 1％乙酸溶液；分析弱碱样品时，通常在流动相中加入少量弱碱，常用 50mmol/L 磷酸盐缓冲液和 30mmol/L 三乙胺溶液。流动相中加入有机胺可以减弱碱性溶质与残余硅醇基的强相互作用，减轻或消除峰拖尾现象。所以在这种情况下有机胺（如三乙胺）又称为减尾剂或除尾剂。在一般情况下，pH＝3 的磷酸钾盐对羧基和氨基化合物分析都能获得良好的应用，钾盐比钠盐更好一些。

（3）流动相的优化调节

样品中所含组分的极性或其他性质相差较大时，等度淋洗很难保证所有组分都得到较好的分离，可以先用强度较弱的淋洗剂使保留弱的组分先分离，然后逐渐提高淋洗剂的强度，使保留强的组分也能在保证分离的前提下，迅速流出色谱柱。梯度淋洗通常是靠改变混合淋洗剂的组成比例来调整淋洗强度的。

流动相优化调节的方法通常有：①由强到弱。一般先用 90％的乙腈（或甲醇)/水（或缓冲溶液）进行试验，这样可以很快得到分离结果，然后根据出峰情况调整有机溶剂（乙腈或甲醇）的比例。②三倍规则。每减少 10％的有机溶剂（甲醇或乙腈）的量，保留因子约增加 3 倍。这是一个聪明而又省力的办法。调整的过程中，注意观察各个峰的分离情况。③粗调转微调。当分离达到一定程度，应将有机溶剂 10％的改变量调整为 5％，并据此规则逐渐降低调整率，直至各组分的分离情况不再改变。

5.2.2.5 衍生化技术

衍生化就是将用通常检测方法不能直接检测或检测灵敏度低的物质与某种试剂（衍生化试剂）反应，使之生成易于检测的化合物。按衍生化的方式可分柱前衍生和柱后衍生。柱前衍生是将被测物转变成可检测的衍生物后，再通过色谱柱分离。这种衍生可以是在线衍生，即将被测物和衍生化试剂分别通过两个输液泵进到混合器里混合并使之立即反应完成，随之进入色谱柱；也可以先将被测物和衍生化试剂反应，再将衍生产物作为样品进样；还可以在流动相中加入衍生化试剂。柱后衍生是先将被测物分离，再将从色谱柱流出的溶液与反应试剂在线混合，生成可检测的衍生物，然后导入检测器。衍生化 HPLC 不仅使分析体系复杂化，而且需要消耗时间，增加分析成本，有的衍生化反应还需控制较严格的反应条件，因此，只有在找不到方便而灵敏的检测方法，或为了提高分离和检测的选择性时才考虑衍生化法。

▶ 5.2.3 常用仪器的操作规程与日常维护

5.2.3.1 依利特 P1201 高效液相色谱仪操作规程

（1）实验准备

① 流动相的配制与脱气：根据实验需要配制各种单项溶液，用微孔滤膜（0.45μm 或

0.22μm）抽滤。纯水系溶液用水膜过滤，有机溶剂（或混合溶剂）用油膜过滤。

② 流动相脱气：超声波振荡脱气 20～30min。配备在线脱气机的可以不经超声脱气。

③ 样品处理：用溶剂配制适当浓度的样品溶液，微孔滤膜过滤。

（2）开机

① 依次打开柱温箱、高压输液泵、检测器电源和计算机。

② 验证系统配置：进入 EC2006 色谱工作站，点击左边"仪器控制"→"系统配置"，选择 UV1201 检测器、P1201 泵 A、P1201 泵 B、柱温箱等组件，点击"验证系统配置"，弹出的窗口中当前的设备必须包括前面所有选择的仪器，否则下一步操作不能实时控制该组件。

③ 排管路中气泡：将流动相放入溶剂瓶中，打开放空阀，按"冲洗"键排除管路中气泡。如按"冲洗"键放空阀出口无液体流出时，需要先用进样器抽去管路上的气泡，待气泡排尽后再按一次"冲洗"键彻底排尽气泡，然后关闭放空阀。

④ 色谱纯溶剂冲洗色谱柱：在工作站中设定泵流速和最高、最低压力，使柱压在适宜范围内（不得超过 30MPa）。然后用色谱纯甲醇或乙腈等冲洗色谱柱 20～30min。

（3）进样分析

① 设置系统参数：通过工作站设定柱温、泵流速、流动相比例和检测波长等参数，"发送仪器参数"即可将设置的参数发送到仪器，启动泵等待仪器平衡 20～30min。

若是一个以前分析过的物质，可点击"打开"图标，打开之前保存好的一个谱图，查看"仪器控制"和"分析方法"里面参数是否与要求一致，一致即可点击"发送仪器参数"；不一致稍作修改后点击"发送仪器参数"，启动泵即可平衡仪器。

② 方法保存：点击左边"分析方法"，在"数据采集方法"内输入采集时间，缺省路径（自动保存位置）；系统默认实验结束后需手动点击"保存"按钮保存数据，如需设置自动保存数据，在"分析自动化"内，勾选"数据采集并存储"，在"预定文件名内"输入样品名称，勾选"时间"或"序号"作为保存名称的后半部分，然后点击"文件"→"另存为"→"存储方法"，选择保存位置，输入名称，将此方法保存为方法，方便以后直接调出使用。

③ 进样：吸取一定量的试液（不少于 60μL，定量环 20μL），在"Load"位置处注入进样阀，快速扳动进样阀手柄到"Inject"处即启动数据采集，然后拔出进样针。样品分析完毕后基线平稳，结束数据采集。然后通过工作站分析实验结果，记录色谱峰的保留时间和峰面积。

④ 数据分析处理：点击"打开"图标，在目标文件夹内双击之前保存的色谱图，即出现样品色谱图。点击色谱图上的"最大化"按钮，在谱图的下方会出现具体的数据，或者点击"查看组分表与积分结果"，出现组分表窗口，与谱图下方出现的数据一致，在窗口内单击右键，出现菜单，选择"属性"，弹出"项目选项"窗口，在我们所需的选项前打钩，在组分表内出现相应的图谱数据。根据需要对色谱图及数据进行分析处理，点击"打印预览"，查看是否符合要求，然后再点击"打印"即可打印相应的图谱及数据。

（4）关机

① 冲洗色谱柱。（a）流动相含酸、盐的冲洗方法：操作结束后，先用含甲醇 5%～20% 的水溶液冲洗 20～30min，再用纯甲醇冲洗 20～30min（注：不能直接用有机溶剂冲洗，盐类易析出堵塞色谱柱，造成永久性损坏；水最好是重蒸水，必须抽滤和脱气）。（b）流动相不含酸、盐的冲洗方法：操作结束后，先用流动相冲洗 10～15min，再用纯甲醇冲洗 20～30min。

② 进样阀的冲洗。用流动相或样品溶剂洗涤 3～5 次，再用甲醇冲洗 3～5 次；再旋动进样阀到 "Load" 位置用甲醇冲洗 3～5 次；最后把进样器上的进样针拔掉，安上配备的冲洗头（白色的圆形配件）用甲醇冲洗 3～5 次即可。

③ 关机。实验完毕及时关闭检测器（保护检测器，延长检测器寿命）；冲洗完成后依次关闭工作站、恒流泵和柱温箱。收拾整理，填写仪器使用记录。

5.2.3.2　Agilent 1100 高效液相色谱仪操作规程

（1）开机：依次打开各部件电源，打开计算机。打开 "Instrument 1 online" 工作站，进入工作站的操作页面。

（2）色谱条件的设定

① 直接设定：在操作页面的右下部的色谱工作参数中设定。将鼠标移至要设定的参数如进样体积、流速、分析停止时间、流动相比例、柱温、检测波长等，单击一下，即可显示该参数的设置页面，键入设定值后，单击 "OK"，即完成。

② 调用已设置好的文件：在命令栏 "Method" 下，选择 "Load Method"，或直接单击快捷键操作的 "Load Method" 图标，选定文件名，单击 "OK"，此时，工作站即调用所选用文件中设定的参数。如欲进行修改，可在色谱工作参数中作修改；亦可在命令栏 "Method" 下，选择 "Edit Entire Method"，在每个页面中键入设定值，单击 "OK"。即完成。

③ 编辑新方法：先在命令栏 "Method" 下，选择 "New Method"，之后再在命令栏 "Method" 下，选择 "Edit Entire Method"，在每个页面中键入设定值，完成后， "Save Method"，先在命令栏 "Method" 下选择 "Save Method"，给新文件命名，单击 "OK"。即完成。

（3）仪器运行：当色谱参数设置完成后，单击工作站流程图右下角的 "on" 仪器开始运行。此时，画面颜色由灰色变成黄色或绿色，当各部件达到所设定的参数时，画面均变为绿色，左上角红色的 "not ready" 变为绿色的 "ready"，表明可以进行分析。

（4）进样分析

① 单个样品分析：如无自动进样器，在命令栏 "Run Control" 下，选择 "Sample Info" 可输入操作者（Operator Name）、数据存贮通道（Subdirectory）、样品名（Sample Name）等信息，单击 "OK"，然后即可用手动进样器进样。如有自动进样器，在命令栏 "Run Control" 下，选择 "Sample Info" 或点击快捷操作的 "一个小瓶" 图标，之后单击样品信息栏内的小瓶，选择 "Sample Info" 即打开了样品信息页面，可输入操作者（Operator Name）、数据存贮通道（Subdirectory）、进样瓶号（Vial）、样品名（Sample Name）等信息，单击 "OK"，即完成。

② 多个样品序列分析：单击快捷操作的 "三个小瓶" 图标，之后单击样品信息栏内的样品盘，选择 "Sequence Table"，即进入连续样品序列表的编辑，输入进样瓶号、样品名进样次数、进样体积等信息，单击 "OK"，即完成。否则仪器将运行至色谱参数设置中所设定的分析停止时间方结束分析。

③单击信息栏上方绿色的 "Start"，自动进样器即按设置的程序进行分析，如欲终止分析，可单击信息栏上方的 "Stop"，否则仪器将运行至所设定的分析停止时间方结束分析。

（5）关机：实验完成后根据流动相是否含酸或缓冲盐，用含甲醇 5%～20% 的水溶液及色谱纯甲醇或乙腈冲洗管路和色谱柱，冲洗结束后，单击工作站流程图右下角的 "off" 停止仪器运行。关闭计算机、工作站及各部件电源。填写仪器使用记录。

5.2.3.3 岛津 LC-20ATvp 高效液相色谱仪操作规程

(1) 开机：依次打开泵、自动进样器、柱温箱、检测器和系统控制器电源开关，启动 LC-Solution 工作站联机，联上后能听到一声蜂鸣。然后打开仪器上的排空阀（"open"方向旋转180°）。然后点击仪器面板上"purge"钮开始清洗流路 3～5min，直至所用通道无气泡为止。

(2) 流动相及样品的准备：流动相配制所用的试剂必须是色谱级。流动相和样品须经 0.45μm 的微孔滤膜过滤后方能进入 LC 系统。水和有机相所用的微孔滤膜不同。

(3) 参数设置：在分析参数设置页中设置流速、检测波长、柱温、停止时间等。完成后点击"下载"将分析参数传输至主机。

(4) 分析方法的保存：选择"文件"→另存方法文件为→选择保存路径→取名保存文件。点击"仪器开/关"键开启系统（此时泵开始工作、柱温箱开始升温）。

(5) 单次进样分析：将样品瓶放入自动进样器中，待基线平直、压力稳定时方可进样。点击"单次分析"键，在对话框中输入样品名称、样品信息、方法文件名、数据文件名、样品瓶号、样品架号、进样量等样品参数。确定后仪器开始自动进样操作。

(6) 批处理分析：点击批处理分析图标，点击"向导"，根据提示逐步输入开始样品编号、进样体积、样品组数、标准样品、数据文件路径、名称、校正级别数、重复进样次数等未知样品的信息。完成后，保存批处理文件。仪器处于"就绪"状态后点击助手栏中的"开始批处理"，启动批处理。

(7) 数据文件的查看及定量分析：点击"PDA 数据分析"打开数据处理窗口。打开文件搜索器，定位至数据文件所在文件夹，选择文件的类型，双击文件名即可打开数据文件。

(8) 关机：实验完成后根据流动相是否含酸或缓冲盐，用含甲醇 5%～20%的水溶液及色谱纯甲醇或乙腈冲洗管路和色谱柱，冲洗结束后，点击"仪器开/关"键停泵，关闭工作站，关闭系统控制器、泵、自动进样器、柱温箱、检测器。填写仪器使用记录。

5.2.3.4 六通进样阀的使用与保养

六通进样阀是液相中最理想的进样器，由圆形密封垫（转子）和固定底座（定子）组成（图 5-8）。当六通阀处于"Load"位置时，样品注入定量环，定量环充满后，多余样品从放空孔排出；转至"Inject"位置时，定量环内样品被流动相带入色谱柱。进样体积由定量环体积严格控制，进样准确，重现性好。使用及保养事宜如下。

(1) 手柄处于"Load"和"Inject"之间时，由于暂时堵住了流路，流路中压力骤增，再转到进样位，过高的压力在柱头上引起损坏，所以应尽快转动阀，不能停留在中途。在

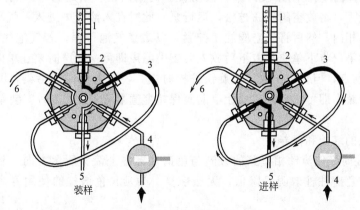

图 5-8　六通阀进样示意图

HPLC 系统中使用的进样器针头有别于气相色谱，是平头进样器。一方面，针头外侧紧贴进样器密封管内侧，密封性能好，不漏液，不引入空气；另一方面，也防止了针头刺坏密封组件及定子。

(2) 六通阀进样器的进样方式有部分装液法和完全装液法两种。使用部分装液法进样时，进样量最多为定量环体积的 75%，如 $20\mu L$ 的定量环最多进样 $15\mu L$ 的样品，并且要求每次进样体积准确、相同；使用完全装液法进样时，进样量最少为定量环体积的 $3\sim5$ 倍，即 $20\mu L$ 的定量环最少进样 $60\mu L$ 以上的样品，这样才能完全置换样品定量环内残留的溶液，达到所要求的精密度及重现性。推荐采用 $100\mu L$ 的平头进样针配合 $20\mu L$ 满环进样。

(3) 可根据进样体积的需要自己制作定量环，一般不要求精确计算定量环的体积。

(4) 为防止缓冲盐和其他残留物质留在进样系统中，每次结束后应冲洗进样器，通常用不含盐的稀释剂、水或不含盐的流动相冲洗，在进样阀的"Load"和"Inject"位置反复冲洗，再用无纤维纸擦净进样器针头的外侧。

5.2.3.5 高效液相色谱仪的日常维护

(1) 检测器的维护和保养

① 禁止拆卸更动仪器内部元件防止损坏或影响准确度。

② 仪器内部的流通池是流动相流过的元件，样品的干净程度和微生物的生长都可能污染流通池，导致无法检测或检测结果不准，所以在使用了一段时间以后要先用水冲洗流通池和管路，再换有机溶剂冲洗。

③ 当仪器检测数据出现明显波动，基线噪声变大时要冲洗仪器管路，冲洗后如果还是没有改善就应该检测氘灯能量，如果能量不足就应更换新的氘灯。

④ 每次使用完以后都要用水和一定浓度的有机溶剂冲洗管路，保证下次使用时管路和系统的清洁。

(2) 高压恒流泵的维护和保养

① 高压恒流泵为整个色谱系统提供稳定均衡的流动相流速，保证系统的稳定运行和系统的重现性。高压输液泵由步进电机和柱塞等组成，高压力长时间的运行回逐渐磨损泵的内部结构。在升高流速的时候应梯度势升高，最好每次升高 $0.2mL/min$，当压力稳定时再升高，如此反复直到升高到所需流速。

② 在仪器使用完了以后，要及时清洗管路冲洗泵，保证泵的良好运转环境，保证泵的正常使用寿命。

③ 长期使用仪器或流动相被污染时极易使单向阀污染。单向阀污染判别：将在线过滤头提离流动相液面，将放空阀旋钮拧松，运行泵。此时在入液管中进入一气泡，马上将在线过滤头放入流动相内，然后将放空阀旋钮拧紧，以观察气泡行程，若气泡往前走又向后退，说明下单向阀污染，将下单向阀取下后放入丙酮中超声即可（超声时要让单向阀保持竖直状态）。若气泡往前走，但行程比放空阀旋钮拧松时慢，说明上单向阀污染，即将上单向阀取下后放入丙酮中超声即可（超声时要让单向阀保持竖直状态）。清洗后安装单向阀时要确保方向正确。

(3) 色谱柱的维护和保养

① 装色谱柱时应使流动相流路的方向与色谱柱标签上箭头所示方向一致。不宜反向使用，否则会导致色谱柱柱效明显降低，无法恢复。为延长色谱柱的使用寿命，建议使用保护柱。

② 所使用的流动相均应为 HPLC 级或相当于该级别的，在配置过程中所有非 HPLC 级

的试剂或溶液均经 $0.45\mu m$ 滤膜过滤。而且流动相使用前都经过超声脱气后才使用。

③ 所使用的水必须是经过蒸馏纯化后再经过 $0.45\mu m$ 水膜过滤后使用，所有试液均新用新配。所有样品必须经过 $0.45\mu m$ 滤膜过滤后方可进样。

④ 如果流动相中含酸或缓冲盐，则实验完成后先用含甲醇 $5\%\sim20\%$ 的水溶液冲洗管路和色谱柱 $30min$ 以上，再用色谱纯甲醇冲洗管路和色谱柱 $30min$ 以上（也可以梯度冲洗，最后色谱纯甲醇冲洗色谱柱 $30min$），使色谱柱中的强吸附物质冲洗出来。

⑤ 色谱柱的长期保存：反相柱，可以储存于甲醇或乙腈中，正相柱可以储存于经脱水处理后的正己烷中，并将色谱柱两端的堵头堵上，以免干枯，室温保存。

⑥ 色谱柱的再生：反相柱首先用蒸馏水冲洗，再分别用 $20\sim30$ 倍柱体积的甲醇和二氯甲烷冲洗，然后按相反顺序冲洗，最后用流动相平衡。正相柱按极性增大的顺序，依次用 $20\sim30$ 倍柱体积的正己烷、二氯甲烷和异丙醇冲洗色谱柱，然后，按相反顺序冲洗，最后用干燥的正己烷平衡。

5.2.4　实验

实验 5-6　高效液相色谱法测定饮料中咖啡因的含量

【实验目的】

(1) 学习高效液相色谱仪的操作。

(2) 了解高效液相色谱法测定咖啡因的基本原理。

(3) 掌握高效液相色谱法进行定性及定量分析的基本方法。

【实验原理】

咖啡因又称咖啡碱，是由茶叶或咖啡中提取而得的一种生物碱，它属黄嘌呤衍生物，化学名称为 1,3,7-三甲基黄嘌呤。咖啡因能兴奋大脑皮层，使人精神兴奋。咖啡中含咖啡因为 $1.2\%\sim1.8\%$，茶叶中含 $2.0\%\sim4.7\%$。可乐饮料、APC 药片等中均含咖啡因。其分子式为 $C_8H_{10}O_2N_4$，结构式如图 5-9 所示。

定量测定咖啡因的传统分析方法是采用萃取分光光度法。用反相高效液相色谱法将饮料中的咖啡因与其他组分（如：单宁酸、咖啡酸、蔗糖等）分离后，将已配制的浓度不同的咖啡因标准溶液进入色谱系统。如流动相流速和泵的压力在整个实验过程中是恒定的，测定它们在色谱图上的保留时间 t_R 和峰面积 A 后，可直接用 t_R 定性，用峰面积 A 定量，采用工作曲线法测定饮料中的咖啡因含量。

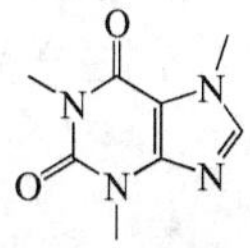

图 5-9　咖啡因结构式

【仪器和试剂】

(1) 仪器：高效液相色谱仪（含紫外检测器），液相微量进样器。

(2) 试剂：咖啡因，可乐，茶叶，速溶咖啡等。

咖啡因标准贮备溶液（$1000\mu g/mL$）：将咖啡因在 $110^\circ C$ 下烘干 $1h$。准确称取 $0.1000g$ 咖啡因，超纯水溶解，定量转移至 $100mL$ 容量瓶中，并稀释至刻度。

【实验步骤】

(1) 标准溶液的配置：准确移取标准贮备液 $1.00mL$、$2.00mL$、$3.00mL$、$4.00mL$、

5.00mL 到 50mL 容量瓶中，超纯水定容，得到质量浓度分别为 $20\mu g/mL$、$40\mu g/mL$、$60\mu g/mL$、$80\mu g/mL$、$100\mu g/mL$ 的标准系列溶液。

（2）色谱条件：色谱柱 C_{18} ODS 柱，泵流速 1.0mL/min，检测波长 275nm，进样量 $20\mu L$，柱温 25℃，甲醇与水混合液（体积比 50：50）。

（3）仪器基线稳定后，进咖啡因标准样，浓度由低到高。每个样品重复 3 次，要求 3 次所得的咖啡因色谱峰面积基本一致，记下峰面积与保留时间，绘制标准曲线并回归方程。

（4）样品处理

① 将约 25mL 可口可乐置于 100mL 洁净、干燥的烧杯中，剧烈搅拌 30min 或用超声波脱气 10min，以赶尽可乐中二氧化碳。转移至 50mL 容量瓶中，并定容至刻度。

② 准确称取 0.04g 速溶咖啡，用 90℃蒸馏水溶解，冷却后过滤，定容至 50mL 容量瓶中。

③ 准确称取 0.04g 茶叶，用 20mL 蒸馏水煮沸 10min，冷却后，过滤取上层清液，并按此步骤再重复一次。转移至 50mL 容量瓶中，并定容至刻度。

（5）上述样品溶液分别进行干过滤（即用干漏斗、干滤纸过滤），弃去前过滤液，取后面的过滤液，用 $0.45\mu m$ 的过滤膜过滤，备用。

（6）样品测定：分别注入样品溶液 $20\mu L$，根据保留时间确定样品中咖啡因色谱峰的位置，记录咖啡因色谱峰峰面积，计算样品中咖啡因的含量。

【结果处理】

（1）测定不同浓度的标准溶液，记录咖啡因色谱峰的保留时间及峰面积，回归标准曲线。

（2）确定未知样中咖啡因的出峰时间及峰面积，计算样品中咖啡因的含量。

【注意事项】

（1）不同的可乐、茶叶、咖啡中咖啡因含量不大相同，称取的样品量可酌量增减。

（2）若样品和标准溶液需保存，应置于冰箱中。

（3）为获得良好结果，标准和样品的进样量要严格保持一致。

【思考题】

（1）用标准曲线法定量的优缺点是什么？

（2）根据结构式，咖啡因能用离子交换色谱法分析吗？为什么？

（3）在样品干过滤时，为什么要弃去前过滤液？这样做会不会影响实验结果？为什么？

实验 5-7 高效液相色谱法测定食品中苯甲酸和山梨酸的含量

【实验目的】

（1）了解高效液相色谱分离理论。

（2）掌握流动相 pH 值对酸性化合物保留因子的影响。

【实验原理】

食品添加剂是在食品生产中加入的用于防腐或调节味道、颜色的化合物，为了保证食品的食用安全，必须对添加剂的种类和加入量进行控制。高效液相色谱法是分析和检测食品添加剂的有效手段。

本实验以 C_{18} 键合的多孔硅胶微球作为固定相，甲醇-磷酸盐缓冲溶液（体积比为 50：50）的混合溶液作流动相的反相液相色谱分离苯甲酸和山梨酸。两种化合物由于分子结构不同，在固定相和流动相中的分配比不同，在分析过程中经多次分配便逐渐分离，依次流出色谱柱。经紫外-可见检测器进行色谱峰检测。

苯甲酸和山梨酸为含有羧基的有机酸，流动相的 pH 值影响它们的解离程度，因此也影响其在两相（固定相和流动相）中的分配系数，本实验将通过测定不同流动相的 pH 值条件下苯甲酸和山梨酸保留时间的变化，了解液相色谱中流动相 pH 值对于有机酸分离的影响。

【仪器与试剂】

（1）仪器：高效液相色谱仪（含紫外检测器）；液相微量进样器；滤膜。

（2）试剂：超纯水；磷酸、甲醇、磷酸二氢钠、苯甲酸、山梨酸等均为分析纯。苯甲酸样品溶液（25μg/mL）、山梨酸样品溶液（25μg/mL）及混合液。

【实验步骤】

（1）设置色谱条件：按照仪器操作要求，打开计算机及色谱仪各部分电源开关。在工作站上设置色谱条件：色谱柱 C_{18} ODS 柱，柱温 30℃，流速 1mL/min，检测波长 230nm，进样量 20μL，甲醇与 50mmol 磷酸二氢钠水溶液的体积比为 50∶50。

流动相：①甲醇与 50mmol 磷酸二氢钠水溶液的体积比为 50∶50（pH=4.0）；②甲醇与 50mmol 磷酸二氢钠水溶液的体积比为 50∶50（pH=5.0）。首先配制 50mmol 磷酸二氢钠水溶液，以磷酸调 pH 值至 4.0 或 5.0，然后与等体积甲醇混合，0.45μm 滤膜过滤后使用。

（2）色谱分析：先用 pH4.0 的流动相平衡仪器，待仪器稳定、色谱基线平直后，分别进行苯甲酸样品溶液、山梨酸样品溶液及混合溶液。记录保留时间，将测定的各纯化合物的保留时间与混合物样品中色谱峰的保留时间对照，确定混合物色谱中各色谱峰属于何种组分。

（3）计算两组分的分离度 R：$R = \dfrac{2(t_{R2} - t_{R1})}{w_1 + w_2}$

式中，$t_{R2} - t_{R1}$ 为两组分的保留时间之差；w_1、w_2 为两个色谱峰基线宽度（基峰宽）。

（4）考查 pH 值对分离的影响：之后改用 pH5.0 的流动相，待仪器平衡后进混合物样品分析。记录保留时间，计算两组分的分离度 R。

【结果处理】

记录不同 pH 值流动相下苯甲酸和山梨酸的保留时间，计算并比较分离度 R。

【注意事项】

（1）实验结束后以甲醇-水（体积比 10∶90）为流动相冲色谱柱约 30min，除去缓冲盐。

（2）实验条件特别是流动相配比，可以根据具体情况进行调整。

（3）有磷酸二氢钠的溶液容易有沉淀生成，需要注意流动相在放置过程中有无变化。

【思考题】

（1）流动相的 pH 值升高后，苯甲酸和山梨酸的保留时间及分离度如何变化？

（2）保留时间变化的原因是什么？

实验 5-8　高效液相色谱法检测常见的食品添加剂

【实验目的】

（1）了解 HPLC 定量分析的原理和定量方法。

（2）学习液相色谱分析测试方法的优化调试方法，建立最佳的分析测试方法。

（3）了解实际样品的分析测试过程，独立完成实际样品的取样、制备到分析等全过程。

【实验原理】

液相色谱法采用液体作为流动相，利用物质在两相中的吸附或分配系数的微小差异达到分离的目的。当两相做相对移动时，被测物质在两相之间进行反复多次的质量交换，使溶质间微小的性质差异产生放大的效果，达到分离分析和测定的目的。液相色谱与气相色谱相比，最大的优点是可以分离，不可挥发，具有一定溶解性的物质或受热后不稳定的物质，这类物质在已知化合物中占有相当大的比例，这也确定了液相色谱在应用领域中的地位。高效液相色谱可分析低分子量、低沸点的有机化合物，更多适用于分析中、高分子量、高沸点及热稳定性差的有机化合物。80％的有机化合物都可以用高效液相色谱分析，目前已广泛应用于各行业。

食品添加剂指"为改善食品品质和色、香、味，以及为防腐或根据加工工艺的需要而加入食品中的化学合成或天然物质"。它是食品加工必不可少的主要基础配料，其使用水平是食品工业现代化的重要标志之一。食品添加剂在食品工业中起着重要作用，各种食品添加剂能否使用，使用范围和最大使用量各国都有严格规定，受法律制约，以保证安全使用，这些规定是建立在一整套科学严密的毒性评价基础上的。为保证食品质量安全，必须对食品添加剂的使用进行严格的监控。因此，食品中食品添加剂的检测是十分必要的。

各种食品添加剂中，常见的有防腐剂（苯甲酸、山梨酸）、人工合成甜味剂（主要是糖精钠、安赛蜜）以及人工合成色素（柠檬黄、日落黄、胭脂红、苋菜红）等。对食品中的各种添加剂的检测最有效的方法则是高效液相色谱法，可以充分利用高效液相色谱的分离特性分析食品中常见的添加剂。

【仪器与试剂】

（1）仪器：高效液相色谱仪（含紫外检测器），液相微量进样器，$0.45\mu m$ 滤膜。

（2）药品及试剂：山梨酸、苯甲酸、糖精钠等标准品，甲醇（色谱纯），乙酸铵（分析纯）。

20mmol/L 乙酸铵溶液：取 1.54g 乙酸铵，加水溶解并稀释至 1000mL，微孔滤膜过滤。

氨水（1＋1）：氨水与水等体积混合。

【实验步骤】

（1）标准系列溶液的配制：准确称取山梨酸、苯甲酸、糖精钠等标准品 10.00mg 于 10mL 容量瓶中。超纯水定容得 1.00mg/mL 的标准原液。分别准确吸取不同体积山梨酸、苯甲酸、糖精钠等标准原液（1.00mg/mL），将其稀释为浓度分别为 0、$10\mu g/mL$、$20\mu g/mL$、$30\mu g/mL$、$40\mu g/mL$、$50\mu g/mL$ 的混合标准使用液，摇匀，待测。

（2）样品溶液的制备

液体样品前处理：橙汁、碳酸饮料液体样品：称取 10g 样品（精确至 0.1mg）于 25mL 容量瓶中，用氨水（1＋1）调节 pH 值至近中性，用水定容至刻度，混匀，经水系 $0.45\mu m$ 微孔滤膜过滤，备用。

固态样品前处理：取一定量有代表性的固态食品样品放入捣碎机中捣碎，称取 $2.50\sim 5.00g$（精确至 0.1mg）试样于 25mL 的比色管中，加 10mL 超纯水，摇匀后用氨水（1＋1）调节 pH 值至近中性，或用氢氧化钠溶液调节 pH 值为 $7\sim 8$。超声提取 10min，再振荡提取 10min 后用超纯水定容摇匀。以 4000r/min 速度的离心 $5\sim 10$min，上清液经水系 $0.45\mu m$ 微孔滤膜过滤，备用。

（3）色谱条件：色谱柱 Kromasil C_{18}，检测波长 230nm，进样量 $20\mu L$，柱温 $25℃$，流速 $1.0mL/min$，甲醇与 20mmol/L 乙酸铵水溶液的体积比为 10∶90。

（4）标准系列与样品溶液的测定

仪器稳定后进样分析。分别取混合标准使用液和样品处理液注入高效液相色谱仪进行分析，各样品均 3 次平行实验。根据保留时间进行定性，根据峰面积定量求出样品中被测物质的含量。

【数据处理】

（1）食品添加剂标准品的分离分析，通过保留时间确定各峰对应的物质成分。

（2）以峰面积为纵坐标，浓度为横坐标，绘制各组分的标准曲线，并拟合回归方程。

（3）根据标准品在色谱图上的保留值，对样品中的各峰进行定性分析，由峰面积根据标准曲线求出对应的浓度，并计算出样品中的含量。

【思考题】

（1）查阅液相分析方面的参考书，了解影响液相分析方法的因素有哪些？

（2）比较液相与气相分析的异同点，各自的适用范围。

（3）如何建立最优化的液相分析方法？

实验 5-9 高效液相色谱法测定土壤中的多环芳烃

【实验目的】

（1）了解 HPLC 定量分析的原理和定量方法。

（2）学习液相色谱分析测试方法的优化调试方法，建立最佳的分析测试方法。

（3）了解实际样品的分析测试过程，独立完成实际样品的取样、制备到分析等全过程。

【实验原理】

多环芳烃（简称 PAHs）主要是有机物在高温下不完全燃烧而产生，广泛存在于土壤、水等自然环境和各种食品中。其中萘、芘等 16 种 PAHs 因具有致畸、致癌和致突变作用而被视为最严重的有机污染物类型之一。国家环保总局推荐采用高效液相色谱法（HPLC）测定饮用水、地下水、土壤中的 PAHs。

【仪器与试剂】

（1）仪器：高效液相色谱仪（含荧光检测器 FLD），液相微量进样器，滤膜，氮吹仪。

（2）试剂：多环芳烃标准液（根据需要购买 16 种或其中几种），乙腈、二氯甲烷、正己烷、丙酮、甲醇均为色谱纯；超纯水；商用硅胶柱。

【实验步骤】

（1）样品的制备：取保存于干净棕色瓶内，避光风干后过 100 目筛的 5.000g 土样，用二氯甲烷索氏提取 24h，将提取液旋转蒸干，再加入 2.00mL 环己烷溶解，吸取 0.50mL 过硅胶柱，用正己烷-二氯甲烷（体积比为 1∶1）混合溶液洗脱。弃去前 1mL 洗脱液后开始收集。收集 2.00mL 洗脱液，氮吹仪吹干，再用乙腈溶解并定容至 1mL 后待上机测定。

（2）色谱条件：色谱柱 Hypersil ODS2 C_{18}柱，进样量 $20\mu L$，柱温 $30℃$，乙腈-水（体积比 70∶30），流速 $0.8mL/min$，荧光检测器变波长检测，检测波长如表 5-6 所示。

表 5-6 荧光检测波长

时间/min	激发波长/nm	发射波长/nm	时间/min	激发波长/nm	发射波长/nm
0～8	260	340	15	270	390
9	245	380	24	290	410
12	280	460	41.5	290	480

（3）标准曲线的绘制：取购买的多环芳烃标准液，逐级稀释到质量浓度约为 $2\mu g/mL$、$5\mu g/mL$、$10\mu g/mL$、$20\mu g/mL$、$50\mu g/mL$、$100\mu g/mL$ 的多环芳烃对照品溶液。仪器稳定后进样分析，根据色谱分离情况适当优化色谱条件，使各组分分离良好，色谱峰对称性好，便于分辨。记录各组分的保留时间和峰面积，以峰面积为纵坐标，质量浓度为横坐标绘制标准曲线，并拟合回归方程。

（4）样品溶液的测定：取样品处理液进样分析，根据保留时间进行定性，根据峰面积定量求出样液中被测物质的含量。

【数据处理】

（1）多环芳烃标准品的分离分析，通过保留时间确定各峰对应的物质成分。

（2）以峰面积为纵坐标，浓度为横坐标，绘制各组分的标准曲线，并拟合回归方程。

（3）根据标准曲线求出样品中对应组分的浓度，并计算出样品中的含量。

【思考题】

（1）查阅液相分析方面的参考书，了解影响液相分析方法的因素有哪些？

（2）如何建立最优化的液相分析方法？

实验 5-10 高效液相色谱法正相拆分麻黄碱对映体

【实验目的】

（1）了解手性高效液相色谱法拆分药物对映体的原理。

（2）理解手性高效液相色谱与常规高效液相色谱的不同点。

（3）掌握手性高效液相色谱法的实验技术。

【实验原理】

药物的手性对于药理学有很大影响。两种药物对映体，其药理作用可能不同，因此，药效可能相差很大，甚至完全相反，更为严重的是，有些药物对映体，一个可以治疗疾病，而另一个可能有毒副作用。因此药物对映体的拆分十分重要。经典的手性拆分方法，如分级结晶、旋光法等重现性或灵敏度欠佳。近年来多采用快速、灵敏、准确的高效液相色谱法。

手性高效液相色谱法可分为直接法和间接法两大类。间接法是先把对映体混合物用手性试剂作柱前衍生，形成非对映异构体，然后再用常规固定相分离。常用的衍生化试剂有异硫氰酸酯、异氰酸酯、酰氯、磺酰氯、萘衍生物、光学活性的氨基酸等。而直接法则不用衍生，直接用手性流动相或手性固定相拆分即可，简便易行，因此发展很快。直接法拆分药物对映体的基础是"三点作用原理"，即"手性环境与药物对映体之间至少有三个部位发生相互作用，而且这三个作用中至少有一个是由立体化学因素决定的"。其作用模式如图 5-10 所示。

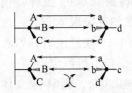

图 5-10 三点作用模型

麻黄碱是拟肾上腺素类药物,有松弛支气管平滑肌、收缩血管和兴奋中枢神经等药理作用,临床应用十分广泛,常见于治疗哮喘、伤风、过敏等症的各种药物中。麻黄碱有两个手性碳原子,其结构式如图5-11所示。

本实验采用手性固定相法直接拆分麻黄碱药物对映体。所采用的固定相是酰胺型手性固定相(Pirkle型手性固定相),其结构如图5-12所示。固定相的手性中心分别与异构体发生氢键作用(2个)及 x^- 冗电子授受作用,而且这两种作用力的强度对麻黄碱的两个异构体是不同的,因此,麻黄碱对映体可以被分开。

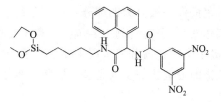

图5-11 麻黄碱的结构　　　　图5-12 酰胺型手性固定相的结构

【仪器及试剂】

(1) 仪器:高效液相色谱仪,微量进样进样器,超声波清洗仪。

(2) 试剂:正己烷、P_2O_5、二氯乙烷、无水CaO、甲醇等均分析纯,麻黄碱标样。

正己烷:加入 P_2O_5 过夜,防水蒸馏得无水正己烷。1,2-二氯乙烷:加入无水CaO过夜,防水蒸馏得无水二氯乙烷。甲醇:用无水CaO回流3h,然后重蒸得无水甲醇。

【实验步骤】

(1) 流动相的配制:将无水正己烷、无水二氯乙烷、无水甲醇按体积比66:24:10混合(注意加入顺序为正己烷、二氯乙烷、甲醇),超声波混匀后作为流动相。

(2) 麻黄碱标准液的配制:将药物麻黄碱用甲醇超声溶解,用流动相稀释配制成0.10mg/mL的标准溶液,过滤后备用。

(3) 色谱条件:手性柱,柱温30℃,流速1mL/min,检测波长254nm,流动相为正己烷-二氯乙烷-甲醇(体积比66:24:10)。

(4) 死时间 t_M 的测定:流动相平衡仪器0.5h后,注射5μL的乙酸乙酯,记录色谱图。

(5) 分离麻黄碱对映体:注射20μL的麻黄碱标准溶液,记录色谱图,约1h后,停止记录,记下保留时间及半峰宽。平行测样3次。记下柱长 L。

【数据处理】

(1) 计算麻黄碱对映体的校正保留时间及相对保留值和每个对映体的容量因子。

(2) 计算麻黄碱对映体的分离度。

(3) 计算理论塔板数、有效理论塔板数和理论塔板高度。

【思考题】

(1) 正相拆分和反相拆分的区别是什么?

(2) 配制流动相时,能否先把正己烷和甲醇混合,再加入二氯乙烷混合?为什么?

(3) 根据麻黄碱的结构和所用固定相的结构,指出其符合"三点作用原理"的三个力?

5.3 离子色谱法

离子色谱(ion chromatography,IC)是高效液相色谱(HPLC)的一种,是分析阴离子和阳离子的一种液相色谱方法。狭义地讲，是基于离子性化合物与固定相表面离子性功能基团之间的电荷相互作用，实现离子性物质分离和分析的色谱方法。广义地讲，是基于被测物的可离解性（离子性）进行分离的液相色谱方法。对于一些离子型化合物，尤其是一些阴离子的分析，IC 是目前首选的、最简单的方法。

5.3.1　仪器组成与结构

离子色谱仪一般分为四部分：输液系统、分离系统、检测系统和数据处理系统（计算机和色谱工作站）。分离机制主要包括：离子交换色谱、离子排斥色谱和离子对色谱（反相离子对），离子交换色谱分离机理主要是离子交换，离子排斥色谱分离机理则为离子排斥，而离子对色谱的分离机理主要是基于吸附和离子对的形成。

5.3.2　实验技术

5.3.2.1　去离子水制备及溶液配制
（1）去离子水的制备

一般离子色谱中使用的纯水的电导率应在 $0.5\mu S/cm$ 以下。用石英蒸馏器制得的蒸馏水的电导率在 $1\mu S/cm$ 左右，对于高含量离子的分析，或对分析要求不高时可以使用。通常用金属蒸馏器制得的水的电导率在 $5\sim25\mu S/cm$，反渗透法制得的纯水电导率在 $2\sim40\mu S/cm$，均难以满足离子色谱的要求。因此需要用专门的去离子水制备装置制备纯水。一般以去离子水再用石英蒸馏器蒸馏，即重蒸去离子水。也可将反渗透水作原水引进去离子水制备装置。精密去离子水制备装置可以制得电导率 $0.06\mu S/cm$ 以下（比电导 $17M\Omega$ 以上）的纯水。

（2）溶液的配制

配制标准溶液时一定要防止离子污染。样品溶液和流动相配制好后要用 $0.5\mu m$ 以上的滤膜过滤。防止微生物的繁殖，最好现配现用。

5.3.2.2　流动相的选择

流动相也称淋洗液，是用去离子水溶解淋洗剂配制而成。淋洗剂通常都是电解质，在溶液中离解成阴离子和阳离子，对分离起实际作用的离子称淋洗离子，如用碳酸钠水溶液作流动相分离无机阴离子时，碳酸钠是淋洗剂，碳酸根离子才是淋洗离子。选择流动相的基本原则是淋洗离子能从交换位置置换出被测离子。从理论上讲，淋洗离子与树脂的亲和力应接近或稍高于被测离子，但在实际应用中，当样品中强保留离子和弱保留离子共存时，如果选择与保留最强的离子的亲和力接近的淋洗离子，往往有些弱保留离子很快流出色谱柱，不能达到分离，因此，合适的流动相应根据样品的组成，通过实验进行选择。

离子抑制色谱除了控制流动相 pH 值外，对流动相的要求和通常的反相色谱一样，离子对色谱的流动相是由淋洗剂（有机溶剂或水溶液）和离子对试剂组成的。对酸性物质多用季胺盐（如溴化四甲基铵，溴化四丁基铵、溴化十六烷基三甲基甲铵）作离子对试剂，而对碱性物质则多用烷基磺酸盐（如己烷磺酸盐、樟脑磺酸盐）和烷基硫酸盐（如十二烷基硫酸盐）作离子对试剂。离子对试剂的烷基增大，生成的离子对化合物的疏水性增强，在固定相中的保留也随之增大，但对选择性的影响不大。所以对于性质很相似的溶质，宜选用烷基较小的离子对试剂。

对分离影响较大的另一个因素是流动相的 pH 值，它决定被测物质的离解程度。对于硅胶基质的键合固定相，流动相的 pH 值应为 2.0～7.5。某些缓冲剂离子也有可能与离子对试剂结合，所以缓冲剂的浓度不宜过高，通常为 1～5mmol/L。

5.3.2.3 定性方法

当色谱柱、流动相及其他色谱条件确定后，便可以根据分离机理和经验分析哪些离子可能有保留及其大致保留顺序。在此基础上，就可以用标准物质进行对照。在确定的色谱条件下保留时间也是确定的，与标准物质保留时间一致就认为是与标准物质相同的离子。这种方法称作保留时间定性。

很多离子具有选择性或专属性显色反应，也可以用显色反应进行定性。质谱的定性能力很强，如果离子色谱和质谱联用（IC/MS）就可以很准确地定性。与液相色谱-质谱联用（LC/MS）一样，IC/MS 联用也是在接口上存在一些困难，加上仪器昂贵，应用不多。

5.3.2.4 定量方法

IC 定量方法与其他分析方法一样，用得最多的是标准曲线法、标准加入法和内标法。基于在一定的被测物浓度范围内，色谱峰面积与被测离子浓度成线性关系。

5.3.3 常用仪器的操作规程与日常维护

5.3.3.1 Dionex ICS-900 离子色谱仪操作规程

（1）开机

① 确认淋洗液和再生液的储量是否满足需要，加注淋洗液后，在控制面板中将显示液位的箭头用鼠标移动到正确位置，随着淋洗液的消耗而变化。液位达到 200mL、100mL 和 0mL 时，软件将会发出警告。再生液储罐必须加满，使用过程中不能晃动。

② 使用氦气、氩气或氮气对淋洗液加压，将压缩气瓶的输出压力调节至 0.2MPa，淋洗液瓶的压力调节至 5psi，拔出黑色旋钮，顺时针调节至 5psi，将黑色旋钮推回原位锁住。

③ 打开总电源和 UPS 电源开关，打开仪器主机电源开关和自动进样器开关，启动电脑。打开淋洗液发生器的电源。等电脑启动完成后，点击右下角三角形的地方出现服务器管理器，点击"启动仪器控制器"（此时进样器上的 connect 灯变绿色表示软件和主机联接成功）。

（2）启动工作站：点击"Chromeleon"图标，进入工作站操作界面。

（3）排气泡：先把主机上的排气阀逆时针旋转两圈左右→点击软件 ICS-900→点击"灌注"→点击右上角的"确定"，等待排气 1～2min 后→点击"泵关闭"。旋紧排气阀。点击软件上的泵打开，仪器上流速设为 1.0mL/min，压力上升 1000spi 以上，再把淋洗液发生器前面的三个灯依次按亮，变成绿色，等待检测器上的总电导"总计"为 2.0μs 为合格。

（4）样品的制备

① 样品的选择和储存：样品收集在用去离子水清洗的高密度聚乙烯瓶中。不要用强酸或洗涤剂清洗该容器，这样做会使许多离子遗留在瓶壁上，对分析带来干扰。

如果样品不能在采集当天分析，应立即用 0.45μm 的过滤膜过滤，否则其中的细菌可能使样品浓度随时间而改变。即使将样品储存在 4℃ 的环境中，也只能抑制而不能消除细菌的生长。尽快分析 NO_2^- 和 SO_3^{2-}，它们会分别氧化成 NO_3^{2-} 和 SO_4^{2-}。不含有 NO_2^- 和 SO_3^{2-} 的样品可以储存在冰箱中，一星期内阴离子的浓度不会有明显的变化。

② 样品预处理：进样前要用 0.45μm 的过滤膜过滤；对于含有高浓度干扰基体的样品，进样前应先通过预处理柱；对于大分子样品如核酸类，进样前应先通过前处理，避免大分子残存在离子交换柱内。

③ NaHCO$_3$/Na$_2$CO$_3$作为淋洗液时，用其稀释样品，可以有效地减小水负峰对 F$^-$ 和 Cl$^-$ 的影响（当 F$^-$ 的浓度小于 0.05μg/mL 时尤为有效），但同时要用淋洗液配制空白和标准溶液。稀释方法通常是在 100mL 样品中加入 1mL 浓 100 倍的淋洗液。

（5）样品序列创建：点击软件数据→"创建"菜单→序列→ICS900 依次把"样品数量、开始位置、和进样量"设置好（进样量溴酸盐为 500μL，氯酸盐为 50μL，其他一般阴离子为 10μL）。→下一步仪器方法→浏览（做溴酸盐时选溴酸盐梯度，做其他阴阴离子时选阴离子等度）→处理方法→报告模板→下一步输入文件名后保存。

（6）放样品和换定量环：依照以上序列的样品数在自动进样器上放好样品。换环时进样阀处于装样的状态下更换。进样量溴酸盐为 500μL，氯酸盐为 50μL，其他一般阴离子为 10μL。

（7）添加序列，开始运行样品：点击"仪器"→队列→把以前的删除后，选择保存的序列，点击"添加"→开始，样品开始测定。

（8）关机：关淋洗液发生器的三个绿灯→淋洗液发生器上的电源→软件上的泵关闭→关软件→停止仪器控制器→关主机电源、电脑电源、自动进样器电源→关气→把纯水瓶中的纯水倒掉，废液倒掉。填写仪器使用记录。

5.3.3.2 离子色谱仪的日常维护

（1）泵

① 防止任何杂质和空气进入泵体，所有流动相都要经过 0.45μm 滤膜抽滤。滤膜要经常更换，进液处的沙芯过滤头要经常清洗。

② 泵工作时要随时检查淋洗液存量显示值与实际值是否一致，避免由于溶液吸干空泵运转磨损柱塞、密封环或缸体，最终产生漏液。过滤头要始终浸在溶液底部，要避免向上反弹而吸进气泡。注意观察压力变化、电导显示值<25μs。

（2）色谱柱

① 分析柱由填充有离子交换树脂的分离柱和保护柱组成。保护柱可以吸附有可能污染分离柱的物质。开机前要检查淋洗液与分离柱是否一致。

② 单通道色谱仪更换系统时，更换完保护柱、分离柱和抑制器后，先不要连接保护柱进口，开机冲洗流路，当用试纸检验流出液的 pH 值与分离柱要求一致时，方可拧紧保护柱进口接口。

③ 当柱子和色谱仪联结时，阀件或管路一定要清洗干净，避免使用高黏度的溶剂作为流动相；要测定的实际样品要经过预处理，每次分析工作结束后，要用空白水进样清洗进样阀中残留的样品，并旋松启动阀、废液阀，从启动阀注入去离子水。若分离柱后面很长时间不使用时，让淋洗液正常运行至少 10min，之后用死接头将分离柱/保护柱两端封堵存储。

（3）微膜抑制器

① 对于阴离子抑制器，为延长其使用寿命，再生液硫酸必须使用优级纯，必须全部装满，罐体不能晃动。淋洗液与再生液要同步进行配制。

② 使用阳离子抑制器时为延长其使用寿命，要将抑制电流设定为 50mA。每星期至少开机一次，保持抑制器活性；注意在抑制电源关闭后不要连续泵淋洗液，只允许运行 30s 左右，确认再生液出口处没有气泡后就停泵。

③ 仪器若长期不用应封存抑制器，重新启用前需要水化抑制器。ASRS：从 "ELUENT OUT" 处注入 3mL 0.2mol/L H$_2$SO$_4$。从 "REGEN IN" 处注入 5mL 0.2mol/L H$_2$SO$_4$。CSRS：从 "ELUENT OUT" 处注入 3mL 0.2mol/L NaOH。从 "REGEN IN" 处注入 5mL 0.2mol/L NaOH。完成上述操作后，将抑制器平放 30min。

（4）输液系统

① 输液系统有气泡会影响分离效果和检测信号的稳定性，具有全密封外加保护 N_2 的淋洗液罐，可确保淋洗液浓度没有变化并长期稳定保存。所以淋洗液必须进行滤膜脱气处理，脱气效果的好坏直接关系到仪器是否正常运转，这是整个仪器操作的关键。

② 注意事项：防止输液系统堵塞，水样做离子色谱分析前要经过 $0.22\mu m$ 或 $0.45\mu m$ 过滤膜过滤处理，消除基体干扰后方可进样。未知样品必须先行稀释 100 倍方可进样。

（5）进样器

① 对于气动进样阀，使用时要注意进样要处在进样阀状态，进样量控制在 4 倍定量环体积，进样后不要推至底部以避免推进空气。

② 每次分析结束后，要反复冲洗进样口，防止样品的交叉污染。阳离子样品分析结束后，将抑制器电源关掉，管路无气泡时关泵。10d 以上不用仪器时，断开保护柱、分离柱，并将这两者加 1～2 个通管连通，开泵，过纯水 10min 以上，清洗管路避免电导池堵塞。

5.3.4 实验

实验 5-11 离子色谱法测定水样中无机阴离子的含量

【实验目的】

（1）掌握一种快速定量测定无机阴离子的方法。

（2）了解离子色谱仪的工作原理并掌握使用离子色谱仪的方法。

【实验原理】

采用离子色谱法测定水样中无机阴离子的含量，因此用阴离子交换柱，其填料通常为季铵盐交换基团［称为固定相，以 R-N$^+$(CH$_3$)$_3$·H$^-$ 表示］，分离机理主要是离子交换，用 $Na_2CO_3/NaHCO_3$ 为淋洗液。用淋洗液平衡阴离子交换柱，样品溶液自进样口注入六通阀，高压泵输送淋洗液，将样品溶液带入交换柱。由于静电场相互作用，样品溶液的阴离子与交换柱固定相中的可交换离子 OH$^-$ 发生交换，并暂时选择地保留在固定相上，同时，保留的阴离子又被带负电荷的淋洗离子（CO_3^{2-}/HCO_3^-）交换下来进入流动相。由于不同的阴离子与交换基团的亲和力大小不同，因此在固定相中的保留时间也就不同。亲和力小的阴离子与交换基团的作用力小，因而在固定相中的保留时间就短，先流出色谱柱；亲和力大的阴离子与交换基团的作用力大，在固定相中的保留时间就长，后流出色谱柱，于是不同的阴离子彼此就达到了分离的目的。被分离的阴离子经抑制器被转换为高电导率的无机酸，而淋洗液离子（CO_3^{2-}/HCO_3^-）则被转换为弱电导率的碳酸（消除背景电导率，使其不干扰被测阴离子的测定），然后电导检测器依次测定被转变为相应酸型的阴离子，与标准进行比较，根据保留时间定性，以峰高或峰面积定量。采用峰面积标准曲线定量。

【仪器与试剂】

（1）仪器：离子色谱仪，阴离子保护柱，阴离分离柱，自动再生抑制器。

（2）试剂：Na_2CO_3，$NaHCO_3$，NaF，$NaCl$，$NaNO_2$，$NaBr$，$NaNO_3$，Na_3PO_4，Na_2SO_4。$Na_2CO_3/NaHCO_3$ 阴离子淋洗储备溶液：称取 37.10g Na_2CO_3（分析纯级以上）和

8.40g $NaHCO_3$（分析纯级以上）（均已在 105℃烘箱中烘 2h，并冷却至室温），溶于高纯水中，转入 1000mL 容量瓶中，加水至刻度，摇匀。然后将此淋洗储备溶液储存于聚乙烯瓶中，在冰箱中保存。此淋洗储备溶液为：0.35mol/L Na_2CO_3＋0.10mol/L $NaHCO_3$。

（3）阴离子标准储备溶液：用优级纯的钠盐分别配制成浓度为 100mg/L 的 F^-、1000mg/L 的 Cl^-、100mg/L 的 NO_2^-、1000mg/L 的 Br^-、1000mg/L 的 NO_3^-、1000mg/L 的 PO_4^{3-}、1000mg/L 的 SO_4^{2-} 的 7 种阴离子标准储备溶液。

【实验步骤】

（1）Na_2CO_3/$NaHCO_3$ 阴离子淋洗液的制备：移取 0.35mol/L Na_2CO_3＋0.10mol/L $NaHCO_3$ 阴离子淋洗储备溶液 10.00mL，用高纯水稀释至 1000mL，摇匀。此淋洗液为 3.5mmol/L Na_2CO_3＋1.0mmol/L $NaHCO_3$。

（2）阴离子单个标准溶液的制备：分别移取 100mg/L 的 F^- 标液 5.00mL、1000mg/L Cl^- 标液 2.00mL、100mg/L NO_2^- 标液 15.00mL、1000mg/L Br^- 标液 3.00mL、1000mg/L NO_3^- 标液 3.00mL、1000mg/L PO_4^{3-} 标液 5.00mL、1000mg/L SO_4^{2-} 标液 5.00mL 于 7 个 100mL 容量瓶中，分别用高纯水稀释至刻度，摇匀。得到 F^- 浓度为 5mg/L、Cl^- 浓度为 20mg/L、NO_2^- 浓度为 15mg/L、Br^- 浓度为 30mg/L、NO_3^- 浓度为 30mg/L、PO_4^{3-} 浓度为 50mg/L、SO_4^{2-} 浓度为 50mg/L 的 7 种标准溶液。按同样方法依次移取不同量的储备液配制成另几种不同浓度的阴离子单个标准溶液，浓度范围为 5～100mg/L。

（3）阴离子混合标准溶液的制备：分别移取 100mg/L F^- 标液 5.00mL、1000mg/L Cl^- 标液 2.00mL、100mg/L NO_2^- 标液 15.00mL、1000mg/L Br^- 标液 3.00mL、1000mg/L NO_3^- 标液 3.00mL、1000mg/L PO_4^{3-} 标液 5.00mL、1000mg/L SO_4^{2-} 标液 5.00mL 于一个 100mL 容量瓶中，用高纯水稀释至刻度，摇匀。得到 F^- 浓度为 5mg/L、Cl^- 浓度为 20mg/L、NO_2^- 浓度为 15mg/L、Br^- 浓度为 30mg/L、NO_3^- 浓度为 30mg/L、PO_4^{3-} 浓度为 50mg/L、SO_4^{2-} 浓度为 50mg/L 的混合标准溶液。按同样方法依次移取不同量的储备液配制成另几种不同浓度的混合标准溶液，浓度范围为 5～100mg/L。

（4）操作步骤：按仪器操作说明操作，得到标准品图谱和样品图谱，并进行分析计算。

【实验数据及结果】

（1）将阴离子混合标准溶液的制备列表。

（2）根据实验数据对测定结果进行评价，计算有关误差（列表表示）。

【注意事项】

（1）离子交换柱的型号、规格不一样时，色谱条件会有很大的差异，一般商品离子色谱柱都附有常见离子的分析条件。

（2）系统柱压应该稳定在 1500～2500psi 为宜。柱压过高可能使流路有堵塞或柱子污染，柱压过低可能使流路泄漏或有气泡。

（3）抑制器使用时应该注意如下几点：①尽量将电流设定为 50mA 以延长抑制器的使用寿命；②抑制器与泵同时开关；③每星期至少开机一次，保持抑制器活性；④长期不用应封存抑制器。

【思考题】

（1）离子的保留时间与哪些因素有关？

（2）为什么在离子的色谱峰前会出现一个负峰（倒峰）？应该怎样避免？

实验 5-12　离子色谱法测定矿泉水中钠、钾、钙、镁等离子的含量

【实验目的】

（1）了解离子色谱法分离钠、钾、钙、镁离子的原理和操作。

（2）掌握利用外标法进行色谱定量分析的原理和步骤。

【实验原理】

离子色谱法是根据荷电物质在离子交换柱上具有不同的迁移率而将物质分离并进行自动检测的分析方法。离子色谱法分为单柱法和双柱法两种。钠、钾、钙、镁离子的分离常采用单柱离子色谱法。单柱离子色谱法是在分离柱后直接连接电导检测器。分离柱一般采用低容量的离子交换树脂和低电导的洗脱液。依据所分离的离子性质不同，洗脱液选用不同的类型。以单柱阳离子色谱法为例，洗脱液一般为无机酸的稀溶液、有机酸溶液或乙二胺硝酸盐稀溶液。当样品随着流动相通过柱子时，样品离子（X^+）、流动相离子（H^+）与阳离子交换树脂之间发生如下交换反应。

$$流动相\ H^+ + Y^+R^- \longrightarrow Y^+ + H^+R^-$$
$$样品\ X^+ + H^+R^- \longrightarrow H^+ + X^+R^-$$

随着流动相不断流过柱子，样品离子又被流动相从树脂上交换下来。

$$X^+ + H^+R^- \longrightarrow H^+ + X^+R^-$$

由于洗脱液中 H^+ 电导值比其他被分离的阳离子的电导值高，当被分离的阳离子通过检测器时，电导值减小，所以所得到的色谱峰是倒峰，离子的浓度正比于电导值的降低，即负峰的峰高或峰面积。把色谱峰的方位转换一下，倒峰可表示成习惯方向。由于不同的离子在离子交换柱上具有不同的迁移率，从而被流动相洗脱下来的顺序不同，根据色谱基本方程，不同离子的保留时间 t_R 不同，在色谱图上表现为在不同的出峰位置。

在采用单点外标法进行定量时，任一组分的峰面积 A_i 正比于进入检测器的浓度 c_i。单点校正只需用未知样品组分与已知标准物的信号比乘以标准物的浓度，即可算出未知组分的含量。在本实验中，将已知浓度的标准钠、钾、钙、镁离子混合液进行色谱分离，测量各离子峰的峰面积或峰高，然后将样品溶液进行色谱分离，测量这四种相应离子峰的峰面积或峰高。

【仪器与试剂】

（1）仪器：离子色谱仪。

（2）试剂：硝酸钠、硝酸钾、硝酸钙、硝酸镁（色谱纯或分析纯），市售矿泉水。

【实验步骤】

（1）钠、钾、钙、镁标准溶液的配制：分别准确称量一定量的硝酸钠、硝酸钾、硝酸钙、硝酸镁，配制成 1.00mg/mL 标准溶液，然后用二次蒸馏水稀释成浓度为 $10\mu g/mL$ 的标准溶液。

（2）标液分析：注入四种离子的标准溶液，记录色谱图。确定各离子的色谱峰保留值 t_R。

（3）混合标液的分析：将各离子的混合溶液进样分析，记录色谱图。

（4）样品分析：将市售矿泉水样品稀释 10 倍后进样分析，记录色谱图。根据保留时间

定性，峰面积定量分析当地自来水中这四种离子的含量。

【数据处理】

(1) 由钠、钾、钙、镁标准溶液的色谱图，确定各离子的色谱峰保留值 t_R。

(2) 根据混合标样的峰面积，采用单点外标法，计算样品溶液中各离子的浓度。

(3) 用峰高代替峰面积进行各离子浓度的计算。

【思考题】

(1) 根据钙、镁离子的浓度判断当地水样的硬度。

(2) 单点外标法与多点外标法相比，其优缺点如何？

(3) 采用峰面积与峰高定量，结果有何不同？哪一种更准确？

实验 5-13　离子色谱法测定葡萄酒中有机酸的含量

【实验目的】

了解离子排斥色谱的分离机理和抑制型电导检测的特征。

【实验原理】

有机酸是弱酸，在离子排斥柱上，基于 Donnan 平衡，有机酸被保留并得到分离，离解越强的有机酸，受到的排斥越强，在树脂中的保留越小。整体上而言，有机酸在离子排斥柱上的流出顺序与在离子交换柱上相反。流动相用硫酸，抑制型电导检测抑制剂用硫酸钠。在抑制器中，流动相中的 H^+ 与抑制剂中的 Na^+ 交换，由于 Na^+ 的当量电导较 H^+ 要小得多，流动相从 H_2SO_4 变成 Na_2SO_4 使背景电导降低。本实验也可采用非抑制型电导检测和紫外分光检测。

【仪器与试剂】

(1) 仪器：离子色谱仪（带抑制器的电导检测单元）。

(2) 试剂：酒石酸、苹果酸、丁二酸、甲酸和乙酸，硫酸，硫酸钠均为分析纯。

有机酸标准溶液：用分析纯或优级纯有机酸分别配制浓度为 1000mg/L 的酒石酸、苹果酸、丁二酸、甲酸和乙酸，用重蒸去离子水稀释成 50mg/L 的工作溶液。同时配制 5 种有机酸的混合溶液（各含 50mg/L）。

葡萄酒样品：市售白葡萄酒用 0.45μm 水相滤膜减压过滤，稀释 10～20 倍。

硫酸 (1mmol/L)：0.102g 浓硫酸配制成 1000mL 水溶液。

硫酸钠 (25mmol/L)：3.55g Na_2SO_4 配制成 1000mL 水溶液。

【实验步骤】

(1) 开启氮气开关，压力控制在 0.2MPa。打开主机电源，开启离子色谱仪。按"Eluent Pressure"键，对淋洗液加压。60s 后按"Pump"键，开泵。使仪器处于工作状态。色谱条件为：离子排斥柱 PCS5-052 和 SCS5-252，流动相为 1mmol/L 硫酸，流速 1.0mL/min，抑制剂为 25mmol/L 硫酸钠，流速 1.0mL/min，色谱柱温 40℃，检测器为带抑制器的电导检测器，进样量 20～50μL。

(2) 待基线稳定后，进样 5 种有机酸混合标准溶液。

(3) 待有机酸全部流出色谱柱后，按"STOP"键停止分析，此时从色谱图上即可看到分离状况，计算机会自动积分并给出分析结果。

（4）分别加入各有机酸标准溶液，重复（2）和（3）的操作，从各有机酸的保留时间即可确认混合有机酸标准溶液中各有有机酸的峰位置。

（5）用峰面积标准曲线法定量。按操作规程设置定量分析程序。用上述有机酸标准的分析结果建立定量分析表，即在下表中输入混合标准溶液中各有机酸的保留时间和浓度等数值，并计算出校正因子。

（6）进样葡萄酒样品两次，如果两次定量结果相差较大（如大于 5％），则需再进样一次葡萄酒样品，取 3 次的平均值。

【注意事项】

（1）本实验也可用离子排斥型有机酸分析专用柱。

（2）葡萄酒样品未经前处理，样品中可能含有在色谱柱上有强烈吸附的有机物，实验完毕后应用含有机溶剂（如 5％～10％乙醇）的流动相清洗色谱柱。

【数据处理】

（1）从各有机酸标样的保留时间定性确认混合有机酸标准溶液中各有机酸的峰位置。

（2）用峰面积标准曲线法定量，并计算出校正因子。计算葡萄酒样品中各有机酸的含量。

【思考题】

（1）离子变换色谱、离子排斥色谱和反相 HPLC 分析有机酸各有何优缺点？

（2）离子排斥色谱所用固定相与离子交换色谱有何不同？为什么要有这种差别？

（3）有机酸在离子排斥柱上的保留与它们的酸离解常数之间是否有什么关系？

5.4　高速逆流色谱法

高速逆流色谱（high speed countercurrent chromatography，HSCCC）是 20 世纪 60 年代在液-液分配色谱的基础上发展起来的一种高效快速的色谱分离技术。HSCCC 利用螺旋柱在行星运动时产生的离心力，使两相互不相溶的溶剂在相对高速旋转的螺旋管中单向分布，其中一相溶剂作固定相，恒流泵输送着样品的流动相穿过固定相，溶质在两相之间反复分配，利用样品中各组分在两相中分配系数的不同而实现分离。与传统的液相色谱相比，HSCCC 没有固态载体，不存在吸附和降解，样品回收率高；使用的溶剂系统可以有多种组成和配比，因此，理论上 HSCCC 可以适合于任何极性范围的样品分离，具有很好的适应性，对样品预处理要求较低，一般粗提取物即可分离，分离效率高，重现性好，已成为了一项先进的分离技术。应用范围逐渐扩大，如天然产物、医药、有机合成、食品、生物、农业、环境、材料和化工等众多领域。我国是继美国、日本之后较早开展逆流色谱应用的国家，技术水平处于国际领先。

5.4.1　仪器组成与结构

HSCCC 与 HPLC 最大的不同在于其柱分离系统，将 HPLC 系统的色谱柱用 HSCCC 的螺旋管式分离仪代替，即可构成 HSCCC 色谱分离系统，即系统包括输液泵、进样阀、逆流色谱仪、检测器、色谱工作站以及馏分收集器等。

高速逆流色谱仪也称多层螺旋管行星式离心分离仪。仪器的轴线安置在水平位置，一个圆柱形螺旋管支持件同轴地装上一个行星齿轮，与装在离心仪中心轴线上的固定齿轮相啮合，这两个齿轮的尺寸和形状完全一样。在这样的安排下，螺旋管柱支持件就能实现同步星式运动，即在绕仪器中心轴线公转的同时，绕自身轴线作相同方向、相同角速度的自转。这种同步行星式运动，能够在旋转的螺旋管柱中形成特殊的两相溶剂流体动力平衡，并允许流动相连续通过旋转的螺旋管柱。当螺旋管在慢速转动时，管中主要是重力作用，螺旋管中的两相都从一端分布到另一端，用某一相做移动相从一端向另一端洗脱时，另一相在螺旋管里的保留值大约为管柱容积的 50%，但这一保留值会随着移动相流速的加大而减小，使分离效率降低；当螺旋管的转速加快，离心力逐渐增强，两相的分布发生变化；当转速达到临界范围时，两相就会沿螺旋管长度完全分开，其中一相全部占据首端的一段，称为首端相，另一相全部占据尾端的一段，称为尾端相。高速逆流色谱法正是利用了两相的这种单相性分布特性，在高的螺旋管转动速度下，如果从尾端送入首端相，它将穿过尾端相而移向首端，同样，如果从首端相送入尾端相，它会穿过首端而移向螺旋管的尾端，如图 5-13 所示。分离时，在螺旋管内首先注入固定相，然后从适合的一端泵入流动相，载着样品在螺旋管中无限次的分配。

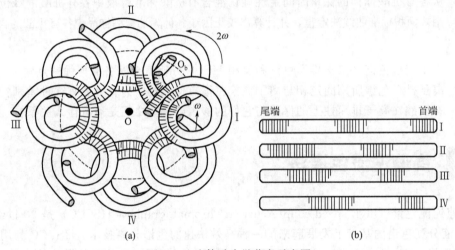

图 5-13 流体动力学分布示意图

5.4.2 实验技术

5.4.2.1 溶剂体系的选择

（1）溶剂体系的选择原则

溶剂体系的选择是样品分离成功与否的关键，一般选择原则如下：①两相溶剂混合后内能在 20～50s 内迅速分层；②固定相有足够高的保留值，应达到 30%～70%；③对样品有良好的溶解度，且不会造成样品的分解或变性；④样品组分在两相溶剂中的分配系数 K 值为 0.5～2 时最容易得到分离，并且组分之间的分配比差异越大，分离效果越好。

（2）溶剂体系的选择方法

① 参考已知的溶剂系统。从所要分离物质的类别出发去寻找类似的分离实例，再根据具体情况作一些调整和试验，从而选择一个可能符合预期的溶剂分离系统。

② 分配系数测定法。分配系数 $K = C_U/C_L$ 或 C_S/C_m，其中 C_U 指溶质在上相中的浓度，C_L 指溶质在下相中的浓度，C_S 指溶质在固定相中的浓度，C_m 指溶质在流动相中的浓度。一

般而言，HSCCC 最合适的 K 值范围是 $0.5 \sim 2$。当 $K \ll 0.5$ 时，出峰时间太快，峰之间的分离度较差；当 $K \gg 2$ 时，出峰时间太长，峰形变宽。在 $0.5 \sim 2$ 之间时，可以在合适的时间内得到分离度较好的峰形。

③ 分析型 HSCCC 法。分析型 HSCCC 来选择制备型分离时所用的溶剂系统是一种实用的方法。由于其柱体积小，所需溶剂量少，能在短时间内获得适合溶剂系统的信息。

④ 生物活性物质分配比率法。只适合于具有生物活性成分的方法，如抗生素的分离，其原理基于需分离的混合物的生物活性分布规律。首先振摇溶有样品的两相溶剂系统，然后分别测定上层和下层溶液的生物活性。在两相中活性分布比较均衡的溶剂系统即可采用。

⑤ 其他溶剂体系选择策略。很多逆流色谱工作者还提出了其他多种选择策略，如用于三元两相溶剂体系选择的"最佳溶剂法"，用于多元两相体系选择的 Ito 法、OKA 法、HBAW 法、ARIZONA 法、扩展 ARIZONA 法、Glyme 体系法、丙酮溶剂体系法以及 Abbott 法等。

（3）分配系数 K 的测定

样品中各组分的分配系数 K 是决定溶剂系统是否合适的关键参数，分配系数 K 的测定多采用薄层色谱法、HPLC 法及分析型 HSCCC 法，其中 HPLC 法应用最为广泛，操作简单。

按溶剂体系比例配制一定体积（一般 20mL 以上）的上、下相溶剂，待分相平衡后，各取相同体积的上、下相溶剂（如 5mL 或以上）放置同一试管中，加入一定量的样品，剧烈震摇，静置。取相同体积的上、下相溶剂，注入 HPLC 测定目标成分在上、下相中的峰面积 A_U 和 A_L，根据 $K = C_U / C_L$ 计算分配系数。因为 HPLC 的峰面积 A 正比于样品在溶剂中的浓度，所以分配系数 K 值的表达式为：$K = C_U / C_L = A_U / A_L$。

还可以采用分析型 HSCCC 来优化溶剂体系，可以在较短的时间内，获得 K 值合理的溶剂体系，但有时未必是分离样品中所有组分最合适的体系，根据目标成分的不同，有些时候可能要做一些调整。

（4）常用溶剂体系的选择

一般在实验之前，先通过文献等各种渠道了解待分离物质的理化性质，然后根据待分离物质的极性大小（弱极性、中等极性或亲水性）选择相应的弱极性、中等极性或亲水性的初始溶剂体系。

弱极性体系：一般指适合分离较易溶于己烷、石油醚、乙醚等，也溶于甲醇、乙醇的物质的溶剂体系。

中等极性：一般指适合分离较易溶于氯仿、乙酸乙酯，也溶于甲醇、乙醇的物质的溶剂体系。

亲水性体系：一般指适合分离易溶于甲醇、乙醇和水等的物质的溶剂体系。典型溶剂体系如表 5-7。

表 5-7 典型的溶剂体系

溶质极性	典型的溶剂体系
非极性	正己烷-乙酸乙酯-乙腈（5：1：5）
弱极性	正己烷-乙酸乙酯-甲醇-水（6：1：6：1）、正己烷-甲醇-水（2：1：1）、四氯化碳-甲醇-水（4：3：2）或石油醚-乙醇-水（2：1：1）
中等极性	正己烷-乙酸乙酯-甲醇-水（1：1：1：1）、氯仿-甲醇-水（4：3：2）或氯仿-甲醇-丁醇-水（4：3：0.2：2）
极性	氯仿-甲醇-丁醇-水（4：3：0.2：2）、乙酸乙酯-丁醇-水（4：1：5）或乙酸乙酯-丁醇-甲醇-水（4：1：0.5：6）

Ito 建立了一套溶剂体系的筛选方法。先从氯仿体系开始，如样品在氯仿-甲醇-水（2：1：1）体系中的分配系数 K 落在 0.2～5 的范围内，则可以通过进一步调整各组分溶剂的体积比，或用乙酸乙酯代替甲醇，或用四氯化碳或二氯甲烷部分代替氯仿，应该可以得到一个满意的分配系数。若样品不均匀地分布在其中的一相中，则说明氯仿体系已不适合样品的分离。这时需要转向其他能够覆盖更宽极性范围的溶剂体。其次，可以选用正己烷-乙酸乙酯-甲醇-水（1：1：1：1）溶剂体系进行尝试，然后再进行适当的改变，如表5-8所示。溶剂体系选择后，通常以平衡两相中的上相为固定相，下相为流动相。另外，两相中的酸碱性不同，会对溶液中酸碱性较敏感的化学成分的分离造成影响。例如，在正丁醇-水极性溶剂中样品仍然主要分布在水相中，可向体系中加入少量的盐酸、乙酸、三氟乙酸或磷酸盐进行调节。这种加了酸碱的溶剂体系常用于分离具有酸碱性质的物质，如生物碱、有机酸和酸性较强的黄酮类化合物。氯仿-甲醇-稀盐酸溶剂体系就常常用于分离生物碱类的物质。

表 5-8 溶剂体系的 Ito 筛选方法（溶剂用量为体积比率）

正己烷	乙酸乙酯	甲醇	正丁醇	水	正己烷	乙酸乙酯	甲醇	正丁醇	水
10	0	5	0	5	2	5	2	0	5
9	1	5	0	5	1	5	1	0	5
8	2	5	0	5	0	5	0	0	5
7	3	5	0	5	0	4	0	1	5
6	4	5	0	5	0	3	0	2	5
5	5	5	0	5	0	2	0	3	5
3	5	3	0	5	0	1	0	4	5
					0	0	0	5	5

对于未知组成的样品，一般通过 TLC 或 HPLC 扫描的方法预测被分离物质的极性，然后选用相应的典型溶剂体系。最常用的是通过 HPLC 扫描的方法对样品的复杂程度及其组分的极性程度有一个初步的了解，一般以乙腈和水为流动相，以 1mL/min 的速度 60min 内从 10% 乙腈梯度洗脱到 100% 乙腈，观察出峰的位置来推断样品的极性，从而来初步选择溶剂体系，或用分析型的 HSCCC 进行溶剂体系的探究，由于其柱体积小，所需溶剂量少，在很短时间内即可获得合适溶剂体系的信息。

在体系的调节上，主要从样品的溶解度和分配系数情况来考虑，直到找到合适的溶剂体系。体系的调节通常应用加减法、替代法、更换法。加减法，是指在原有的体系上逐步增加或减少一元组分、多元组分，以调节物质在体系上、下相中的溶解度达到分离。替代法是指以一元或多元组分逐步替代在原有的体系上的一元或多元组分，用以调节分离度，替代的思路根据样品的出峰情况来调节，如果样品出峰很快，那替代的方向是让它出峰慢的方向，反之亦然。更换法，可选择比例重新更换或重新筛选体系组合。遗憾的是到目前为止溶剂系统的选择还没有充分的理论依据，而是根据实际积累的经验来选择。

5.4.2.2 样品制备

上样量对 HSCCC 分离效率存在一定影响。当制备样品溶液的样品量较小时，可以将样品溶解在选定的溶剂系统的上相或下相中，最好是流动相中。但是当样品量较大时，最好将样品溶解在相同体积的上相和下相溶剂的混合液中。因为当大量样品溶解在溶剂中时，两相溶剂体系的物理性质发生了实质性的变化，在极端情况下会形成一相溶剂，样品溶液进入分离柱后，会导致固定相的严重流失，而采用两相混合溶剂溶解样品，就可以避免此类情况发生。另外，当样品中有时包含了一些在固定相中溶解度较低的组分，这就需要一定量的流动相帮助样品的溶解,以减小样品溶液的体积。

5.4.2.3 高速逆流色谱仪的影响因素

要使样品得到良好的分离,并使两相在运动的螺旋管内达到最佳分布情况,仪器装置的几何参量(螺旋管内径、螺旋直径、公转半径)和运动参量(转速,流速)都起着重要的作用。溶剂系统的特性参量由选择的溶剂体系确定,可通过实验求出一定综合参量条件下两相溶剂分布与转速的关系曲线,以确定转速范围。同时在一定温度下,可根据流动相驱动压力与流动相按一定流速进入螺旋管的时间的关系曲线保持线性关系,并调整合适的压力和流速,这样不仅避免固定相的带出现象,提高固定相保留值,而且还能综合选定两相系统的最佳运行条件。另外流动相从螺旋管内端或外端泵入以及主机的旋转方向,都对固定相的保留值和组分的分离效果影响很大,因此必须通过试验来确定。

高保留量有利于改进峰的分离度。较高的螺旋管的转速对分离有利,但并不是转速越快越好,一般对于分配得不是太好的溶剂体系,如两相体系带有氯仿的,以及固定相分层比较慢的两相体系,通常情况下转速越高,越易产生乳化现象。流动相流速也会影响两相的分布,一般流动相流速越大,固定相流失加重,但流速过慢会导致分离时间过长,从而造成对溶剂的浪费。温度的提高有利于获得高的保留值,但一般温度不可能提高太多,因为所用的都是有机溶剂,沸点很低。综上所述,转速、流速、温度的影响都是直接作用于固定相的保留值,由此而间接影响分离效果。

5.4.3 常用仪器的操作规程与日常维护

5.4.3.1 AKTA prime 高速逆流色谱仪操作规程

(1) 配液:按比例配置溶液,静置过夜。使用前超声脱气 20~30min,脱气后静置冷却至室温。

(2) 开机:打开恒温水浴,将温度升至设定温度。

(3) 泵固定相:打开 AKTAprime 仪器电源,系统自检显示 "Templates" 时表示自检完成。先将过滤头放入固定相中,按 "▽" 到 "manual run",按 "OK" 菜单,翻到 "flow rate",设定泵流量为 10~20mL/min,翻到 "start run",按 "OK" 键确认。泵入固定相,直至固定相流出 20~50mL,按 "Pause" 键停泵,把过滤头放入流动相中,设定泵的流量(一般 2~3mL/min),然后按 "RUN" 键。

(4) 平衡:开主机电源,按下正转键("FWD" 为正转,"REV" 为反转),缓慢旋转速度调节旋钮至所需转速(一般 800~900r/min)。当有流动相流出,穿过固定相,汇集到收集容器底部。启动工作站记录数据,当流动相透明且紫外信号稳定,则体系基本已平衡。

(5) 进样:以溶剂体系的上、下相溶解一定量的样品,超声溶解均匀后,在装样进样器中倒入样品溶液,将进样六通阀切换至 "LOAD" 位置;将另一只进样器连在吸样口处,轻微推排气泡后吸液,至样品刚好全部进入进样圈,切换至 "INJECT" 位置,检测器、工作站调零开始记录。

(6) 接收馏分:工作站记录,根据色谱峰接收样品。

(7) 清洗:实验完成后,按 "STOP" 键停止后将速度调节旋钮调节转速为 "0",清洗六通阀进样管路。断开泵与主机的连接,将主机进口与气管出口连接,吹气,将主机中溶剂吹出后,泵入 50~100mL 清洗液,吹气,重复此过程 2~3 次;最后一次长时间(1h 左右直至吹干)吹气时将主机内液体吹尽。

（8）关机：关闭主机、恒温水浴等电源。

5.4.3.2 高速逆流色谱仪的日常维护

（1）仪器适用于有机溶剂，316L不锈钢及PTFE材料可耐受的酸碱溶液。

（2）设备可承受的压力限制为1MPa，请勿泵入不可溶解的固体颗粒。清洗吹气时钢瓶输出压力最好控制在0.5MPa以下。

（3）设备运行前先检查连接管路是否正确，是否紧密；检测器波长是否正确。

（4）配液时溶剂应混合均匀，静置过夜分层后方可超声脱气，脱气时间不宜过长，脱气后如溶剂有温热则最好冷却静置至室温后使用。

（5）样品溶解最好使用等体积的上、下相溶解，不可以单一的溶剂溶解进样，以免破坏主机内的体系平衡。

（6）每次做完实验必须及时清洗设备，一般清洗液为甲醇、乙醇等，如体系内含有酸、碱、盐等溶剂时，先以纯净水清洗1～2次后，再以清洗液清洗。

（7）日常清洗完设备后；如需继续进行实验，需放置2h后待清洗液挥发完后再重新平衡。

（8）操作中如有气泡、流失或其他异常现象，请及时联系厂家，切勿自行拆卸维修。

5.4.4 实验

实验5-14 利用逆流色谱纯化芦荟中蒽醌类活性成分

【实验目的】

（1）理解逆流色谱的原理，了解逆流色谱仪的主要部件及其作用。

（2）了解逆流色谱在中草药生物活性物质提纯方面的应用。

【实验原理】

芦荟（aloe）是百合科多年生肉质草本植物。近年来，芦荟在医药、保健食品、化妆品等领域的开发应用引起了国内外的广泛重视。芦荟的化学成分复杂，其活性成分具有抗炎、抗紫外线辐射、抗病毒、抗氧化、提高人体免疫机能等功能，并对肿瘤细胞和艾滋病病毒也有抑制作用。其主要活性成分是羟基蒽醌类衍生物，如芦荟大黄素、芦荟素（也称芦荟大黄素苷或芦荟苷）以及多种取代的羟基芦荟素等。其中芦荟素（aloin）是其主要的蒽醌类成分，天然芦荟素是两个非对映异构体芦荟素A（aloin A）和芦荟素B（aloin B）的混合物。芦荟素在人体生理环境下可以转化为芦荟大黄素，使其致泻作用显著增强，同时芦荟素的存在与否又是芦荟产品中是否真正添加了芦荟的重要衡量标准，因此芦荟素目前已成为许多芦荟产品的质量控制指标之一。但是目前市场上用于质量控制的芦荟素标准品还严重缺乏，纯度也不能完全保证，且通常是芦荟素A和B的混合物，而国外公司提供的对照品价格通常又非常昂贵。

高速逆流色谱（HSCCC）利用螺旋管高速行星式运动产生的不对称离心力场，实现两相溶剂体系的充分保留和有效混合及分配，从而实现物质在两相溶剂中高效分离，具有分离范围广、粗提取物样品可以直接上样分离、柱子清洗方便等优势，是一种理想的制备高纯度药用成分对照品分离手段，目前已广泛应用于生物医药、天然产物、食品和化工等众多领域，尤其是在我国生物医药以及中药现代化等领域中的应用愈来愈广。

【仪器与试剂】

(1) 仪器：TBA-300B＋AKTAprime 逆流色谱仪，高效液相色谱仪（色谱柱：ODS柱）；微量进样器，超声波脱气机，抽滤装置一套，氮吹仪或者旋转蒸发仪。

(2) 试剂：氯仿、甲醇、正丁醇、乙酸乙酯（均为分析纯），乙腈（色谱纯），超纯水。

【实验步骤】

(1) 样品的准备：称量芦荟粉样品 200g 于 1000mL 的锥形瓶中，加入 500mL 乙酸乙酯索氏提取 2h 后，抽滤。重复操作三次，将滤液旋转蒸发至不再有液体滴出；用 75％的甲醇溶出提取物，烘干有机溶剂后进行冷冻干燥，产物为高速逆流色谱分离样品。

(2) 溶剂体系的配置：氯仿：甲醇：正丁醇：水＝4：3：0.4：2（体积比），在室温下充分混合达到平衡，静置过夜，形成上、下两相，分离，每一相在使用前需超声脱气。

(3) 高速逆流色谱分离：选择双相系统的上层为固定相，下层为流动相。将 100mg 样品溶解在 20mL 双相体系中（上、下相各 10mL）。系统平衡后装样，流动相流速 2mL/min，水浴温度 25℃，仪器转速 800r/min，柱后 254nm 检测并画出色谱图，根据色谱峰收集流出液，并用高效液相色谱检测。

(4) 样品检测：对收集到的样品经氮吹仪将氯仿等溶剂吹干，甲醇定容进行液相色谱分析，色谱分析条件：色谱柱 ODS C_{18}，流速 1mL/min，检测波长 360nm，柱温 30℃，流动相，梯度洗脱，0～20min 乙腈从 20％线性增加到 50％，20～25min 乙腈保持 50％恒定洗脱。

【数据处理】

待进样分析完毕，停止工作站记录，保存高速逆流色谱图。对收集到的样品进行液相色谱分析，根据液相分析结果分析 HSCCC 分离效果。

【思考题】

(1) 双相体系如何选择？

(2) 与高效液相色谱相比较，各自的优缺点是什么？

实验 5-15 利用逆流色谱制备分离大豆中的大豆异黄酮

【实验目的】

(1) 掌握逆流色谱的使用方法。

(2) 了解 HSCCC 在食品分离纯化中的应用。

【实验原理】

大豆中有 1％左右的大豆异黄酮，从大豆中提取和分离大豆异黄酮有一定的难度。目前，国内外均采用不同浓度的乙醇或甲醇来提取总大豆异黄酮，但提取物中的大豆异黄酮含量仍很低，有必要进一步纯化才能用于保健品的开发。大豆异黄酮单体的分离则主要采用填充柱色谱，方法极其繁琐，只适合实验室的制备分离。

HSCCC 分离天然产物的过程中，影响分离效果的因素主要包括溶剂体系和仪器操作因素。仪器操作因素与仪器本身相关，受仪器客观条件限制，因而实际应用中主要考虑的是溶剂体系。HSCCC 分离样品的必要条件之一是：样品在溶剂体系互不相溶的两相中具有合适的分配比。因为不同的溶剂系统，具有不同的上、下相之比，其黏度、极性、密度等性质相差甚远，对相同的成分具有不同的溶解、分配能力，因而形成分配比的差异，对分离效果产生不同的影响。分配比是指溶质在固定相中的质量浓度（C_s）同溶质在流动相中的质量浓度（C_m）之比。分配比的具体测定方法是：按溶剂系统的比例，取 20mL 溶剂，加入大豆异黄酮粗提物 20mg，充分振摇，静置分层。分取上、下层溶液，测定各自所含大豆异黄酮各成分的浓度，即可求得各成分在该溶剂系统中的分配系数。本实验通过逆流色谱分离大豆中的异黄酮，对大豆异黄酮的单体进行制备。

【仪器与试剂】

（1）仪器：TBA-300A＋AKTAprime 逆流色谱仪；高效液相色谱仪（色谱柱：ODS 柱）；微量进样器；超声波脱气机；抽滤装置一套；氮吹仪或者旋转蒸发仪。

（2）试剂：正己烷、乙酸乙酯、正丁醇、冰乙酸（均为分析纯）；甲醇（色谱纯）；超纯水。

【实验步骤】

（1）样品制备：将大豆 20g 粉碎过筛到 20 目，用 95％的乙醇超声提取多次至提取液无色，把提取液减压过滤后，用旋转蒸发仪蒸发去掉溶剂得到浸膏。

（2）高速逆流色谱分离：溶剂系统为正己烷-乙酸乙酯-正丁醇-冰乙酸（1∶2∶5∶1），两相溶剂系统，充分混合后，静置分层，然后取上相为固定相，下相为移动相。取浸膏 50mg，溶于 10mL 的溶剂系统（上、下相各 5mL），系统平衡后装样，流动相流速 2mL/min，水浴温度 25℃，仪器转速 800r/min，柱后 254nm 检测并画出色谱图，根据色谱峰收集流出液，并用高效液相色谱检测。

（3）样品检测：对收集到的样品过滤，进行色谱分析，采用高效液相色谱分析检测大豆异黄酮。色谱分析条件：色谱柱 ODS C_{18}，流速 1mL/min，检测波长 254nm，柱温 25℃，流动相：甲醇-乙酸-水（30∶4∶70）。

【数据处理】

待进样分析完毕，停止工作站记录，保存高速逆流色谱图。对收集到的样品进行液相色谱分析，根据液相分析结果分析 HSCCC 分离效果。

【思考题】

（1）在逆流色谱操作过程中收集馏分的方法有哪些？

（2）大豆中大豆异黄酮主要有哪些活性成分，提取方法有哪些？

（3）高速逆流色谱的单体纯度检验的方法有哪些？哪个更准确？

6 其他仪器分析方法

6.1 气相色谱-质谱联用分析法

气相色谱-质谱联用分析法是将气相色谱（gas chromatography，GC）和质谱（mass spectrometry，MS）通过接口连接起来，GC 将复杂混合物分离成单组分后进入 MS 进行分析检测。GC-MS 具有 GC 的高分离效率和 MS 的高灵敏度，是生物样品中药物与代谢物定性定量的有效工具，广泛应用于复杂组分的分离与鉴定。在所有联用技术中，GC-MS 发展最完善、应用最广泛。目前，从事有机物分析的实验室几乎都把气-质联用作为主要的定性确认手段之一，在许多情况下也可以进行定量分析。有机质谱仪，不论是磁质谱、四级杆质谱、离子阱质谱，还是飞行时间质谱或者傅里叶变换质谱均能与气相色谱联用。另外，还有一些其他形式的气相色谱和质谱联用方式，如气相色谱-燃烧炉-同位素比质谱联用等。

6.1.1 仪器组成与结构

气相色谱-质谱联用仪主要由气相色谱、接口、质谱、真空系统和计算机系统组成。气相色谱部分，包括柱箱、气化室、色谱柱、检测器和载气等，并有分流/不分流进样系统，程序升温系统，压力、流量自动控制系统等，如图 6-1 所示。气-质联用是将质谱仪作为气相色谱的检测器，在色谱部分，混合样品在合适色谱条件下被分离成单个组分，进入质谱仪进行鉴定，由计算机给出定性或定量结果。

6.1.2 实验技术

6.1.2.1 灵敏度和分辨率的测试方法

（1）灵敏度

质谱仪灵敏度的表示方法很多，有机质谱仪、无机质谱仪、同位素质谱仪有各自的灵敏度表示方式。有机质谱仪的灵敏度表示对于一定样品（如八氟萘或六氯苯），在一定的分辨率的情况下，产生一定信噪比（如 10：1）的分子离子峰所需要的样品量。为了测定某仪器的灵敏度，首先配置一定浓度的标准样品。将一定的样品量，如 1pg，在 GC-MS 方式且不分流的情况下注入 GC，质谱采用 EI 电离方式和正常扫描（也可采用选择离子扫描）方式，测定样品分子离子的质量色谱图的信噪比，该值应大于或等于仪器指标规定的信噪比值。信号高度可以直接测得。噪声高度可以用噪声峰顶到峰底的高度（峰-峰值）表示，也可以用

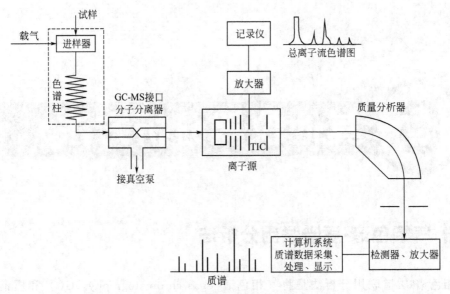

图 6-1　GC-MS 仪结构示意图

噪声的均方根表示。两种方法算得的信噪比会相差 5 倍，一般认为用峰-峰值计算信噪比较为合理。

作为灵敏度指标，一般只检测某一个离子，为了显示仪器灵敏度高，目前生产厂家都采用具有很强分子离子的化合物作为测试样品，这样的灵敏度值具有一定的虚假性。作为实际应用，测定化合物的全谱更有意义，用得到一个化合物的完整质谱图所需的最小样品量表示仪器的灵敏度，才有实际意义。

(2) 分辨率

质谱仪的分辨率表示质谱仪把相邻的两个质量的离子分开的能力，常用 R 表示。其定义是，如果某质谱仪在质量 m 处刚刚能分开 m 和 $m+\Delta m$ 两个质量的离子，则该质谱仪的分辨率为 $R=\dfrac{m}{\Delta m}$。例如，某仪器能刚刚分开质量为 27.9949 和 28.0061 两个离子峰，则该仪器的分辨率为：

$$R=\frac{m}{\Delta m}=\frac{27.9949}{28.0061-27.9949}\approx 2500$$

这里有两点需要说明：所谓两峰刚刚分开，一般是指两峰间的峰谷是峰高的 10% （每个峰提供 5%）。另外，在实际测量时，很难找到刚刚分开的两个峰，这时可采用下面的方法进行分辨率的测量，如果两个质谱峰 m_1 和 m_2 的中心距离为 a，峰高 5% 处的峰宽为 b，则该仪器的分辨率为：

$$R=\frac{m_1+m_2}{2(m_1+m_2)}\times\frac{a}{b}$$

还有一种定义分辨率的方式：如果质量为 m 的质谱峰，其峰高 50% 的峰宽为 Δm，则分辨率为 $R=\dfrac{m}{\Delta m}$，这种表示方法测量比较方便，只是半峰宽会随峰高发生变化，对分辨率产生影响。

对于磁式质谱仪，质量分离是不均匀的，在低质量端离子分散大，高质量端离子分散小，或者说 m 小时，Δm 小；m 大时，Δm 大。因此，仪器的分辨率数值基本不随 m 变化。

在四极质谱仪中，质量排列是均匀的，若在 $m=100$ 处，$\Delta m=1$，在 $m=1000$ 时，也是 $\Delta m=1$。这样计算分辨率时，二者就差了 10 倍。为了对不同 m 处的分辨率都有一个共同表示法，四极质谱仪的分辨率一般表示为 m 倍数，如 $R=m$ 或 $R=2m$ 等。如果是 $R=m$，则表示在 $m=100$ 时，$R=100$；$m=1000$ 时，$R=1000$。

6.1.2.2　GC-MS 的调谐及性能测试

为了得到好的质谱数据，在进行样品分析前应对质谱仪的参数进行优化，这个过程就是质谱仪的调谐。调谐中将设定离子源部件的电压；设定 "amu gain" 和 "amu off" 值以得到正确的峰宽；设定电子倍增器（EM）电压保证适当的峰强度；设定质量轴保证正确的质量分配。

调谐包括自动调谐和手动调谐两类方式，自动调谐中包括自动调谐、标准谱图调谐、快速调谐等方式。如果分析结果将进行谱库检索，一般先进行自动调谐，然后进行标准谱图调谐以保证谱库检索的可靠性。

6.1.2.3　GC-MS 分析条件的选择

GC-MS 分析条件要根据样品进行选择，在分析样品之前应尽量了解样品的情况。比如样品组分的多少、沸点范围、分子量范围、化合物类型等。这些是选择分析条件的基础。一般情况下样品组成简单，可以使用填充柱；样品组成复杂，则一定要使用毛细管柱。根据样品类型选择不同的色谱柱固定相，如极性、非极性和弱极性等。汽化温度一般要高于样品中最高沸点 $20\sim30℃$。柱温要根据样品情况设定。低温下低沸点组分出峰，高温下高沸点组分出峰。选择合适的升温速度，使各组分都实现很好的分离。有关 GC-MS 分析中的色谱条件与普通的气相色谱条件相同。质谱条件的选择包括扫描范围、扫描速度、灯丝电流、电子能量、倍增器电压等。扫描范围就是可以通过分析器的离子的质荷比范围，该值的设定取决于欲分析化合物的分子量，应该使化合物所有的离子都出现在设定的扫描范围之内，例如，化合物最大相对分子质量为 350 左右，则扫描范围上限可设到 400 或 450，扫描下限一般从 15 开始，有时为了去掉水、氮、氧的干扰，也可以从 33 开始扫描。扫描速度视色谱峰宽而定，一个色谱峰出峰时间内最好能有 $7\sim8$ 次质谱扫描，这样得到的重建离子流色谱图比较圆滑，一般扫描速度可设在 $0.5\sim2s$ 扫描一个完整质谱即可。灯丝电流一般设置在 $0.20\sim0.25mA$。灯丝电流小，仪器灵敏度低；电流太大，则会降低灯丝寿命。电子能量一般为 70eV，标准质谱图都是在 70eV 下得到的。改变电子能量会影响质谱中各种离子间的相对强度。如果质谱中没有分子离子峰或分子离子峰很弱，为了得到分子离子，可以降低电子能量到 15eV 左右。此时分子离子峰的强度会增强，但仪器灵敏度会大大降低，而且得到的不再是标准质谱。倍增器电压与灵敏度有直接关系。在仪器灵敏度能够满足要求的情况下，应使用较低的倍增器电压，以保护倍增器，延长其使用寿命。

6.1.2.4　GC-MS 提供的信息及相关分析技术

GC-MS 分析的关键是设置合适的分析条件，使各组分能够得到满意的分离，在此基础上才能得到满意的定性和定量分析结果。GC-MS 分析得到的主要信息有 3 个：样品的总离子流图（TIC）、样品中每一个组分的质谱图和每个质谱图的检索结果。此外，还可以得到质量色谱图、三维色谱质谱图等。对于高分辨率质谱仪，还可以得到化合物的精确分子量和分子式。

（1）总离子流色谱图

在一般 GC-MS 分析中，样品连续进入离子源并被连续电离，分析器每扫描一次（比如 1s），检测器就得到一个完整的质谱并送入计算机存储。由于样品浓度随时间变化，得到的质谱图也随时间变化。一个组分从色谱柱开始流出到完全流出大约需要10s，计算机就会得到这个组分不同浓度下的质谱图10个。同时，计算机还可以把每个质谱的所有离子相加得到总离子流强度。这些随时间变化的总离子流强度所描绘的曲线就是样品总离子流色谱图或由质谱重建而成的重建离子色谱图。总离子流色谱图是由一个个质谱得到的，所以它包含了样品所有组分的质谱。它的外形和由一般色谱仪得到的色谱图是一样的。只要所用色谱柱相同，样品出峰顺序就相同，其差别在于，总离子流色谱所用的检测器是质谱仪，而一般色谱仪所用检测器是氢焰、热导等，两种色谱图中各成分的校正因子不同。

（2）质谱图

由总离子流色谱图可以得到任何一个组分的质谱图。一般情况下，为了提高信噪比，通常由色谱峰峰顶处得到相应质谱。但如果两个色谱峰有相互干扰，应尽量选择不发生干扰的位置得到质谱，或通过扣除本底消除其他组分的影响。

（3）库检索

得到质谱图后可以通过计算机检索对未知化合物进行定性。检索结果可以给出几个可能的化合物，并以匹配度大小顺序排列出这些化合物的名称、分子式、分子量、结构式等。如果匹配度比较好，比如900以上（最好为1000），那么可以认为这个化合物就是欲求的未知化合物，在检索过程中要注意下面几个问题。一是要检索的化合物在谱库中不存在，计算机挑选了一些结构相近的化合物，匹配度可能都不太好，此时绝不能选一个匹配度相对好的作为检索结果，这样会造成错误。另外，也可能检索出几个化合物，匹配都很好，说明这几个化合物可能结构相近。这时也不能随便取某一个作为结果，应该利用其他辅助鉴定方法，如色谱保留指数等，进行进一步的判断。还有一个问题就是由于本底或其他组分的影响，或质谱中弱峰未出现，造成质谱质量不高。此时检索结果可能匹配度也不高，也不容易准确定性。遇到这种情况，则需要尽量设法扣除本底，减少干扰，提高色谱和质谱的信噪比，以提高质谱图的质量，增加检索的可靠性。值得注意的是，检索结果只能看作是一种可能性，匹配度大小只表示可能性的大小，不会是绝对正确。为了分析结果的可靠，最好的办法是有了初步结果后，再根据这些结果找来标准样品进行核对。

（4）质量色谱图

总离子流色谱图是将每个质谱的所有离子加合得到的色谱图。同样，由质谱中任何一个质量的离子也可以得到色谱图，即质量色谱图。由于质量色谱图是由一个质量的离子得到的，因此，其质谱中不存在这种离子的化合物，也就不会出现色谱峰，一个样品只有几个甚至一个化合物出峰。利用这一特点可以识别具有某种特征的化合物，也可以通过选择不同质量的离子做离子质量色谱图，使正常色谱不能分开的两个峰实现分离，以便进行定量分析（图6-2）。由于质量色谱图是采用一个质量的离子作图，因此进行定量分析时，也要使用同一离子得到的质量色谱图进行标定或测定校正因子。信噪比用以提高质谱图的质量，增加检索的可靠性。值得注意的是，检索结果只能看作是一种可能性，匹配度大小只表示可能性的大小，不会是绝对正确。为了分析结果的可靠，最好的办法是有了初步结果后，再根据这些结果找来标准样品进行核对。

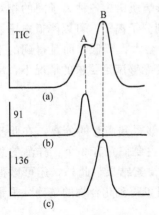

图6-2 利用质量色谱图分开重叠峰
（a）总离子流色谱图；
（b）以 m/z 91 所作的质量色谱图；
（c）以 m/z 136 所作的质量色谱图

6.1.2.5 定性分析

用全扫描方式对未知物进行定性鉴定。为使定性准确，一般要进行下列条件选择和操作：调谐仪器，条件设定，实时分析，数据处理。

（1）调谐仪器

为使仪器对不同分析目的（SCAN 或 SIM）均处于最佳状态，仪器开机稳定后分析样品前，需用标准物质作仪器调谐。标准物质是能够产生稳定的、具有较宽范围质荷比离子碎片的物质。如 PFT13A 经 EI 源电离后能得到下列质量数离子：69、131、219、414、502、614。进标样后，仪器可自动按 PFTBA 的标准质谱图对质谱的灵敏度、分辨率、质量数和峰相对强度进行调整或校正。

（2）条件设定

条件设置包括气相色谱条件和质谱条件，质谱需要选择的参数如下。

① 质量范围。在扫描速度相同时，该范围越小，灵敏度越高。起始质荷比值一般设 10 或 35，质荷比为 35 时，可避开 $H_2O(18)$、$N_2(28)$ 和 $O_2(32)$ 等物质的干扰。

② 扫描速度。以确保一个色谱峰采样 10 次以上为原则。若峰宽，扫描速度应快些，通常毛细管柱扫描速度取 0.5～1.0。

③ 阈值。它是采集质谱数据时，离子强度的下限，小于此值的信号采样时自动删去。

④ 采集数据时间。起始时间是开始作扫描采集质谱数据的时间。溶剂（延迟）切割时间是在此时间前，灯丝不通电，避免大溶剂峰进入离子室使灯丝烧毁，该参数用于保护灯丝。起始时间应比溶剂切割时间迟 0.5～1min。因灯丝刚点燃时不稳定，还可能释放出一些吸附或残留在灯丝上的化合物，以排除这些影响。结束时间定为结束扫描时间，等于或小于气相色谱程序时间。

（3）实时分析

将选择后各参数值送到气相色谱或质谱后，仪器即按设定条件进行操作。在实时分析过程中，注意观察有关情况，异常时需调整。如果此次分析无意义，可提前停止运行。如分析原设定时间不够，可随时延长分析时间，但必须在自动结束前置入。在分析运行期间，可随时实时分析数据。

（4）数据处理

计算机对谱图进行处理。对定性鉴定而言，通常是扣除本底，进行谱图检索和解析。

① 扣除本底。由于柱流失、未完全分离等原因，得到的质谱图直接检索相似度很差，必须扣除本底，即作谱图相减处理，还原被测组分质谱图的原貌再进行谱库检索，相似度可大大提高。

② 谱图检索和解析。直接调用质谱图进行检索，得出相似度或匹配度报告。也可用物质在质谱中的断裂规律对谱图进行人工解析。

6.1.2.6 定量分析

质谱定量一般采用选择离子扫描（SIM）方式，定量方法有外标和内标等方法。

（1）对 TIC 中欲定量组分进行定性鉴定，确保样品中有被定量组分存在。

（2）确定用于定量的特征离子。

（3）作标准样品校准曲线。

（4）实际样品分析。

➤ 6.1.3 常用仪器的操作规程与日常维护

6.1.3.1 Agilent 7890-5975 气-质联用仪操作规程

（1）开机

① 打开载气钢瓶控制阀，设置分压阀压力至 0.5MPa。

② 打开计算机，登录进入 Windows XP 系统，初次开机时使用 5975C 的小键盘 LCP 输入 IP 地址和子网掩码，并使用新地址重起，否则安装并运行"Bootp Service"。

③ 依次打开 7890A GC、5975MSD 电源（若 MSD 真空腔内已无负压则应在打开 MSD 电源的同时用手向右侧推真空腔的侧板直至侧面板被紧固地吸牢），等待仪器自检完毕。

④ 桌面双击 GC-MS 图标，进入 MSD 化学工作站。仪器控制界面下，单击视图菜单，选择调谐及真空控制进入调谐与真空控制界面，在真空菜单中选择真空状态，观察真空泵运行状态，此仪器真空泵配置为分子涡轮泵，状态显示涡轮泵转速应很快达到 100%，否则，说明系统有漏气，应检查侧板是否压正、放空阀是否拧紧、柱子是否接好。

（2）调谐：调谐应在仪器至少开机 2h 后方可进行，若仪器长时间未开机，为得到好的调谐结果可将时间延长到 4h 以上。

① 双击 GC-MS 图标进入工作站系统，确认仪器处于联机状态。

② 在仪器控制界面下，单击视图菜单，选择调谐及真空控制进入调谐与真空控制界面。单击调谐菜单，选择自动调谐 MSD，进行自动调谐，调谐结果自动打印。

③ 如果要手动保存或另存调谐参数，则将调谐文件保存到 ATUNE.U 中。

④ 然后点击"视图"，选择"仪器控制"，返回到仪器控制界面。注意：自动调谐文件名为 ATUNE.U，标准谱图调谐文件名为 STUNE.U。其余调谐方式有各自的文件名。

（3）参数设置：从方法菜单中选择编辑完整方法项，选中除数据分析外的三项，点击确定，编辑数据采集方法。包括气相和质谱参数。

柱模式设定：点击色谱柱图标，进入柱模式设定画面，在画面中，点击鼠标右键，选择从 GC 下载方法，再用同样的方法选择从 GC 上传方法；点击 1 处进行柱 1 设定，然后选中"On"左边方框；选择控制模式，流速或压力。

分流/不分流进样口参数设定：点击进样口图标，进入进样口设定画面。点击"SSL-后"按钮进入毛细柱进样口设定画面。点击"模式"右方的下拉式箭头，选择进样方式为分流方式，分流比为 50∶1，在空白框内输入进样口的温度为 220℃，然后选中左边的所有方框。选择隔垫吹扫流量模式标准，输入隔垫吹扫流量为 3mL/min。对于特殊应用亦可选择"切换"，进行关闭。

柱温箱温度参数设定：点击柱温箱图标，进入柱温参数设定。选中"柱箱温度"，点开左边的方框，输入柱子的平衡时间为 0.25min。

质谱参数编辑：点击质谱图标编辑溶剂延迟时间以保护灯丝，调整倍增器电压模式（此仪器选用增益系数），选择要使用的数据采集模式，如全扫描（Scan）、选择离子扫描（SIM）等。选择离子扫描方式需要编辑选择离子参数、驻留时间和分辨率等参数，适用于组里的每一个离子，在驻留列中输入的时间是消耗在选择离子的采样时间。它的缺省值是 100ms。它适用在一般毛细管 GC 峰中选择 2～3 个离子的情况。如果多于 3 个离子，使用短一点的时间（如 30ms 或 50ms）。加入所选离子后点击添加新组，编辑完 SIM 参数后关闭。

（4）采集数据：点击"GC-MS"图标，在方法文件夹中选择所要的方法。

选好方法后，点击"运行"图标，依次输入文件名、操作者、样品名等相关信息，完成后确定。仪器准备好后进样，同时按 GC 面板上的"Start"键，启动数据采集。当工作站询问是否取消溶剂延迟时，回答"NO"或"不选择"。如果回答"YES"，则质谱开始采集，容易损坏灯丝。

（5）数据分析：点击"GC-MS 数据分析"图标，找到数据文件加载即可调入数据文件。

在全扫描方法中要得到某化合物的名称，先右键双击此峰的峰高点，然后右键双击峰附近基线的位置得到本底的质谱图，然后在菜单文件下选择"背景扣除"即可得到扣除本底后该化合物的质谱图，最后右键双击该质谱图，便得到此化合物的名称。用鼠标右键在目标化合物 TIC 谱图区域内拖拽可得到该化合物在所选时间范围内的平均质谱图，右键双击则得到单点的质谱图。在选择离子扫描方法中不需要背景扣除操作。

（6）定量：定量是通过将来自未知量化合物的响应与已测定化合物的响应进行比较来进行的。

① 选择校正/设置定量访问定量数据库全局设置页。

② 手动检查由测定样品数据文件生成的色谱图。

③ 通过单击色谱图中化合物的峰来分别选择每种化合物。

④ 在显示的谱图中选择目标离子。

⑤ 选择此化合物的限定离子。

⑥ 给化合物命名，如果此化合物是内标，则应标识。

⑦ 将此化合物的谱图保存至定量数据库中。

⑧ 对希望添加到定量数据库的每种化合物重复步骤②～⑦。

⑨ 如果已添加完需要的所有化合物，则选择校正/编辑化合物以查看完整列表。

（7）关机：在操作系统桌面双击"GC-MS"图标进入工作站系统，进入"调谐和真空控制"界面，选择"放空"，在跳出的画面中点击"确定"进入放空程序。仪器采用的是涡轮泵系统，需要等到涡轮泵转速降至 10% 以下，同时离子源和四极杆温度降至 100℃ 以下，大概 40min 后退出工作站软件，并依次关闭 MSD、GC 电源，最后关掉载气。

6.1.3.2 气-质联用仪的日常维护

气-质联用仪可以看作是气相色谱仪加上质量检测器的组合。它常出的问题也是两者相加。

（1）仪器涉及的密闭性问题

气-质联用仪是一个气体运行的系统，因而仪器的密封性相当重要。

① 换柱：毛细管柱进入质谱腔中的长度不适当，太长或太短都不行。

② 垫圈要松紧合适，太松会有漏气的隐患，太紧则会压碎垫圈，而且在经常性使用仪器的情况下建议一周换一次垫圈。

③ 清洗离子源时打开腔体后要注意其密封性。

（2）色谱柱的使用与保存

① 色谱柱使用时应注意说明书中标明的最低温度和最高温度，不能超过色谱柱的温度上限使用，否则会造成固定液流失，还可造成对检测器的污染。要设定最高允许使用温度，如遇人为或不明原因的突然升温，GC 会自动停止升温以保护色谱柱。氧气、无机酸碱和矿物酸都会对色谱柱固定液造成损伤，应杜绝这几类物质进入色谱柱。

② 色谱柱拆下后通常要将色谱柱的两端插在不用的进样垫上，短时间保存可放于干燥器中。

③ 色谱柱的安装：色谱柱的安装应按照说明书操作，切割时应用专用的陶瓷切片，切割面要平整。不同规格的毛细管柱选用不同大小的石墨垫圈，注意接进样口一端和接质谱一端所用的石墨垫圈是不同的，不能混用。进入进样口一端的毛细管长度要根据所使用的衬管而定，仪器公司提供了专门的比对工具，同样，进入质谱一端的毛细管长度也需要用仪器公

司提供的专门工具比对。柱接头螺帽不要上得太紧，太紧了压碎石墨圈反而容易造成漏气，一般用手拧紧后再用扳手紧四分之一圈即可。接质谱前先开机让柱末端插入盛有有机溶剂的小烧杯，看是否有气泡溢出且流速与设定值相当。严禁无载气通过时高温烘烤色谱柱，以免造成固定液被氧化流失而损坏色谱柱。

（3）离子源和预杆的清洗

清洗前先准备好相关的工具及试剂，然后打开机箱，小心地拔开与离子源连接的电缆，拧松螺丝，取下离子源。取预杆之前先取下主四极杆，竖放在无尘纸上，再取下预杆待洗。注意整个操作过程一要小心谨慎，二要避免灰尘进入腔体。将离子源各组件分离，在离子源的所有组件中，灯丝、线路板和黑色陶瓷圈是不能清洗的。而离子盒及其支架、三个透镜、不锈钢加热块以及预杆需要用氧化铝擦洗，将600目的氧化铝粉用甘油或去离子水调成糊状，用棉签蘸着擦洗，重点擦洗上述组件的内表面，即离子的通道。氧化铝擦洗完毕后，用水冲净，然后分别用去离子水、甲醇、丙酮浸泡，超声清洗，待干后组合好离子源，先安装好预杆、四极杆，最后小心装回离子源，盖好机箱，清洗完毕。

6.1.4 实验

实验 6-1　天然产物提取物中挥发性成分的气-质联用分析

【实验目的】

（1）了解天然产物中挥发性成分的组成及水蒸气蒸馏提取方法。

（2）学习用气-质联用仪分析天然产物中挥发性（油）成分的方法。

（3）根据所学知识进行谱图解析，剖析所分析物质的结构组成。

【实验原理】

气-质联用技术是在气相色谱分离的基础上，利用质谱作检测器（MSD），可以得到不同时刻的质谱信息，灵敏度高，选择性好，给定性、定量分析带来方便。在气-质联用中，质谱检测器采集数据有两种模式：SCAN（全扫描）和SIM（选择离子监测），其中SCAN连续扫描采集选定质荷比范围内所有离子的信号，可以获得化合物的质谱图，通过自动检索能够得到化合物的结构，常用于定性分析，峰形及灵敏度稍差，而SIM只监测采集某几个所选的特征离子的信号，灵敏度高，峰形好，主要用于定量分析。

天然产物中的挥发性混合物经过气相色谱被分离成不同组分，分别进入质谱，经过离子源的每一组分样品分子被电离成不同质荷比离子，这些离子经过质量分析器即按质荷比大小顺序排成谱，检测器检测后得到质谱，经计算机采集并储存，再经过适当处理即可得到样品的色谱图、质谱图，计算机检索后可得到每个组分的鉴定结果。本实验首先对样品作SCAN分析，以获得各化合物的质谱图，通过检索进行定性分析，并选择每个化合物的特征离子（一般选丰度较高的），利用所选的特征离子作SIM分析，并比较SCAN和SIM的异同。

【仪器与样品】

（1）仪器：气相质谱联用仪，毛细管气相柱，微量进样器（10μL）。

（2）试剂及原料：乙醚、乙酸乙酯、无水硫酸钠等，原料为生姜、洋葱或油脂类作物干燥粉碎，过40目筛。

（3）样品制备：将干燥粉碎，过 40 目筛的生姜、洋葱或其他香辛料类作物粉末，经水蒸气蒸馏或用其他提取方式提取原料中的挥发性成分，无水硫酸钠脱水，无水乙醇溶解制得适当浓度样品。

【实验步骤】

（1）打开桌面上的工作站。

（2）设定工作条件。推荐工作条件如下。

色谱参数：进样口 250℃，分流进样，分流比 30∶1，接口温度 280℃。程序升温：起始温度为 60℃，保持 3min；然后以 15℃/min 升温到 250℃，保持 2min，载气恒流 1.0mL/min，真空补偿；进样量为 0.2μL；

质谱参数：溶剂延迟 3min，离子化方式：EI；SCAN：45～450amu，SIM：自选参数。

（3）仪器稳定后作自动调谐。

（4）调谐完成后，采用 SCAN 方式采集样品的色谱图。分析时先设定样品类型，样品名，样品文件保存路径，方法文件等。然后点击控制图标 "run sample"，等待至面板上 "ready" 控制灯绿灯亮时，即可进样。

（5）色谱条件的优化：根据样品的分离情况逐步改变程序升温条件，优化气相分离色谱条件，建立一个尽可能优化的 GC 分析条件来测定天然产物中萃取出来的香味成分。

（6）优化完成后，分别用 SCAN 及 SIM 采集样品的色谱图。

【数据处理】

（1）利用质谱图对色谱流出曲线上的每一个色谱峰对应的化合物进行定性鉴定。

（2）通过气-质联用工作站检索各色谱峰可能的结构，比较两种方法的差异及特点。

【思考题】

（1）GC-MS 联用系统一般由哪几个部分组成？

（2）GC-MS 联用中要解决哪些问题？常用的接口有哪几种？

（3）质谱仪的主要功能是什么？如何达到这个目的？

（4）气-质联用还可以用于哪些领域或方面？

（5）讨论 SCAN 和 SIM 两种方法的差异及特点。

（6）溶剂延迟的作用是什么？

（7）调谐的作用是什么？

实验 6-2 空气中有机污染物的分离及测定

【实验目的】

（1）学习并掌握一种配制标准气体的方法。

（2）学习利用气-质联用仪分离及鉴别空气中的有机污染物。

（3）了解采用外标法进行定量检测的基本原理及操作方法。

【基本原理】

苯及甲苯等都是化工生产、油漆车间、化学实验室中常用的有机溶剂。当这些物质在空气中的浓度较大时，会对工作人员的身体造成一定的伤害。因此，对于空气中苯及甲苯等的允许浓度都有着严格的规定，例如，在空气中的最高允许浓度为苯 5mg/m³、甲苯

100mg/m^3。

在 GC-MS 联用法中，不但可以得到定性的信息，同时也可以得到目标化合物的定量结果。质谱选择离子检测法是一种高灵敏度检测法，与全谱扫描法相比，其灵敏度高出了三个数量级。因此，GC-MS 联用法是一种很实用的定量测定痕量组分的方法。

首先，选定欲测定目标化合物的质量范围，然后用单离子检测法或多离子检测法进行测定。不管采用哪一种方式，都有外标法和内标法之分。

外标法定量：取一定浓度的外标物，在 GC-MS 合适的条件下，对其特征离子进行扫描，记下离子峰面积，以峰面积对样品浓度绘制校正曲线。在相同条件下，对未知样品进行 GC-MS 分析，然后根据校正曲线计算试样中待测组分的含量。由于样品在处理和转移过程中不可避免地存在损失以及仪器条件变化会引起误差，外标法的误差较大，一般在 10% 以内。本实验以污染物苯的检测为例，介绍了 GC-MS 在空气中有机污染物检测中的应用。

【仪器与试剂】

（1）仪器：气-质联用仪。

（2）试剂：苯、乙醚，均为分析纯。

【实验步骤】

（1）0.01mg/mL 苯标准液的配制：用微量进样器吸取苯 $11.3\mu L$（合计 10mg），置于 10mL 容量瓶中，用乙醚稀释至刻度，混匀。再吸取此溶液 $100\mu L$ 置于另一 10mL 容量瓶中，用乙醚稀释至刻度，混匀。此时，制得的溶液中苯的含量为 0.01mg/mL。

（2）实验条件的设置：开启 GC-MS，抽真空、检漏、设置实验条件（色谱仪进样口温度 60℃；柱温初始 40℃保持 1min，然后梯度升温到 50℃，升温速度为 10℃/min，最后在 50℃保持 1min；质谱扫描范围为 15～250amu）。

（3）空气样品中苯的测定

① 标准曲线外标定量法

在 100mL 注射器中先放置一直径约 2cm 的锡箔，吸取洁净空气约 10mL，在注射器口套一个小胶皮帽。用一支 $100\mu L$ 微量进样器吸取上述苯标准液 $10\mu L$，从胶帽处注入到 100mL 注射器中。抽动注射器活塞使管内形成负压，从而让注入的液体迅速气化。将针筒倒立，去掉胶帽，抽取洁净空气至 100mL，再带好胶帽，反复摇动针筒，使其混合均匀。此时，注射器内气体中苯的含量为 1mg/m^3。重复上述操作，配制一系列混合标准气体，其中苯的含量分别为 0、1mg/m^3、2mg/m^3、4mg/m^3、6mg/m^3、8mg/m^3、10mg/m^3。

直接用 100mL 注射器在现场采样。采样前先用现场气体抽洗进样器 3～5 次，采样后迅速在注射器口套一个小胶皮帽。

依次吸取上述各标准气体及现场气体 1mL 进样，记录色谱、质谱图。注意每做完一种气体需用后一种待进样气体抽洗进样器 9～10 次。

在程序设置窗口设立定量检测条件，将检测方式设定为外标法。应用设置的定量检测条件对上述标准样品及未知样品重新运行序列。并从定量浏览窗口查看运行结果。

② 定点计算外标定量法

其基本操作与标准曲线外标定量法基本相同，所不同的是只使用一种标准气体，但要保证标准气体与样品气的峰高近似。

【数据处理】

（1）标准曲线外标定量法

将标准样品中苯的浓度及相应峰面积列于表 6-1 中。

表 6-1 标准样品中苯的浓度及相应峰面积

样品编号	苯含量 $c/(\mathrm{mg/m^3})$	峰面积 A	样品编号	苯含量 $c/(\mathrm{mg/m^3})$	峰面积 A
空白	0		标样 4	6	
标样 1	1		标样 5	8	
标样 2	2		标样 6	10	
标样 3	4		未知样品		

根据表中数据绘制苯浓度（c）峰面积（A）标准曲线图。并根据未知样品中苯的峰面积 A，于标准曲线上查出相应的浓度。

（2）定点计算外标定量法

计算标准气体中苯的浓度：

$$c_{标}(\mathrm{mg/m^3}) = \frac{V \times 0.01}{10} \times 10^3 = V$$

式中，V 为配制标准气体时加入的苯标准液体积（μL）。

计算样品气中苯的含量：

$$c_{标}(\mathrm{mg/m^3}) = \frac{A_{样}}{A_{标}} \times c_{标}$$

式中，$A_{样}$ 为样品气中苯的峰面积，$\mathrm{mm^2}$；$A_{标}$ 为标准气中苯的峰面积，$\mathrm{mm^2}$。

比较上述两种方法的结果。

【注意事项】

（1）在配制标准气体时应该考虑样品气中待测组分的含量。如果采用标准曲线外标定量法时，应该尽量使样品气中待测组分的含量处于标准序列的内部；如果采用定点计算外标定量法时，应该尽量使标准气体与样品气的峰高近似。

（2）采样以及配制标准样品时要注意容器器壁的吸附作用，为了减少吸附作用，可以针对样品性质对器壁作适当处理。

【思考题】

（1）用 GC-MS 法定量分析与 GC 法定量分析有什么相同及不同之处？

（2）外标法定量分析中误差的来源在哪里？

（3）无论是在标准气体还是在样品气体的色谱图中，都存在氧气的峰，那么能否以氧气为内标物进行定量分析？

6.2 热重分析法

热重分析法（thermal gravimetric analysis，TGA）是热分析方法中使用最多、最广泛的一种方法。它是在程序控制温度下测量物质质量与温度关系的一种技术。因此只要物质受热时质量发生变化，就可以用热重分析法来研究其变化过程，如脱水、吸湿、分解、化合、吸附、解吸、升华等。热重分析仪是一种利用热重法检测物质重量随温度或时间变化的仪器，目的是研究材料的热稳定性和组分。

6.2.1 仪器组成与结构

用于热重法的热重分析仪（即热天平）是连续记录质量与温度函数关系的仪器。它是把加热炉与天平结合起来进行质量与温度测量的仪器，如图6-3所示。

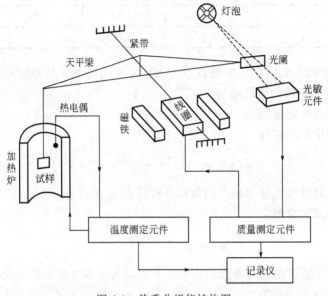

图6-3 热重分析仪结构图

热重分析仪的主要工作原理是把电路和天平结合起来，通过程序控温仪使加热电炉按一定的升温速率升温（或恒温）。当被测试样发生质量变化，光电传感器能将质量变化转化为直流电讯号。此讯号经测重电子放大器放大并反馈至天平动圈，产生反向电磁力矩，驱使天平梁复位。反馈形成的电位差与质量变化成正比（即可转变为样品的质量变化）。其变化信息通过记录仪描绘出热重（TGA）曲线，从热重曲线可求得试样组成、热分解温度等有关数据。TGA曲线以质量为纵坐标，自上而下表示质量减少；以温度（或时间）为横坐标，自左至右表示温度（或时间）的增加。

6.2.2 实验技术

6.2.2.1 样品制备

（1）样品的质量

样品量多少对热传导、热扩散、挥发物逸出都有影响。样品量多时，热效应和温度梯度都大，对热传导和气体逸出不利，导致温度偏差。样品量越大，这种偏差越大。所以，样品用量应在热天平灵敏度允许的范围内，尽量减少，以得到良好的检测效果。而在实际热重分析中，样品量只需要约5mg。

（2）样品的粒度、形状

样品粒度及形状同样对热传导和气体的扩散有影响。粒度不同，会引起气体产物扩散的变化，导致反应速度和热重曲线形状的改变。粒度越小，反应速度越快，热重曲线上的起始分解温度和终止分解温度降低，反应区间变窄，而且分解反应进行得完全。所以，粒度影响在热重法中是个不可忽略的因素。

6.2.2.2 热重分析的影响因素

（1）仪器因素

仪器因素包括气体浮力和对流、坩埚、挥发物冷凝、天平灵敏度、样品支架和热电偶等。对于给定的热重仪器，天平灵敏度、样品支架和热电偶的影响是固定不变的，可以通过质量校正和温度校正来减少或消除这些系统误差。

① 气体浮力和对流的影响。气体的密度与温度有关，随温度升高，样品周围的气体密度发生变化，从而气体的浮力也发生变化。尽管样品本身没有质量变化，但由于温度的改变造成气体浮力的变化，使得样品呈现随温度升高而质量增加。对流的产生是在常温下，试样周围的气体受热变轻形成向上的热气流，作用在热天平上，引起试样的表观质量损失。为了减少气体浮力和对流的影响，试样可以选择在真空条件下进行测定，或选用卧式结构的热重仪进行测定。

② 坩埚（样品盘）的影响。坩埚的大小与试样量有关，直接影响试样的热传导和热扩散；坩埚的形状则影响试样的挥发速率。因此，通常选用轻巧、浅底的坩埚，可使试样在埚底摊成均匀的薄层，有利于热传导、热扩散和挥发。坩埚通常应该选择对试样、中间产物、最终产物和气氛没有反应活性和催化活性的惰性材料，如 Pt、Al_2O_3 等。

③ 挥发物冷凝的影响。样品受热分解、升华、逸出的挥发性物质，往往会在仪器的低温部分冷凝。这不仅污染仪器，而且使测定结果出现偏差。若挥发物冷凝在样品支架上，随温度升高，冷凝物可能再次挥发产生假失重，使 TGA 曲线变形。为减少挥发物冷凝的影响，可在坩埚周围安装耐热屏蔽套管；采用水平结构的天平；在天平灵敏度范围内，尽量减少样品用量；选择合适的净化气体流量。

（2）实验条件因素

① 升温速率的影响。升温速率对热重曲线影响的较大，升温速率越高，产生的影响就越大。因为样品受热升温是通过介质-坩埚-样品进行热传递的，在炉子和样品坩埚之间可形成温差。升温速率不同，炉子和样品坩埚间的温差就不同，导致测量误差。一般在升温速率为 5℃/min 和 10℃/min 时产生的影响较小。升温速率可影响热重曲线的形状和试样的分解温度，但不影响失重量。

② 气氛的影响。气氛对热重实验结果也有影响，它可以影响反应性质、方向、速率和反应温度，也能影响热重称量的结果。气体流速越大，表观增重越大。所以送样品做热重分析时，需注明气氛条件。热重实验可在动态或静态气氛条件下进行。静态是指气体稳定不流动，动态就是气体以稳定流速流动。气氛有如下几类：惰性气氛，氧化性气氛，还原性气氛等。

6.2.3 常用仪器的操作规程与日常维护

6.2.3.1 Waters Q-50 热重分析仪操作规程

（1）检查实验过程中使用的 Purge Gas 是否已开启。

（2）打开主机 "POWER" 键，并打开计算机，启动工作站点选 "Q Series Explorer"，取得与 TGA 联机。

（3）准备一个干净的铂金盘，放在样品台上，选择 "Tare" 功能键，自动归零此空盘，并将待测试样品放入已归零的空盘内。

（4）选取工具列中"Experiment View"键，于"Summary"中输入样品信息，于"Procedure"中"Editor"键编辑测试的方法，编辑完后按"Apply"。

（5）待重量读数稳定，即可按下"Start"执行实验。在实验进行中可选取"Full Size Plot View"、"Plot View"等键来观看实验的实时图形。可对未完成的实验步骤进行实时修改，在实验程序的空白处单击右键，可以选择"Modify Running Method"修改程序，或者选择"Go To Next Segment"直接进行下一步。

（6）只要在联机（ON-Line）状态下，TGA所产生的数据会自动一次次转到计算机硬盘中，实验结束后，完整的档案便会存储到硬盘里。如果因为某种原因联机失败的话，实验数据仍持续存到主机内的内存，只要不关机或另外再进行新的实验，数据就不会流失，只要再选择"Tool/ Date Transfer"之后，便可以强制将内存内的数据转存到硬盘之内。若不主动停止实验的话，则会依据原先载入的方法完成整个实验，假定中途觉得不需要再进行实验的话，可以按"Stop"键停止（数据有存档）或按"Reject"键停止（数据不存档）。

（7）结束实验与结果分析后，可将计算机关闭，关闭时将打开的窗口——关掉，再按"Shout Down"，这是正常结束程序。

6.2.3.2　热重分析仪的日常维护

（1）校准 TGA

要获得精确的实验结果，应该在第一次安装 TGA 时进行校准。但是为了获得最好的效果，还应定期重复校准。TGA 需要两种类型的校准，温度和重量校准。

① 温度校准：如果 TGA 实验必须要求精确的转变温度，则温度校准会很有用。要对 TGA 进行温度校准，需要分析高纯度磁通量标准以确定其居里温度，然后在温度校准表中输入观察值和正确值。最常用的标准是居里温度为 354.4℃ 的镍。

② 重量校准：对 TGA 的重量校准至少应该每月执行一次。重量校准过程校准 200mg 和 1g 的重量范围。校准参数存储在仪器内。

（2）清洁炉室

为了延长炉子的使用寿命，至少每月清洁炉室一次以除去冷凝物。

（3）维护热交换器

热交换器除了需要维持液体制冷剂的液面和质量外，不需要任何维护。如果液面降得太低，或者制冷剂被污染，这可能导致仪器出问题。应该定期检查热交换器制冷剂的液面和情况。建议根据仪器的使用情况每三个月或六个月定期检查一次。

6.2.4　实验

实验6-3　热重分析法研究五水硫酸铜的脱水过程

【实验目的】

（1）了解热重分析仪的工作原理及使用方法。

（2）用热重分析仪绘制 $CuSO_4 \cdot 5H_2O$ 的热重图。

【实验原理】

本实验采用 $CuSO_4 \cdot 5H_2O$ 为实验样品，$CuSO_4 \cdot 5H_2O$ 是一种蓝色斜方晶系，在不同温度下，可以逐步失水：

$$CuSO_4 \cdot 5H_2O \longrightarrow CuSO_4 \cdot 3H_2O \longrightarrow CuSO_4 \cdot H_2O \longrightarrow CuSO_4(s)$$

可以看出，各水分子之间的结合能力不一样。四个水分子与铜离子以配位键结合，第五个水分子以氢键与两个配位水分子和 SO_4^{2-} 离子结合，所以 $CuSO_4 \cdot 5H_2O$ 可以写为 $[Cu(H_2O)_4]SO_4 \cdot H_2O$。

【仪器与试剂】

(1) 仪器：Waters Q-50 热重分析仪。

(2) 试剂：$CuSO_4 \cdot 5H_2O$（分析纯）。

【实验步骤】

(1) 打开氮气减压阀，通入氮气，0.1MPa。开启仪器电源开关，仪器预热。开启计算机开关，取得与 TGA 联机。

(2) 准备一个干净的铂金盘，放在样品台上，选择 Tare 功能键，自动归零此空盘。

(3) 将待测的 $CuSO_4 \cdot 5H_2O$ 放入已归零的空盘内。

(4) 打开计算机软件进行参数设定。

(5) 参数设定完毕后点击开始实验。实验结束后，读取数据、进行数据处理。

(6) 全部实验完毕后，待仪器冷却到室温，取出铂金盘，清理样品残渣，关闭仪器和计算机。

【数据处理】

根据热重曲线，分析 $CuSO_4 \cdot 5H_2O$ 失水温度，并与文献值比较。

【注意事项】

(1) 当样品盘置于连接臂上时，才可以添加样品。当样品盘悬挂于铂钩上时，不允许添加样品。

(2) 一个样品做完之后，要等仪器降温至室温，再做下一个样品。

【思考题】

(1) 什么是热重分析，从热重分析中可以得到那些信息？

(2) 如何解释 $CuSO_4 \cdot 5H_2O$ 的热重曲线？讨论实验值与理论值误差的原因。

实验 6-4　热重分析法研究草酸钙的分解过程

【实验目的】

(1) 了解热重分析仪的工作原理及实验技术。

(2) 绘制 $CaC_2O_4 \cdot H_2O$ 的热重曲线，解释曲线变化的原因。

【实验原理】

含有一个结晶水的草酸钙（$CaC_2O_4 \cdot H_2O$）在 100℃ 以下没有失重现象，其热重曲线呈水平状，为 TGA 曲线的第一个平台。在 100～200℃ 之间失重并开始出现第二个平台。这一步的失重量占试样总质量的 12.3%，正好相当于每摩尔 $CaC_2O_4 \cdot H_2O$ 失掉 1mol H_2O，因此这一步的热分解应按下式进行：

$$CaC_2O_4 \cdot H_2O \xrightarrow{100\sim200℃} CaC_2O_4 + H_2O$$

在 400～500℃ 之间失重并开始呈现第三个平台，其失重量占试样总质量的 18.5%，相

当于每摩尔 CaC_2O_4 分解出 $1mol$ CO，因此这一步的热分解应按下式进行：

$$CaC_2O_4 \xrightarrow{400\sim500℃} CaCO_3 + CO$$

在 $600\sim800℃$ 之间失重并出现第四个平台，其失重量占试样总质量的 30%，正好相当于每摩尔 CaC_2O_4 分解出 $1mol$ CO_2，因此这一步的热分解应按下式进行：

$$CaC_2O_4 \xrightarrow{600\sim800℃} CaO + CO_2$$

可见借助热重曲线可推断反应机理及产物。

【仪器与试剂】

(1) 仪器：Waters Q-50 热重分析仪。

(2) 试剂：$CaC_2O_4 \cdot H_2O$（分析纯）。

【实验步骤】

(1) 打开氮气减压阀，通入氮气，压力表显示 $0.1MPa$。开启仪器电源开关，仪器预热。开启计算机开关，取得与 TGA 联机。

(2) 准备一个干净的铂金盘，放在样品台上，选择 "Tare" 功能键，自动归零此空盘。

(3) 将待测的 $CaC_2O_4 \cdot H_2O$ 放入已归零的空盘内。

(4) 打开计算机软件进行参数设定。

(5) 参数设定完毕后点击开始实验。实验结束后，读取数据、进行数据处理。

(6) 全部实验完毕后，待仪器冷却到室温，取出铂金盘，清理样品残渣，关闭仪器和计算机。

【数据处理】

根据公式：失重$(\%) = \dfrac{样品质量的变化值}{样品原来的质量} \times 100$，可以计算出样品的失重。并分析曲线上质量变化的原因。

【思考题】

(1) 要使一个多步分解反应过程在热重曲线上明晰可辨，应选择什么样的实验条件？

(2) 影响质量测量准确度的因素有哪些？在实验中可采取哪些措施来提高测量准确度？

6.3 示差扫描量热法

示差扫描量热法（differential scanning calorimetry，DSC），是在程序温度下，测量物质与参比物的功率差值 ΔW 与温度的函数关系。示差扫描量热仪是与差热分析仪在应用上相近而在原理上稍有改进的一种热分析仪器。示差扫描量热仪用于测定物质在热反应时的特征温度及吸收或放出的热量，包括物质相变、分解、化合、凝固、脱水、蒸发等物理或化学反应，广泛应用于无机、硅酸盐、陶瓷、矿物金属、航天耐温材料等领域。是无机、有机、特别是高分子聚合物、玻璃钢等方面热分析的重要仪器。

6.3.1 仪器组成与结构

示差扫描量热法（DSC）与差热分析（DTA）在仪器结构上的主要不同是仪器中增加

了一个差动补偿放大器，以及在盛放样品和参比物的坩埚下面装置了补偿加热丝，其他部分均和 DTA 相同。

当试样发生热效应时，如放热，试样温度高于参比物温度，放置在它们下面的一组差示热电偶产生温差电势，经差热放大器放大后送入功率补偿放大器，功率补偿放大器自动调节补偿加热丝的电流，使试样下面的电流减小，参比物下面的电流增大。降低试样的温度，增高参比物的温度，使试样与参比物之间的温差 ΔT 趋于零。上述热量补偿能及时、迅速完成，使试样和参比物的温度始终维持相同。

DSC 分为功率补偿型 DSC、热流型 DSC 和复合型 DSC。

功率补偿型 DSC 在样品和参比物始终保持相同温度的条件下，测定为满足此条件样品和参比品两端所需的能量差，并直接作为信号 ΔQ（热量差）输出。功率补偿型 DSC 的优点：精确地温度控制和测量、更快的响应时间和冷却速度、高分辨率。图 6-4 为三种主要热分析系统示意图。

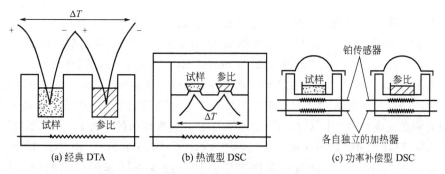

图 6-4　三种主要热分析系统示意图

热流型 DSC 在给予样品和参比品相同的功率下，测定样品和参比品两端的温差 ΔT，然后根据热流方程，将 ΔT（温差）换算成 ΔQ（热量差）作为信号的输出。热流型 DSC 的优点：基线稳定，灵敏度高。Waters 公司生产的 DSC Q-20 属于热流型。

复合型 DSC 的热功率补偿感应器由铂精密温度测量电路板、微加热器和互相贴近的梳形感应器构成，样品和参比端左右对称。精密温度测量电路板和微加热器均涂有很薄的绝缘层，以保持样品坩埚与感应器之间的电绝缘性，并最大程度地降低热阻。通过外侧的加热器进行程序温控。热流从均温块底部中央通过热功率补偿感应器供给样品和参比物。热流差则由微加热器进行快速功率补偿并作为 DSC 信号输出，同时把检测的试样端温度作为试样温度进行输出。这种结构的仪器在宽广的温度范围内有稳定的基线，且兼备很高的灵敏度和分辨率。复合型 DSC 的特点：保留热流型 DSC 的均温块结构，以保持基线的稳定和高灵敏度；配置功率补偿型 DSC 的感应器以获得高分辨率。

6.3.2　实验技术

6.3.2.1　样品制备

依照样品形态不同，选择液态或固态样品盘。若样品为金属或实验准备测定化学品的熔点，样品量一般以小于 5mg 为宜；若测定高分子聚合物的玻璃化转变温度（T_g）或熔点（T_m）值，样品量一般为 5~10mg；如果样品为复合物或聚掺物，则样品质量要大于 10mg。

6.3.2.2　转变温度精度的影响因素

DSC 虽在原理和操作上不复杂，但影响实验精度的因素很多。

（1）仪器因素：与炉子的形状、大小和温度梯度有关。

（2）样品质量：若样品质量太小，则信号太弱，误差较大。如果样品质量较大，则可能受热不均匀，得到的结果不准确。

（3）铝坩埚：制样的坩埚应当压平，保证受热的均匀。

（4）升温速率：若升温速率过快，则可能导致测得的转变温度偏高，灵敏度提高，分辨率下降。若升温速率过慢，则可能等待时间过长，浪费时间。

（5）气流流速：气流流速要恒定，否则引起测试基线波动。

6.3.3 常用仪器的操作规程与日常维护

6.3.3.1 Waters Q-20 示差扫描量热仪操作规程

（1）确定"Purge gas"、"Air Cool"气体管线与冷却配件（如 RCS）已经开启。打开电脑主机。

（2）打开计算机，启动工作站，取得与 DSC 的联机。

（3）设定"Purge Gas"流量，通常约为 50mL/min。如连接了制冷附件，需先点击"Control-Go to Standby Temp"，再点击"Control-Event on"，启动制冷附件。

（4）将样品称重后依照其型态的不同，而选择使用液态或固态样品盘，再用压片机压片。

（5）将压好的样品置入"DSC Cell"样品平台上（靠近自己的一方）。准备一个和样品盘型式相同的参比盘放在"DSC Cell"参比平台上（远离自己的一方），并盖上盖子。

（6）选取工具列中"Experiment View"键，于"Summary"中输入样品信息；于"Procedure"中"Editor"编辑测试条件方法（其中温度不能超过样品的分解温度）；于"Notes"中输入批注，并确认连接气体及气流量；编辑完后按"Apply"；按"Start"开始实验。

（7）在实验进行中可选取"Full Size Plot View"、"Plot View"等键来观看实验的实时图形，也可以用"Universal Analysis"软件打开数据观察并分析实时图形。可对未完成的实验步骤进行修改实时，在实验程序的空白处单击右键，可以选择"Modify Running Method"修改程序，或者选择"Go To Next Segment"直接进行下一步。

（8）只要在联机（ON-Line）状态下，DSC 所产生的数据会自动一次次转到计算机硬盘中，实验结束后，完整的档案便会存储到硬盘里。如果因为某种原因联机失败的话，实验数据仍持续存到主机内的内存，只要不关机或另外再进行新的实验，数据就不会丢失，只要再选择"Tool/ Date Transfer"之后，便可以强制将内存内的数据转存到硬盘之内。若不主动停止实验的话，则会依据原先载入的方法完成整个实验，假定中途觉得不需要再进行实验的话，可以按"Stop"键停止（数据有存档）或按"Reject"键停止（数据不存档）。

（9）关机步骤如下。

① 如开启了制冷附件，首先点击"Control-Event off"。

② 等待"Flange Temperature"回到室温后，点击"Control-Shutdown Instrument"，执行关机程序。

③ 关掉仪器电源开关；关掉其他外围配备，如 RCS、气体等，关闭计算机。

6.3.3.2 示差扫描量热仪的日常维护

（1）校准 DSC

① 基线斜率和偏移校准：基线斜率和偏移校准包括通过整个温度范围（后面的实验所

预期的）加热空炉的操作，在温度上下限处保持等温。本校准程序用来计算使基线平滑并将热流信号归零所需要的斜率和偏移值。

② 热焓（炉子）常数校准：该校准基于将标准金属（例如，铟）加热通过其熔化转变的运行。将所计算的熔解热与理论值比较。炉子常数是这两个值之间的比率。始点斜率或热阻是用来测量温度上升抑制（在熔化的样品中发生）的方法，这与热电偶有关。理论上，标准样品应当在恒定温度处熔化。由于样品熔化并吸收了更多的热量，因此，样品与样品热电偶之间的温度差异越来越大。计算这两点之间的热阻，为熔化峰值之前的热流对温度曲线的始点斜率。此始点值可用于动力学计算和纯度计算，以便校正该热阻。

③ 温度校准：温度校准基于加热温度标准（如铟）通过其熔化转变的运行。该标准记录的熔化点的推断始点与已知熔化点相比较，计算温度校准的差值。用于炉子常数校准的文件同样可以用于本校准。此外，最多可以使用四个其他的标准来校准温度。如果使用三个或更多个标准，则通过立方曲线逼近校正温度。如果在宽广（>300℃）温度范围之上要求绝对温度测量，则多点温度校准比一点校准更为精确。

（2）清洁污染的炉子

炉子污染可能引起基线异常。必须正确清洁 DSC 炉子以维护其正常的运行。因为炉子感应器的精密性质，所以不推荐采用刮擦方式去除污物。如果通过基线发现有样品污染，请按仪器说明书建议的清洁过程执行操作。

6.3.4 实验

实验 6-5 示差扫描量热仪测定聚合物的玻璃化转变温度

【实验目的】
(1) 理解聚合物示差扫描量热法的基本原理和应用。
(2) 掌握示差扫描量热仪的使用方法和数据处理方法。

【实验原理】
当物质的物理状态发生变化（例如结晶、熔融或晶型转变等）或者起化学反应，往往伴随着热学性能如热焓、比热容、导热系数的变化。示差扫描量热法就是通过测定其热学性能的变化来表征物质的物理或化学变化过程的。

示差扫描量热测定时记录的热谱图称之为 DSC 曲线，其纵坐标是试样与参比物的功率差 dH/dt，也称作热流率，单位为毫瓦（mW），横坐标为温度（T）或时间（t）。一般在 DSC 热谱图中，吸热效应用凸起的峰值来表征（热焓增加），放热效应用反向的峰值表征（热焓减少）。图 6-5 为聚合物的 DSC 曲线示意图。

聚合物的玻璃化转变为一体积松弛过程，在 T_g 处，聚合物的比热发生突然变化，故在热谱图上 T_g 处表现为基线的突然变动。

【仪器试剂】
(1) 仪器：Waters Q-20 示差扫描量热仪，固体铝坩埚，压片机。
(2) 试剂：聚乙烯，聚丙烯，参比物为 α-Al_2O_3。

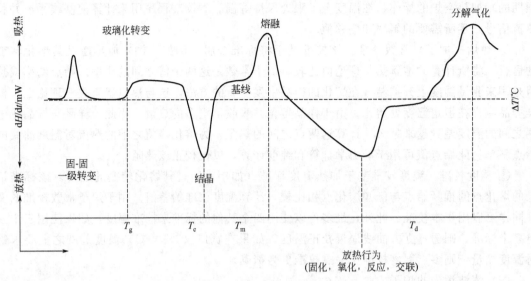

图 6-5　DSC 曲线示意图

【实验步骤】

（1）打开氮气减压阀，通入氮气，压力表显示 0.1MPa。开启仪器电源开关，和机械制冷装置。开启计算机开关，取得与 DSC 联机。

（2）将样品称重后，放入固体铝坩埚内，加盖，再用压片机压片。

（3）将压好的样品置入"DSC Cell"样品平台上（靠近自己的一方）。准备一个和样品盘型式相同的参比盘放在"DSC Cell"参比平台上（远离自己的一方），并盖上盖子。

（4）打开计算机软件进行参数设定。参数设定完毕后点击开始实验。实验结束后，读取数据、进行数据处理。

（5）实验完毕后，待仪器冷却到室温，取出铝制样品盘，清理样品残渣，关闭仪器、制冷机、计算机和氮气钢瓶。

【数据处理】

根据 DSC 曲线，记录聚乙烯和聚丙烯的玻璃化转变温度 T_g。

【注意事项】

（1）固体样品要研磨成粉，确保在压盖的时候可以完全封住，铝坩埚保持平整，有利于受热均匀。

（2）实验结束后，关闭制冷设备，待恢复到室温，才能关闭仪器。

【思考题】

（1）试述在聚合物的 DSC 曲线上，有可能出现哪些峰值，其本质反映了什么？

（2）玻璃化转变的本质是什么？有哪些影响因素？

实验 6-6　示差扫描量热仪测定聚合物的熔点和结晶温度

【实验目的】

（1）了解示差扫描量热法的基本原理，掌握示差扫描量热仪的操作方法。

（2）通过示差扫描量热仪测定聚合物的熔点（T_m）和结晶温度（T_c）。

【实验原理】

示差扫描量热法可用以研究聚合物的相变，测定结晶温度、熔点、结晶相转变等物理变化，研究聚合物固化、交联、氧化、分解等反应，测定聚合物玻璃化转变温度，也可测定反应温度或反应温度区等反应动力学参数。

在进行 DSC 分析时，所选用的参比物应是在实验温度范围内不发生物理变化及化学变化的物质，如 $\alpha\text{-}Al_2O_3$，石英粉和 MgO 等。当把试样和参比物同置于加热炉中等速升温进行 DSC 测试时，若试样不发生热效应，在理想情况下，试样的温度和参比物的温度相等，此时 $\Delta T = 0$，在热谱图上应是一根水平基线。当试样发生了物理或化学变化，吸入或放出热量时，$\Delta T \neq 0$，在热谱图上会出现吸热或放热峰，形成 ΔT 随温度变化的曲线。在热谱图上，由峰的位置可确定发生热效应的温度，由峰的面积可确定热效应的大小，由峰的形状可了解有关过程的动力学特性。具体图示参见图 6-5。

【仪器试剂】

（1）仪器：Waters Q-20 示差扫描量热仪，固体铝坩埚，压片机。

（2）试剂：聚乙烯，聚丙烯，参比物为 $\alpha\text{-}Al_2O_3$。

【实验步骤】

（1）打开氮气减压阀，通入氮气，压力表显示 0.1MPa。开启仪器电源开关和机械制冷装置。开启计算机开关，取得与 DSC 联机。

（2）将样品称重后，放入固体铝坩埚内，加盖，再用压片机压片。

（3）将压好的样品置入 "DSC Cell" 样品平台上（靠近自己的一方）。准备一个和样品盘型式相同的参比盘放在 "DSC Cell" 参比平台上（远离自己的一方），并盖上盖子。

（4）打开计算机软件进行参数设定。参数设定完毕后点击开始实验。实验结束后，读取数据、进行数据处理。

（5）实验完毕后，待仪器冷却到室温，取出铝制样品盘，清理样品残渣，关闭仪器、制冷机、计算机和氮气钢瓶。

【数据处理】

根据 DSC 曲线，记录聚乙烯和聚丙烯的熔点 T_m 和结晶温度 T_c。

【思考题】

（1）为什么能用 DSC 研究聚合物的结构？

（2）TGA 与 DSC 分析技术有什么不同？

（3）DSC 有哪几种？各有什么优缺点？

7 计算机在仪器分析实验中的应用

7.1 Excel 在实验数据处理中的应用

Microsoft Excel 是微软公司开发的 Windows 环境下的电子表格系统，是目前应用最广泛的表格处理软件之一，具有强有力的数据库管理、丰富的函数及图表功能，Excel 在试验设计与数据处理中的应用主要体现在图表功能、公式与函数、数据分析工具这几个方面。

7.1.1 Excel 数据的输入及公式的建立

建立数据表格是 Excel 处理数据的基础。新建一个 Excel 文件之后，便可以进行数据输入：单击需要输入数据的单元格，使之成为活动单元格，然后从键盘上输入数据，回车即可。Excel 中数据类型有多种，如数值型、字符型和逻辑型等，在输入数据时，需要注意不同类型数据的输入方法。在实际应用中，对那些有规律变化的数据可以利用序列工具来完成数据序列的填充，这样在每次输入这些数据的时候，只需要输入 1~3 个数据，其余的数据就可以通过序列填充产生。

Excel 不仅提供了完整的算术运算符，如＋、－、＊、/、%、^等，还提供了丰富的内置函数，如 SUM（求和），AVERAGE（求算术平均值），STDEV（求标准差）等，从而可以根据数据处理需要，建立各种公式，对数据执行计算操作，生成新的数据。在 Excel 中，凡是以 "＝" 开头，由单元格名称、运算符或数据库组成的字符串都被认为是公式，公式的输入可以在选中的一个单元格内，也可以在公式编辑栏中进行。

单元格的引用包括相对引用、绝对引用、混合引用和外部引用 4 种。引用的作用在于标识工作表上的单元格和单元格区域，并指明使用数据的位置。相对引用：如果希望当公式被复制到别的区域时，公式中引用的单元格也会随之相对应，这时应在公式中使用相对引用。绝对引用：如果希望当公式复制到别的区域时，公式中引用的单元格不随之相对变动，则应使用绝对引用。混合引用：相对引用和绝对引用混用在同一公式中。外部引用：在 Excel 中，不但可以引用同一工作表的单元格（内部引用），还能引用同一工作簿中不同工作表中的单元格，也能引用不同工作簿中的单元格（外部引用），在引用时需注明工作簿和工作表的名称。

7.1.2 利用 Excel 绘制标准曲线等图形

（1）数据准备。启动 Microsoft Excel，在新建的 Excel 工作表中输入实验数据。

（2）插入图表。选定实验数据，单击"插入"菜单栏，选择"图表"选项中的"散点图"，根据数据类型选择散点图的显示形式 [图 7-1（a）]，则会自动生成标准曲线 [图 7-1（b）]。

图 7-1 Excel 数据输入及标准曲线的绘制

（3）输入图表基本信息。选定生成的标准曲线图形，单击"图形工具"菜单栏中"布局"，依次选择"图表标题"、"坐标轴标题"、"图例"和"数据标签"等分别修改或添加标准曲线的标题、横纵坐标轴标题、图例及数据标签等。一般可以删除网格线，单一标准曲线可以删除图例 [图 7-2（a）]。

（4）添加趋势线。将鼠标移至图表工作曲线的数据点上，单击鼠标右键，选择"添加趋势线" [图 7-2（b）]，在"类型"选项中选择"线性"，"选项"中选择"显示公式"，"显示 R 平方值" [图 7-2（c）]；或者从"图形工具"菜单栏中"布局"→"趋势线"中选择"线性趋势线"，即可得附有回归方程的一元线性回归曲线 [图 7-2（d）]。

（5）美化图表。完成图表的制作后，可以进行图表美化。在图表区域单击鼠标右键，选择"设置图表区域格式" [图 7-3（a）]，选择合适的边框颜色和区域颜色等，一般取消图表边框。如需要对图表类型、数据源、图表格式等进行修改，只需在图表区域单击鼠标右键，选择相应的功能选项，或者从"图形工具"菜单栏中"设计"进行修改 [图 7-3（b）]。

（6）分析工具库在回归分析中的应用：Excel"分析工具库"提供了"回归分析"分析工具，此工具通过对一组数据使用"最小二乘法"直线拟合，进行一元和多元线性回归分析。

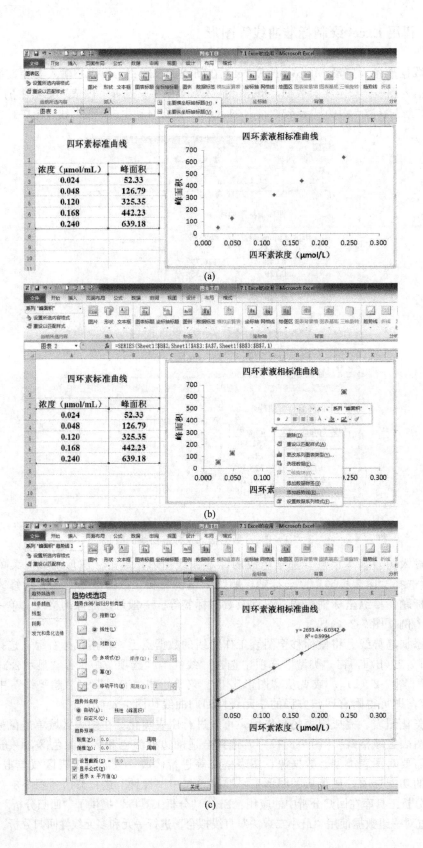

　　7 计算机在仪器分析实验中的应用

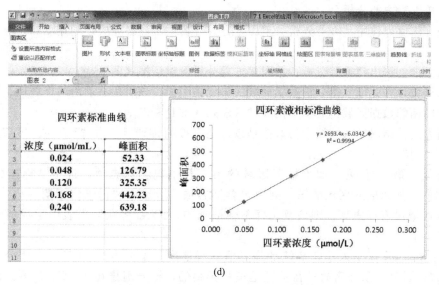

图 7-2 输入图表基本信息及添加趋势线

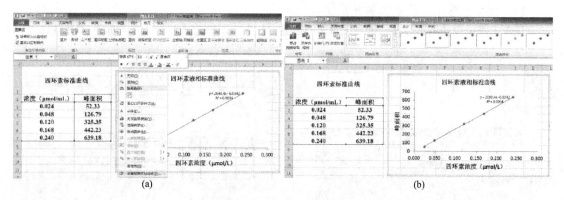

图 7-3 图表格式美化

7.1.3 Excel 在方差分析中的应用

方差分析是数理统计中的基本方法之一，是工农业生产和科学研究中分析数据的一种重要方法，基于试验数据分析、推断各相关因素对试验结果的影响是否显著的分析方法。需要分析的数据量通常较多，引入计算机辅助可以显著提高分析速度和准确度，Excel 软件可应用于方差分析。

（1）分析工具库

"分析工具库"的安装：依次单击"文件"、"选项"，在弹出的"Excel 选项"对话框中点击"加载项"，在"管理"框中，选择"Excel 加载宏"，单击"转到"，在"可用加载宏"框中选中"分析工具库"复选框，单击"确定"后在"数据"选项卡上就会出现"数据分析"。提示如果"可用加载宏"框中没有"分析工具库"，则单击"浏览"进行查找。加载分析工具库之后，"数据分析"命令将出现在"数据"选项卡上的"分析"组中。"数据分析"命令列表中共有单因素方差分析等 19 种不同的分析工具可供选择，"规划求解"工具可以对有多个变量的线性和非线性规划问题进行求解，省去了人工编制程序和手工计算的麻烦。

（2）单因素方差分析

该项工作可以使用"方差分析：单因素方差分析"工具来完成。利用 Excel 统计分析步骤如下。

输入数据，调出"方差分析：单因素方差分析"对话框（图 7-4）。

输入区域：在此输入待分析数据区域的单元格引用。该引用必须由两个或两个以上按列或行组织的相邻数据区域组成。本例为"＄B＄1：＄D＄6"。

分组方式：指出输入区域中的数据是按行还是按列排列，单击"行"或"列"。本例分组方式为"列"。

标志位于第一行/列：如果输入区域的第一行中包含标志项，选中"标志位于第一行"复选框；如果输入区域的第一列中包含标志项，请选中"标志位于第一列"复选框；如果输入区域没有标志项，则该复选框不会被选中，Excel 将在输出表中生成适宜的数据标志。

α值：在"α"处输入计算 F 统计临界值的置信度。本例为"0.05"。本例分组方式为"列"方式，因为三家分店的日营业额是按列排列的，即分别排在 B、C、D 列。单击"确定"按钮，可得方差分析表。

（3）无交互作用下的双因素方差分析

该项工作可以使用"方差分析：无重复双因素分析"工具来完成，分析步骤如下（图 7-5）。

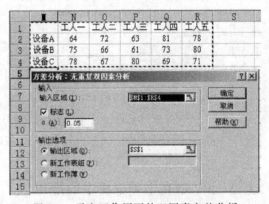

图 7-4　单因素方差分析　　　　图 7-5　无交互作用下的双因素方差分析

输入数据，调出"方差分析：无重复双因素分析"对话框。该工具对话框设置与单因素方差分析类似。要注意，本例中"标志"复选框被选中，输入区域必须包括 A 因素与 B 因素的水平标志（如"工人一"、"工人四"、"设备 B"等）所在的单元格区域，也即输入区域为"＄M＄1：＄R＄4"，而不是只包括数据的单元格区域"＄N＄2：＄R＄4"。单击"确定"按钮。得到方差分析表。

（4）有交互作用的双因素方差分析

该项工作可以使用"方差分析：可重复双因素方差分析"工具来完成，分析步骤如下（图 7-6）。

输入数据，其中，B_2：B_4 单元格存放的是在"A_1"与"B_1"因素水平共同作用下 3 次试验所得的结果；D_5：D_7 单元格存放的是在"A_3"与"B_2"因素水平共同作用下 3 次试验所得的结果，其余类推。

调出"方差分析：可重复双因素分析"对话框，该分析工具对话框与单因素方差分析对话框基本相同，只是多了一个"每一样本的行数"编辑框，其中输入包含在每个样本中的行

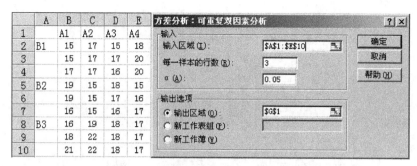

图 7-6　有交互作用的双因素方差分析

数。本例中，在每种不同因素水平组合下，分别进行了 3 次试验，因此"每一样本的行数"为"3"。每个样本必须包含同样的行数。另外，在该分析工具对话框中去掉了"标志位于第一行"复选框，但要注意输入区域必须包括因素水平标志（"A1"、"B2"等）所在的单元格区域，也即输入区域为"A1∶E10"，而不是只包括数据的单元格区域"B2∶E10"。单击"确定"按钮，得到方差分析表。

（5）Excel 内置函数在方差分析中的应用

Excel 提供了多种可用于方差分析的内置函数，如 FDIST（返回 F 概率分布）、FINV（返回 F 概率分布的反函数值）、FTEST（返回 F 检验的结果）、COVAR（返回协方差）等函数。

7.2　Origin 在实验数据处理中的应用

Origin 为 Origin Lab 公司出品的专业函数绘图软件，主要包括统计、信号处理、图像处理、峰值分析和曲线拟合等各种完善的数学分析功能。Origin 绘图是基于模板的，本身提供了几十种二维和三维绘图模板且允许用户定制模板。可以导入 ASCII、Excel 等多种数据，可以把 Origin 图形输出成 JPEG、GIF、TIFF 等多种格式的图像文件，采用直观的、图形化的、面向对象的窗口菜单和工具栏操作，非常方便。

（1）数据输入

① 键盘输入数据：打开 Origin 软件后，在工作表格 Worksheet 中通过手工或粘贴输入数据（图 7-7）。

② 文件中导入数据：菜单"File→Import"命令下相应的文件类型，打开文件对话框，选择文件单击"OK"。

③ 用函数或数学表达式设置列的数值：先填加一新列；点击鼠标右键选择"Set Column Values"命令。

（2）调整工作表格的基本操作

① 增加列：菜单"Column→Add New Columns"，或者点击面板上的按钮，在右侧添加新的数据列。

② 改变列的格式：在数据列的顶端把全列选定变黑，点击菜单"Column→Set AS…"命令设置，将列指定为"X"，"Y"，"Z"，"Error"，"Label"等（图 7-8）。

③ 插入列：欲在表格指定位置处插入一列，将其右侧的一列选定，然后点击菜单"Edit→Insert"增加新列。

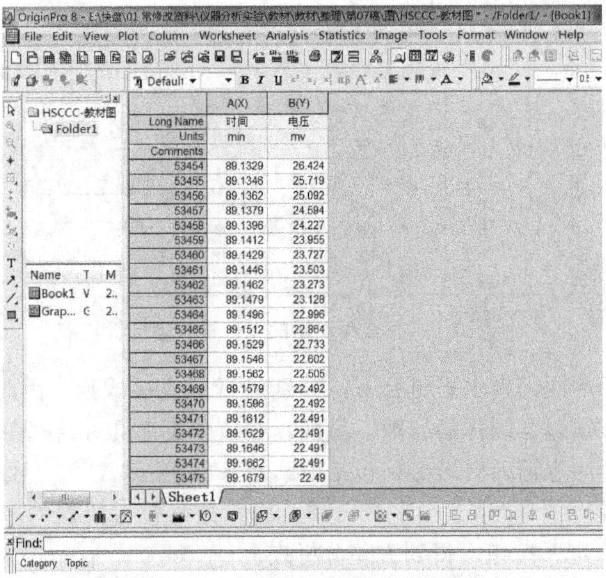

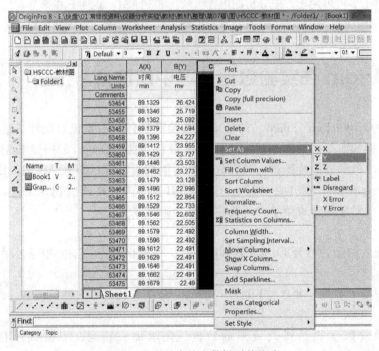

图 7-7　Origin 输入数据后的界面

图 7-8　Origin 中改变数据列的格式

④ 移动列：在数据列的顶端把全列选定变黑。点击鼠标右键选择"Move Columns"命令。

⑤ 删除列：在数据列的顶端把全列选定变黑，点击鼠标右键选择"Delete"命令。

（3）数据绘图

在数据列的顶端把全列选定变黑，在界面左下角按绘图工具栏中相应的按钮。常用的绘图按钮有二维线 ╱ （Line）、散点图 ⋰（Scatter）和线＋点图 ⫰（line＋symbol）（图 7-9）。如果需要绘制双纵坐标图形则点击"Plot→Multi-Curve→Double-Y"；或者绘好图后鼠标右键，选择"Add Layer"，在子菜单中选择"Right Y"即可。

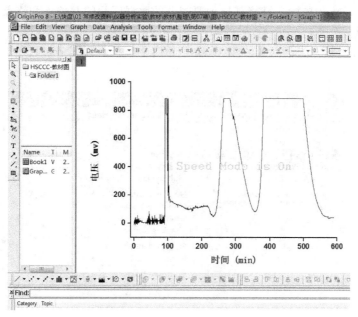

图 7-9　Origin 中数据绘图

（4）数据分析

在数据列的顶端把全列选定变黑，鼠标右键选择"Statistics on columns"命令，在新的对话框中得到最小值（Minimum）、最大值（Maximum）、平均值（Mean）和标准方差（Standard Deviation）等（图 7-10）。

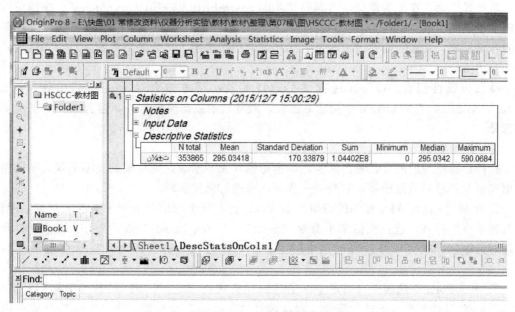

图 7-10　Origin 中数据分析

（5）数据拟合

为了演示方便先做散点图（图 7-9），然后进行曲线拟合。

① 选中要拟合的曲线：如果要进行分段拟合，则先选择拟合数据范围，单击"Tools"工具条的"Data Selector"按钮，则在激活的曲线两端数据点上各出现一个数据选择按

钮，单击该按钮，按住鼠标左键将其拖到要拟合的数据区间的起始点和终点，则选择按钮间的数据即被选择。

② 选择拟合回归方法：点击"Analysis"相应下拉菜单（图7-11）。

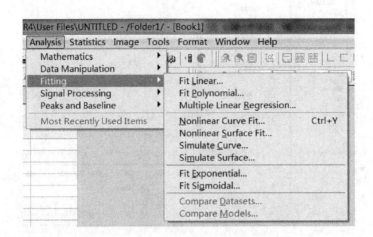

图 7-11 Analysis 下拉菜单

线性拟合：绘制散点图 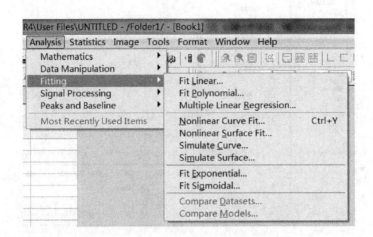。在图形窗口点击菜单"Analysis→Fitting→Fit Linear"，得到线性拟合的直线，以及直线的斜率（Slope）和截距（Intercept）。并在新的窗口中给出更加详细的统计学描述。

多项式拟合：在图形窗口点击菜单"Analysis→Fitting→Fit Polynomial"，在新窗口中选定多项式的级数"Polynomial Order"，允许值为1～9，得到多项式拟合曲线，以及多项式的各级系数，并在新的窗口中给出更加详细的数学描述。拟合的结果满足最小二乘法，如图 7-11 所示。

高级非线性拟合：Origin 还提供了非线性最小平方拟合（Nonlinear Least Squares Fitter，NLSF），它是 Origin 中功能最强大，最复杂的数据拟合工具，包含了 200 多个函数供选择。

（6）图形编辑

直接绘制得到的图存在较多缺陷，如坐标轴含义不明确，坐标轴刻度不美观，不同曲线数据点显示符号容易混淆等，需要进一步对图形进行格式编辑。

① 编辑坐标轴：对坐标轴的编辑基本可以通过打开坐标轴对话框来实现，双击坐标轴，或右键单击坐标轴，选择快捷菜单命令"Scale"，"Tick Labels"或"Properties"，打开坐标轴对话框后，就可以修改当前选中的坐标轴，坐标轴名称及图层号显示在对话框的标题上。

Title & Format 选项卡（编辑坐标轴标题及格式）：双击 X 坐标轴打开坐标轴对话框，"Selection"复选框为坐标轴的选择，默认选择"Bottom"坐标轴，在"Title"文本框内键入 X 轴标题；在"Major"和"Minor"下拉列表分别设置主次刻度的显示方式（一般"Minor"改为"None"）；分别在"Color"，"Thickness"，"Major Tick"下拉列表中选择坐标轴的颜色、宽度和刻度的长度（"Thickness"可修改为2，其他默认值即可），然后单击确定按钮。同样方法设置 Y 坐标轴。设置界面见图7-12（a）。

Tick Labels 选项卡（设置坐标刻度）："Type"数据类型；"Display"数据格式，如十进制、科学计数法等；"Divideby"整体数值除以一个数值，默认为除以 1000 倍；"Set decimal places"选中后，填入数字即为坐标轴数值的小数位数；"Prefix/Suffix"标签前缀/后缀，例如可以填入单位；"Font"为字体设置，可以设置格式、大小、颜色等；"Apply To"为各种设置应用的范围。以上一般默认值即可，为突出显示坐标数值，可以将"Bold"前面的框打上"√"，同时"Point"改为"22"。设置界面见图 7-12（b）。

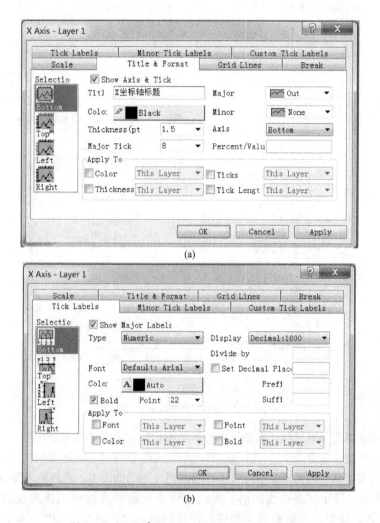

图 7-12　Title & Format 及 Tick Labels 选项卡

Scale 选项卡（设置坐标轴刻度）：左边"Selection"复选框默认选择"Vertical"，在"From"和"To"文本框内分别输入刻度最小值和最大值来改变坐标轴显示范围；"Increment"文本框内数值表示坐标轴递增步长；"Minor"后数值表示主刻度间要显示的次坐标刻度的数目 [图 7-13（a）]。

Break 选项卡（设置坐标轴的断点）：然后把"Show Break"打上"√"，这时"Break Reagion"组变成可以编辑，在"From"和"To"文本框中分别输入打断的起始和终点 Y 坐标，"Break Position"下输入断点所在坐标轴的位置，以百分率表示，"50%"表示从中间打断，如图 7-13（b）。

② 编辑图例：制图会自动添加图例，"Origin"中图例默认文本是对应的"Worksheet"列标

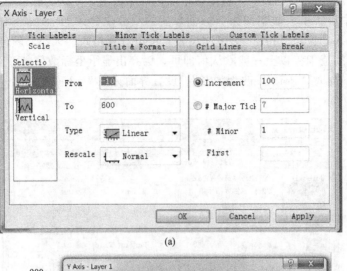

(a)

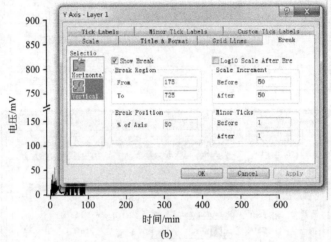

(b)

图 7-13　Scale 及 Break 选项卡

签，如果没有列表签则是列标题；但如果添加其他图形时，一般不会更新图例，可以在"Graph"窗口中右键选择快捷菜单命令"New Legend"，即可编辑新图例。要更改图例文本，方法是用鼠标双击图例上文本，然后用鼠标从右向左选中需要更改的图例文本，重新输入即可。

③ 编辑曲线：对于多条曲线图形，要求不同曲线数据点的图例或连线类型不同，以明确区分不同曲线，需对曲线进行适当编辑，曲线编辑在"Plot Details"对话框中进行，打开方法有：双击要编辑的数据曲线或曲线的图例标志；在图形区域右键选择快捷菜单命令"Plot Details"。

Line 选项卡：当曲线类型是"Line"或含有"Line"时，可以设置线条、宽度、颜色、风格及连接方式。"Connect"为数据点间的连接方式，"Style"为线条类型，包括实线、虚线等，"Width"为线条宽度；"Color"为颜色，如图 7-14（a）。

选中"Fill Area Under Curve"复选框，相应的下拉列表中有"Normal"等 5 个选项，各选项的含义在其右方的图形示例中形象说明，根据需要选择即可。选中"Gap to Symbol"复选框，设置数据符号和数据连线间的间隙；若不选，则激活下面的两种线条显示方式选项，其中"Draw Line in Front"复选框表示连线在符号的前面，则符号是中空时连线将穿过数据符号，相反"Draw Line Behind"复选框表示连线在符号的后面。

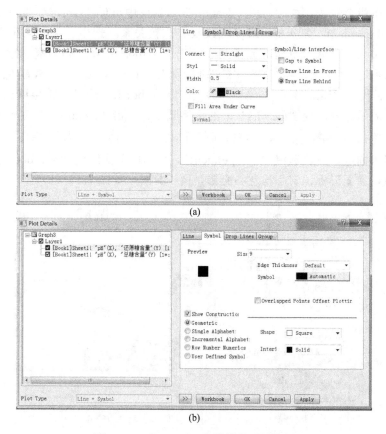

(a)

(b)

图 7-14 Plot Details 曲线设置对话框图

Symbol 选项卡：当曲线类型是 "Scatter" 或含有 "Scatter" 时，"Plot Details" 对话框中出现 "Symbol" 选项卡。化工实验数据一般都用 "Scatter" 或含有 "Scatter" 的类型来绘图，一般默认值即可，如图 7-14（b）。

"Size" 设置符号的大小；"Show Construction" 复选框选中，则下方出现相应的复选框，其中 "Geometric" 为几何符号，"Single Alphabet" 为希腊符号，"Incremental Alphabet" 为递增希腊符号，"Row Number Numerics" 为行号，"User Defined Symbol" 为自定义符号。选中不同的复选框，其右边相应产生对应的选项，如图 7-14 选择几何符号，则右边出现 "Shape" 复选框，在其中可以选择几何形状，"Interical" 为选择填充方式；当选择空心符号时，"Edge Thickness" 为符号的边宽和半径的比例，以 "％" 表示；"Edge Color" 设置符号周边颜色，点击颜色按钮出现下拉颜色选项，点击合适的颜色进行设置；"Fill Color" 设置填充颜色，方法同 "Edge Color" 设置。

如果在曲线中有重合的数据点，选中 "Overlapped Points Offset Plotting" 复选框，则重复的数据点在 X 方向上错位显示。

Drop Lines 选项卡：当曲线类型是 "Scatter" 或含有 "Scatter" 时，"Plot Details" 对话框中出现 "Symbol" 选项卡，选中 "Horizontal" 或 "Vertical" 复选框，则在图中会添加水平线或垂线，选中后，下方的控制线条的样式、宽度和颜色选项则被激活，在其中进行相应的设置；如果曲线中数据较多，可选中 "Skip Points" 复选框并在后填入数字（＞1），表示间隔数据个数，比如 "3"，则只显示第 1，4，7…等数据。

Group 选项卡：当 "Graph" 图形中有几条曲线，并且图形为一个图层时，系统默认几条曲线作为一个组合制图，这时"Plot Details"对话框中出现"Group"选项卡。

选中"Independent"复选框，几条曲线没有依赖关系，选中"dependent"复选框，几条曲线有依赖关系，并激活下面的元素列表，选中"Increment"列中复选框，表示其格式按一定顺序进行递增变化，在"Details"列分别对"Line Color"（线颜色），"Symbol Type"（符号形状），"Line Style"（线样式）和"Symbol Interior"（符号填充）各自的递增顺序进行示例展示。要改变"Details"中的示例顺序，点击"Details"中对应图形，其右方就出现一个浏览按钮████...，单击该按钮打开对话框即可修改，如图7-15（a）。

如果是多条曲线，建议选用"Independent"，根据图形实际到"Symbol"选项卡单独修改各自的参数，使图形标识实心与空心交错，便于分辨，如图7-15（b）。

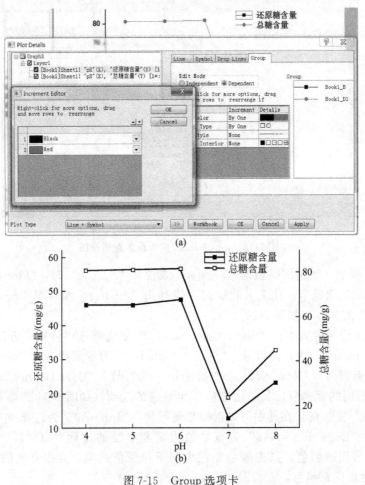

(a)

(b)

图 7-15　Group 选项卡

7.3　Design Expert 在实验设计中的应用

7.3.1　响应面优化法简介

响应面优化法（response surface methodology，RSM），是一种实验条件寻优的方法，适宜于解决非线性数据处理的相关问题。包括试验设计、建模、模型检验、寻求最佳组合条件等众多试验和统计技术，可通过对过程的回归拟合和响应曲面、等高线的绘制，方便地求出相应于各因素水平的响应值。响应面优化法考虑了试验随机误差，同时将复杂的未知的函数关系在小区域内用简单的一次或二次多项式模型来拟合，计算比较简便，是降低开发成本、优化加工条件、提高产品质量、解决生产过程中实际问题的一种有效方法。在各因素水平的响应值的基础上，可以找出预测的响应最优值以及相应的实验条件。

响应面优化的前提是：设计的实验点应包括最佳的实验条件，如果实验点的选取不当，使用响应面优化不能得到好的优化结果。因而使用 RSM 之前应当确立合理的实验的各因素与水平。实验因素与水平的选取，通常采用以下几种方法：①参照已有文献报道结果，确定响应面优化法实验的各因素与水平；②通过单因素实验确定；③使用爬坡实验，确定合理的响应面优化法实验的各因素与水平；④使用两水平因子设计实验，确定合理的响应面优化法实验的各因素与水平。确立了实验的因素与水平之后，即可进行响应面实验设计，最常用的方法有：Central Composite Design 响应面优化分析、Box-Behnken Design 响应面优化分析。

Central Composite Design（简称 CCD），即中心组合设计，其设计表是在两水平析因设计的基础上加上极值点和中心点构成的，通常实验表是以代码的形式编排的，实验时再转化为实际操作值，一般水平取值为 0、± 1、$\pm \alpha$，其中 0 为中值，α 为极值，$\alpha = F \times (1/4)$；F 为析因设计部分实验次数，$F = 2^k$ 或 $F = 2^k \times (1/2)$，其中 k 为因素数，一般 5 因素以上采用。

Box-Behnken Design（简称 BBD），其设计表安排一般为三因素，各因素取值为 0、+1 和 -1，其中 0 是中心点，+1、-1 分别是相应的高值和低值。对更多因素的 BBD 实验设计，因素增加，实验次数成倍增长，所以在 BBD 设计之前，进行析因设计对减少实验次数非常必要。

按照实验设计安排实验，得出实验数据，然后对实验数据进行响应面分析。响应面分析主要采用非线性拟合方法，常用多项式法，简单因素关系可以采用一次多项式，含有交互相作用的可以采用二次多项式，更为复杂的因素间相互作用可以使用三次或更高次数的多项式。一般使用的是二次多项式。

根据得到的拟合方程，可采用绘制出响应面图或方程求解的方法获得最优值。分析得到的优化结果是一个预测结果，需要做实验加以验证。如果根据预测的实验条件，能够得到与预测结果一致的实验结果，则说明响应面优化分析是成功的；否则需要改变响应面方程，或重新选择合理的实验因素与水平。

7.3.2 响应面优化数据处理软件 Design-Expert 简介

Design-Expert 软件是一个很方便进行响应面优化分析的商业软件，其中有一个专门的模块针对响应曲面法（RSM），可以进行二次多项式类的曲面分析，优化分析结果，无需使用 MATLAB 之类数学工具进行求解。从图 7-16 可以看出，响应面优化分为三个部分。

① 实验设计（design）：常用的设计方法是 Central Composite Design 或 Box-Behnken Design，还有其他实验设计方法可以选取，实验设计中因素可以编码或不编码。

② 分析（analysis）：即完成相应的非线性数据拟合方差分析之类的统计分析，获得相应的曲面方程，并对拟合的效果及其有效性进行评估。

③ 优化（optimization）：在该模块中，可以对优化要求进行设置，比如最高值、最低

值或其他；软件自动算出预测的实验最优值，并且提供最优结果下的一种或多种实验条件。

在使用该软件的过程中，可以将因素水平的小数点位数设置为两位或更多，以方便获得较为准确的最优结果下的实验条件预测值。

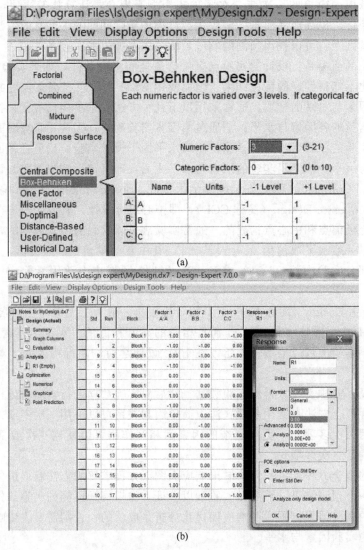

图 7-16　Design-Expert 软件响应面优化模块

7.3.3　数据处理实例

使用响应曲面法（RSM）设计实验和分析数据，在 Design-Expert 软件中分别选取 Box-Behnken Design 或 Central Composite Design 模块即可，两者处理过程类似。下面以微波法提取雨生红球藻中虾青素的工艺研究为例介绍 Design-Expert 软件进行 BBD 响应面优化处理。

（1）BBD 实验设计：考查萃取时间（min）、萃取功率（W）和液料比 3 个因素对虾青素提取率的影响，设 3 因素分别表示为 A、B、C，R_1 为虾青素提取率（%），其中析因实验次数 12 次，中心点重复实验次数为 3，各实验因素水平不编码，直接将相应的水平值填入，即得到相应的实验安排表。实验结束后输入实验结果（图 7-17）。

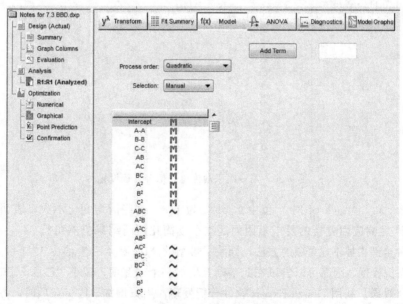

Std	Run	Factor 1 A:A	Factor 2 B:B	Factor 3 C:C	Response 1 R1
1	6	2.00	360.00	200.00	3.235
2	13	6.00	360.00	200.00	4.145
3	7	2.00	720.00	200.00	3.870
4	10	6.00	720.00	200.00	4.170
5	2	2.00	540.00	150.00	3.980
6	1	6.00	540.00	150.00	4.410
7	8	2.00	540.00	250.00	4.365
8	5	6.00	540.00	250.00	4.610
9	12	4.00	360.00	150.00	3.660
10	14	4.00	720.00	150.00	4.295
11	11	4.00	360.00	250.00	4.035
12	15	4.00	720.00	250.00	4.465
13	3	4.00	540.00	200.00	4.935
14	9	4.00	540.00	200.00	5.015
15	4	4.00	540.00	200.00	5.180

图 7-17　实验安排表及实验数据

（2）响应面分析部分：数据输入完成后，点击"Analysis"部分的"R1（Analyzed）"，"Transform"选项卡取默认值，点击"Fit Summary"选项卡查看模型推荐，一般应该为二次多项式类，点击"Model"选项卡（图 7-18），拟合完整的二次多项式，拟合结果如图 7-19 所示。根据图 7-19 中的方差分析结果（$p < 0.05$ 为显著项），可见 A、B、C、A^2、B^2、C^2 这六项为显著项；"Lack of Fit"值为 1.21，表明使用该方程拟合效果良好。

图 7-18　未手动优化前的拟合方程设置

为了简化方程求解，可在原有拟合方程的基础上，去掉不显著项，进行手动优化（图 7-20）。不显著的交互项 AB、AC、BC 被去掉，手动优化拟合后发现：模型的 F 值由

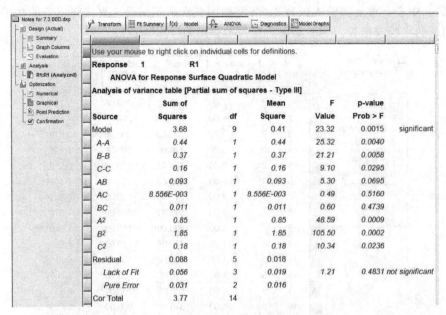

图 7-19　未手动优化前的响应面分析结果

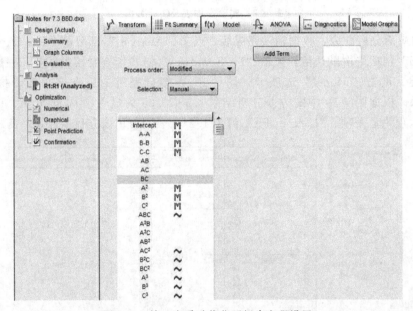

图 7-20　第一次手动优化下拟合方程设置

23.32 变为 28.32，"Lack of Fit"值由 1.21 变为 1.8，这些值均变化不大，表明新的拟合方程依然能够满足响应面分析的要求，因而这次手动简化所得结果仍然可行。

　　但是这种全部去掉不显著项的方法，导致了模型的"Lack of Fit"值由 1.21 增大到 1.8，增加了方程的失拟程度，因而可以尝试在此基础上增加一个交互项，减小"Lack of Fit"值，以提高方程的拟合效果。利用 Design-Expert 软件分析发现：当只增加 AB 交互项时，方程"Lack of Fit"值变为 0.97；当只增加 AC 交互项时，"Lack of Fit"值变为 2.05；当只增加 BC 交互项时，"Lack of Fit"值变为 2.03。可见，只增加 AB 项拟合得到的新方程能获得更好的拟合效果，因而选用增加 AB 交互项（图 7-21），相应的响应面分析结果如图 7-22 所示。

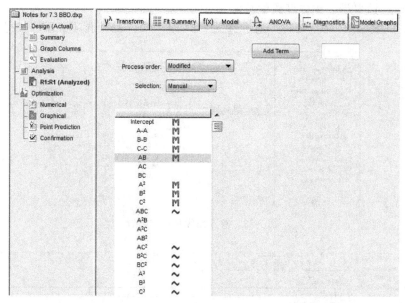

图 7-21 第二次手动优化下拟合方程设置（增加 AB 交互项）

Notes for 7.3 BBD.dxp
Design (Actual)
Summary
Graph Columns
Evaluation
Analysis
R1:R1 (Analyzed)
Optimization
Numerical
Graphical
Point Prediction
Confirmation

y^λ Transform | Fit Summary | f(x) Model | ANOVA | Diagnostics | Model Graphs

Use your mouse to right click on individual cells for definitions.

Response   1   R1

ANOVA for Response Surface Reduced Quadratic Model

Analysis of variance table [Partial sum of squares - Type III]

Source	Sum of Squares	df	Mean Square	F Value	p-value Prob > F	
Model	3.66	7	0.52	34.31	< 0.0001	significant
A-A	0.44	1	0.44	29.12	0.0010	
B-B	0.37	1	0.37	24.39	0.0017	
C-C	0.16	1	0.16	10.47	0.0144	
AB	0.093	1	0.093	6.10	0.0429	
A^2	0.85	1	0.85	55.88	0.0001	
B^2	1.85	1	1.85	121.32	< 0.0001	
C^2	0.18	1	0.18	11.90	0.0107	
Residual	0.11	7	0.015			
Lack of Fit	0.076	5	0.015	0.97	0.5788	not significant
Pure Error	0.031	2	0.016			
Cor Total	3.77	14				

图 7-22 第二次手动优化后响应面分析结果（增加 AB 交互项）

　　响应面分析过程中数据处理是以已编码数据为基础的，即输入的未编码的实验因素水平值后，该软件会将其转化为编码值，再进行各项统计分析与方程拟合，因此，分析结果中有两个拟合方程，一个为编码后的方程，另一个为实际的未编码的拟合方程，可以使用该方程直接进行求解，获得实验最优值与相应的实验条件。

　　（3）响应面优化部分：响应值 R1 的物理意义是提取率，因而优化标准设置为最大值（图 7-23）。图 7-24 是相应的求解结果，R1 提取率最优值是 1.0213。因为因素水平输入的是实验的实际值，所以实验条件也无需再次进行解码转化，即预测的最佳实验条件为：萃取时间 4.45min，萃取功率 563.02W，液料比 215.90，最优化实验条件个数为 1。而前面图 7-19 有 47 个优化实验条件结果，可见拟合方程的合理选取，有利于获得最优化实验条件。预测结果的有效性，需要进一步通过实验验证。

响应面 3D 效果图（图 7-25），通过选图 7-24 中"Graphs"选项卡即可获得。

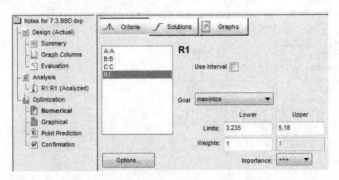

图 7-23　响应面优化标准设置

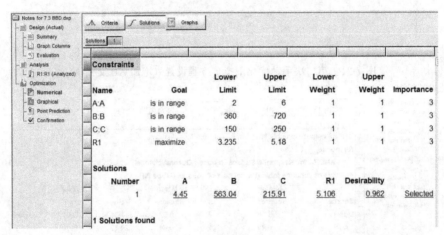

图 7-24　响应面优化结果

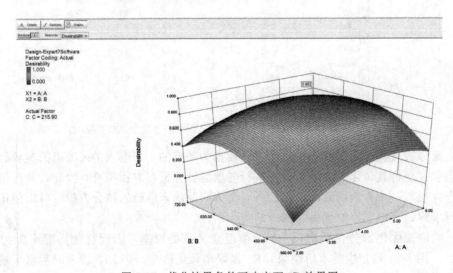

图 7-25　优化结果条件下响应面 3D 效果图

参考文献

[1] 武汉大学. 分析化学. 下册 [M]. 第5版. 北京：高等教育出版社，2010.

[2] 张剑荣，余晓东，屠一锋等. 仪器分析实验 [M]. 第2版. 北京：科学出版社，2009.

[3] 张晓丽，江崇球，吴波. 仪器分析实验 [M]. 北京：化学工业出版社，2012.

[4] 罗立强，徐引娟. 仪器分析实验 [M]. 北京：中国石化出版社，2012.

[5] 宋桂兰. 仪器分析实验 [M]. 北京：科学出版社，2010.

[6] 中国科学技术大学. 仪器分析实验 [M]. 合肥：中国科学技术大学出版社，2011.

[7] 陈培榕，邓勃. 现代仪器分析实验与技术 [M]. 北京：清华大学出版社，1999.

[8] 董社英. 现代仪器分析实验 [M]. 北京：化学工业出版社，2008.

[9] 谷春秀. 化学分析与仪器分析实验 [M]. 北京：化学工业出版社，2012.

[10] 韩喜江. 现代仪器分析实验 [M]. 哈尔滨：哈尔滨工业大学出版社，2012.

[11] 俞英. 仪器分析实验 [M]. 北京：化学工业出版社，2008.

[12] 陈集，朱鹏飞. 仪器分析教程 [M]. 北京：化学工业出版社，2010.

[13] 张宗培. 仪器分析实验 [M]. 郑州：郑州大学出版社，2009.

[14] 柳仁民. 仪器分析实验. 修订版 [M]. 青岛：中国海洋大学出版社，2013.

[15] 陈国松，陈昌云，孙尔康等. 仪器分析实验. 第2版. 南京：南京大学出版社，2015.